STARK

TRAINING MATHEMATIK

Alfred Müller

Mathematik 6. Klasse

Aufgaben mit Lösungen

STARK

Bildnachweis
Umschlag: © Martine A. Eisenlohr/Fotolia.com
S. 21, 76: © NASA; S. 72: © BMW AG; S. 77: V. Trosse, Stuttgart-Zazenhausen; S. 116: Otto-Versand; S. 122: © Deutsche Bank AG; S. 124: Löbl-Schreyer, Bad-Tölz Ellbach; S. 131: Peter Kornherr, Dorfen; S. 133: © LTU; S. 143: Bayerische Zugspitzbahn Bergbahn AG Garmisch-Partenkirchen

Redaktion: S. 1, 6, 18, 28, 29, 43, 47, 49, 52, 57, 65, 66, 75, 91, 103, 113, 118, 136, 146, 153

ISBN 978-3-89449-689-0

1. Auflage 2004
www.stark-verlag.de

Inhalt

Fortsetzung siehe nächste Seite

Autor: Alfred Müller

Vorwort an die Schüler

Liebe Schülerin, lieber Schüler,

du hast bereits das erste Jahr am Gymnasium geschafft, wozu ich dir ganz herzlich gratuliere. Damit du auch weiterhin gut in der Schule mitkommst, empfehle ich dir die Bände aus der, den Unterricht begleitenden Reihe „Training Grundwissen Mathematik“, die exakt auf die **neuen Lehrpläne des achtstufigen Gymnasiums (G 8)** abgestimmt sind.

Der Mathematikstoff der 6. Klasse mit Bruchrechnungen, auch mit negativen Bruchzahlen, mit Prozent- und Zinsrechnungen sowie direkten und indirekten Schlussrechnungen ist nicht ganz einfach. Dieses Buch „Training Grundwissen, Mathematik 6. Klasse“ hilft dir dabei, den Mathematikstoff der 6. Jahrgangsstufe anhand von Beispielen zu verstehen und an zahlreichen Aufgaben zu üben. Das Buch ist folgendermaßen aufgebaut:

- Zuerst werden die **wichtigen Inhalte** aus dem Unterricht kurz aufgegriffen und an **Beispielen** verdeutlicht.
- Zu jedem Abschnitt findest du charakteristische, häufig auch umfangreichere **Übungsaufgaben**. Aufgaben, die mit einem * versehen sind, stellen eine Vertiefung des Stoffes dar. Du brauchst sie nur dann zu lösen, wenn das entsprechende Problem im Unterricht oder in den **Intensivierungsstunden** besprochen wurde.
- Am Ende des Buches befindet sich ein ausführlicher **Lösungsteil**, wo du nachsehen kannst, ob du richtig gerechnet hast.
- Zur Vorbereitung auf **Schulaufgaben** findest du jeweils nach Abschluss markanter Stoffgebiete eine Schulaufgabe, an der du dein Wissen und Können testen kannst. Die ausführlichen Lösungen helfen dir auch hier, eventuell gemachte Fehler selbst zu finden.

Ich wünsche dir viel Erfolg und Freude mit diesem Buch!

Alfred Müller

Vorwort an die Eltern

Liebe Eltern,

Sie begleiten Ihr Kind auf seinem Weg durch das Gymnasium, wozu ich Ihnen viel Erfolg wünsche. Dabei unterstützen wir Sie mit den erprobten Lernhilfen aus dem Stark Verlag, die exakt auf den **neuen Lehrplan das achtstufigen Gymnasiums (G 8)** abgestimmt sind.

Der Mathematikstoff der 6. Klasse setzt voraus, dass Ihr Kind mit positiven und negativen ganzen Zahlen sicher rechnen kann. Sollte Ihr Kind damit noch Schwierigkeiten haben, empfehle ich Ihnen das Buch „Training Grundwissen, Mathematik 5. Klasse“ (Best.-Nr. 90005) aus dieser Reihe zur Wiederholung. Der Schwerpunkt in der 6. Klasse liegt in der Einführung der rationalen Zahlen, also der Bruchzahlen. Auch hier wird bereits das Rechnen mit negativen Brüchen verlangt.

Das vorliegende Buch „Training Grundwissen Mathematik 6. Klasse“ ersetzt nicht den Unterricht, sondern ergänzt ihn auf vielfältige Art:

- Sie können Ihr Kind das Buch zur Wiederholung und Festigung benutzen lassen, da das gesamte **Grundwissen** in kurzer Form dargestellt ist und durch treffende **Beispiele** erläutert wird.
- Sie können es aber auch gezielt dort einsetzen, wo Ihr Kind **Lücken** hat, indem Sie spezielle Kapitel auswählen, diese wiederholen und die dazugehörigen Aufgaben rechnen lassen.
- Sie können es aber auch nutzen, um Ihr Kind auf **Schulaufgaben** vorzubereiten. Denn nach Abschluss eines markanten Stoffgebietes finden Sie in diesem Buch jeweils eine Muster-Schulaufgabe.

Beachten Sie beim **Einsatz** dieses Buches folgende Vorgehensweise:

- Ihr Kind sollte den **Lösungsteil** erst dann aufschlagen, wenn es die Aufgabe vollständig gelöst hat.
- Falls das nicht sofort gelingt, kann man oftmals durch das Nachvollziehen der Beispiele vergleichbare Aufgaben lösen.
- Erscheint die Aufgabe dennoch zu schwierig, sollte Ihr Kind die Aufgabe markieren und den Lösungsvorschlag durcharbeiten. Achten Sie unbedingt darauf, dass Ihr Kind die markierte Aufgabe später nochmals selbstständig löst.
- Falls einzelne Stoffgebiete im Unterricht nicht besprochen werden, können diese auch weggelassen werden.

Ich wünsche Ihnen und Ihrem Kind viel Erfolg und Freude mit diesem Buch.

Alfred Müller

Weiterentwicklung der Zahlvorstellung

Zahlen und Bruchzahlen umgeben uns überall, auch im Kochbuch:

Mathe-Power-Shake

Zutaten für 2 Drinks:

- Saft von $2\frac{1}{2}$ Orangen
- je 1 Kiwi und kleine Ananas
- $\frac{1}{4}\ell$ Multivitaminsaft
- $\frac{1}{2}$ Esslöffel Honig
- Eiswürfel

Was du sonst noch brauchst:

- Saftpresse
- Mixer
- Eiscrusher
- Rührschüssel
- 2 Gläser

Zubereitung:

1. Ananas schälen, in kleine Stücke schneiden und mit dem Honig in eine Rührschüssel geben. Zwei Scheiben der Kiwi als Garnitur zur Seite legen. Den Rest in kleine Stücke schneiden und in die Schüssel geben. Alles gut durchmixen.
2. Die Orangen in Hälften schneiden und in der Saftpresse entsaften. Zusammen mit dem Multivitaminsaft zu der Ananas-Kiwi-Masse hinzugeben und verrühren. Eiswürfel zerkleinern.
3. Saft in die Gläser verteilen und Eiswürfel zugeben. Mit den am Rand eingeschnittenen Kiwischeiben am Glasrand verzieren.

1 Bruchteile und Bruchzahlen

1.1 Bruchteile von Einheiten und Größen

Die Wörter **eins, zwei, drei, …** geben das Ergebnis einer Zählung, d. h. die Anzahl der Elemente einer Menge, an. Die Wörter **erster, zweiter, dritter, …** ordnen die gezählten Dinge in eine bestimmten Reihenfolge ein. Die Wörter **ein halb, ein drittel, ein viertel, …** bezeichnen **Bruchteile** vom Ganzen.

Beispiel

Für Einheiten und Größen gilt:

Bruchteil	Schreibweise	Bedeutung	Wert
ein halber Meter	$\frac{1}{2}$ m	1 m : 2	50 cm
eine viertel Stunde	$\frac{1}{4}$ h	1 h : 4	15 min
ein zehntel Kilogramm	$\frac{1}{10}$ kg	1 kg : 10	100 g
ein fünftel €	$\frac{1}{5}$ €	1 € : 5	20 Cent
ein drittel Tag	$\frac{1}{3}$ Tag	1 Tag : 3	8 h
drei viertel Kilogramm	$\frac{3}{4}$ kg	$\frac{1}{4}$ kg · 3	750 g
sieben zehntel Kilometer	$\frac{7}{10}$ km	$\frac{1}{10}$ km · 7	700 m
drei fünftel Stunden	$\frac{3}{5}$ h	$\frac{1}{5}$ h · 3	36 min

Es bedeutet:

$$\frac{1}{4} \text{ von } 20\text{ m} = 20\text{ m} : 4 = 5\text{ m}$$

$$\frac{3}{4} \text{ von } 20\text{ m} = (20\text{ m} : 4) \cdot 3 = 5\text{ m} \cdot 3 = 15\text{ m}$$

Bruchteile kann man in einem **Kreisdiagramm** veranschaulichen: $\frac{1}{3}$ bedeutet den dritten Teil der Fläche eines Kreises.

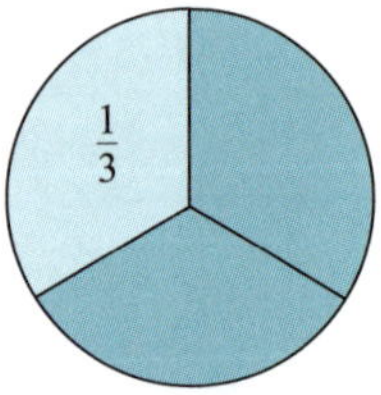

Aufgaben

1. Berechne in der angegebenen Einheit.

a) in Cent: $\frac{4}{50}$ € =   b) in m^2: $\frac{13}{25}$ a =

c) in g: $\frac{113}{125}$ kg =   d) in m: $\frac{50}{50}$ km =

e) in kg: $\frac{7}{20}$ t =   f) in ℓ: $\frac{6}{25}$ $h\ell$ =

2. Berechne:

a) $\frac{4}{5}$ von 35 m =   b) $\frac{18}{17}$ von 119 ℓ =

c) $\frac{5}{4}$ von 36 € =   d) $\frac{17}{18}$ von 126 kg =

3. Gib den Bruchteil an.

a) 10 m von 1 km =   b) 5 min von 1 h =

c) 125 kg von 1 t =   d) 80 Cent von 1 € =

4. Berechne x:

a) $\frac{6}{7}$ von x = 66 m   b) $\frac{11}{10}$ von x = 220 €

c) $\frac{5}{9}$ von x = 60 kg   d) $\frac{3}{11}$ von x = 57 ℓ

5. Wenn man eine Strecke der Länge x um $\frac{1}{6}$ ihrer Länge vergrößert, so erhält man eine Strecke der Länge 35 cm.
Wie lang war die ursprüngliche Strecke?

6. Gib für die Vorderseiten der Häuser den Bruchteil an, den die schraffierte Fläche einnimmt.

a)

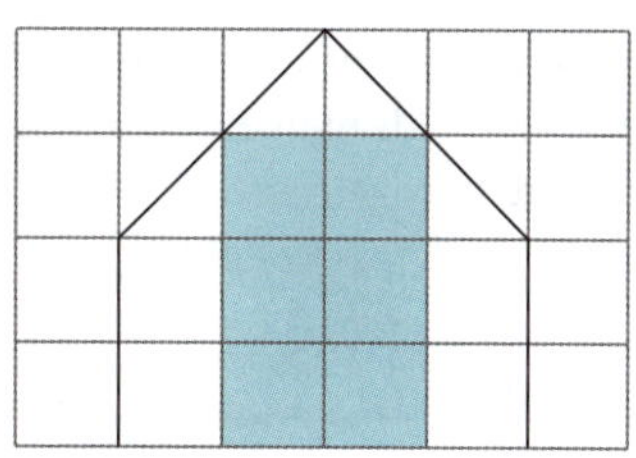

b)

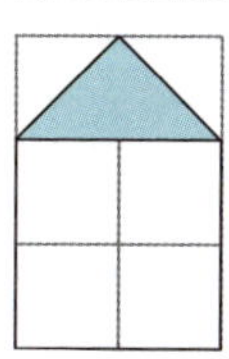

1.2 Definition der Bruchzahlen und ihre Darstellung

In der Menge $\mathbb{N}$ der natürlichen Zahlen sind die Addition und die Multiplikation unbeschränkt ausführbar. Die Subtraktion $a - b$ ist nur für $b < a$ erklärt. Die Division $a : b$ ist nur für $b \mid a$ (b ist ein Teiler von a bzw. a ist ein Vielfaches von b) durchführbar.
Was bedeutet z. B. $2 : 5$?
Überlegung am Zahlenstrahl: Einteilung der Strecke von 0 bis 2 in fünf Teile.

Es gibt auf dem Zahlenstrahl einen Punkt, aber (noch) keine Zahl bzw. Zahlennamen. Deshalb legt man für diesen Punkt $2 : 5$ die folgende Bezeichnung fest:

$$2 : 5 = \frac{2}{5}$$ Zähler (Z), Bruchstrich, Nenner (N)

Der Nenner (N) gibt den Namen, d. h. er gibt an in wie viele Teile ein Ganzes geteilt wird. Der Zähler (Z) „zählt", wie viele solcher Teile genommen werden. So erhält man z. B.:

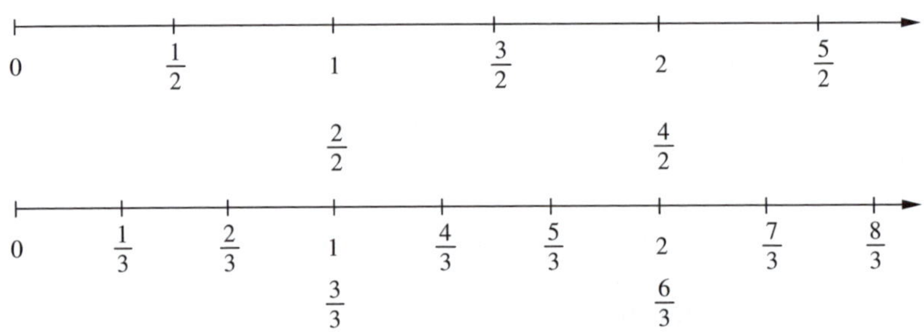

Setzt man dieses Verfahren immer weiter fort und legt alle Zahlenstrahlen aufeinander, so erhält man einen einzigen Zahlenstrahl, auf dem jetzt überall neue Zahlen liegen.

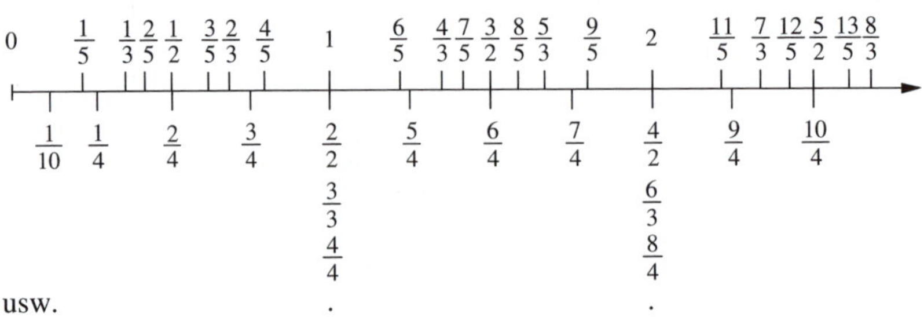

usw.

> Die neuen Zahlen heißen **Bruchzahlen** oder **Brüche**. Sie werden mit zwei natürlichen Zahlen geschrieben:
>
> **Bruch B** $= \dfrac{\textbf{Zähler Z}}{\textbf{Nenner N}}$
>
> Diese Zahlen werden zur Menge $\mathbb{Q}_0^+$ (zur Menge $\mathbb{B}$) der Bruchzahlen zusammen gefasst.
> Jede Bruchzahl hat ein Bild auf dem Zahlenstrahl. Für denselben Punkt auf dem Zahlenstrahl kann es verschiedene „Namen“ geben.

Beispiel

$$\frac{1}{2} = \frac{2}{4} = \frac{3}{6} = \frac{4}{8} = \ldots$$

Das wird besonders deutlich, wenn man die Bruchzahlen im Kreisdiagramm darstellt:

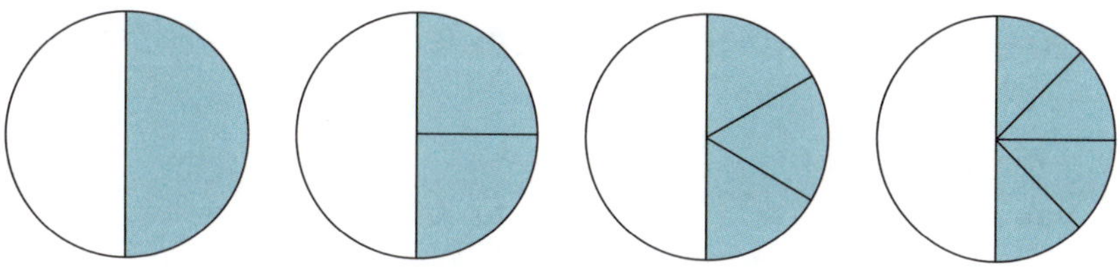

$\frac{1}{2}$Kreis $\frac{2}{4}$Kreis $\frac{3}{6}$Kreis $\frac{4}{8}$Kreis

Wie es zu jeder natürlichen Zahl a eine Gegenzahl –a gibt, die zusammen mit der Zahl 0 die Menge $\mathbb{Z}$ der ganzen Zahlen bilden, so gibt es zu jeder Bruchzahl b eine Gegenzahl –b, die ebenfalls als Bruchzahl bezeichnet wird.
Man erhält diese Zahlen, indem man den Zahlenstrahl am Nullpunkt spiegelt und so zur **Zahlengeraden** ergänzt. Dabei werden die Zahlen links von Null wieder mit dem Minuszeichen geschrieben.

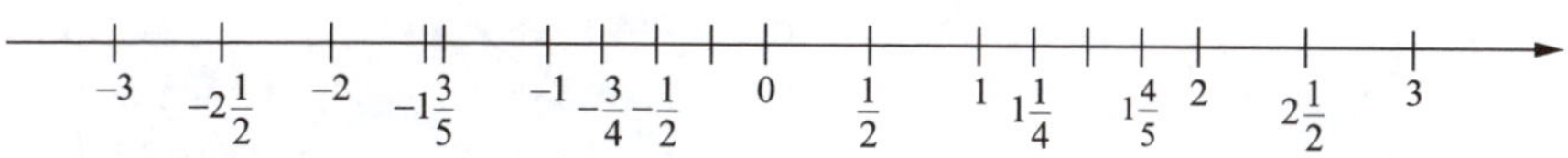

Bezeichnungen:
1. Die Zahl $-2\frac{1}{2}$ ist die **Gegenzahl** zu $2\frac{1}{2}$ oder $+2\frac{1}{2}$.
2. Alle Zahlen, deren Bilder links vom Nullpunkt liegen, heißen **negative Zahlen**. Die Zahl $-2\frac{1}{2}$ hat ein **negatives Vorzeichen**.
3. Alle Zahlen, deren Bilder rechts vom Nullpunkt liegen, heißen **positive Zahlen.** Die Zahl $+2\frac{1}{2}$ hat ein **positives Vorzeichen.**

4. Die Menge $\mathbb{Q}^+$ der positiven Bruchzahlen, die Spiegelbilder der positiven Bruchzahlen und die Zahl 0 bilden die **Menge $\mathbb{Q}$ der rationalen Zahlen.**
$\mathbb{Q}^-$ ($\mathbb{Q}_0^-$): Menge der negativen rationalen Zahlen (mit Null)
$\mathbb{Q}^+$ ($\mathbb{Q}_0^+$): Menge der positiven rationalen Zahlen (mit Null)

Es gilt:
$\mathbb{Q}_0^+ \cup \mathbb{Q}^- = \mathbb{Q}$
$\mathbb{N} \subseteq \mathbb{Q}$
$\mathbb{Z} \subseteq \mathbb{Q}$
$\mathbb{Q}\backslash\{0\}$: Menge der rationalen Zahlen ohne Null
$\mathbb{Z}\backslash\{0\}$: Menge der ganzen Zahlen ohne Null

Aufgaben

7. Bestimme jeweils die Gegenzahl.

a) $-3\frac{1}{7}$ b) $26\frac{2}{3}$

c) $-12\frac{12}{13}$ d) 0

8. Was ergibt jeweils:

a) $\mathbb{Q}_0^+ \cap \mathbb{Q}_0^-$? b) $\mathbb{Q}^+ \cup \mathbb{Q}_0^-$?

c) $\mathbb{N} \cap \mathbb{Q}$? d) $\mathbb{Z} \cup \mathbb{Q}$?

9. Welcher Bruchteil der gleichen Elemente ist blau gefärbt?

a)

b)

c)

d)

10. Veranschauliche in einem Kreisdiagramm.

a) $\frac{2}{3}$ b) $\frac{3}{5}$

c) $\frac{5}{8}$ d) $\frac{5}{6}$

11. Welche Bruchzahlen sind auf der Zahlengeraden markiert?

a)

b)

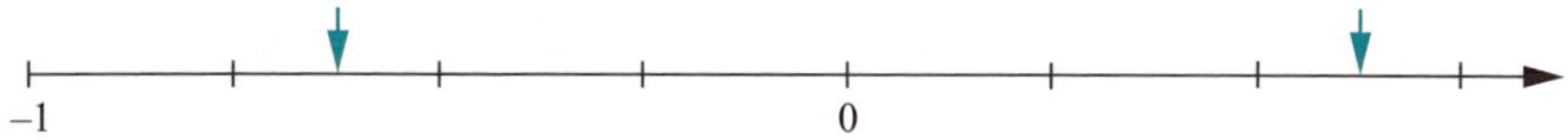

12. Zeichne auf einer Zahlengeraden.

a) $\frac{15}{8}$ b) $-\frac{9}{5}$

c) $-\frac{4}{7}$ d) $\frac{22}{9}$

Für diese neu eingeführten Bruchzahlen kennt man folgende Bezeichnungen

> 1. Brüche mit dem Zähler 1 heißen **Stammbrüche**.
> 2. Brüche, die keine Stammbrüche sind, heißen **zusammengesetzte Brüche**.

Beispiele

1. $\frac{1}{2}; \frac{1}{3}; \frac{1}{4}; \ldots; \frac{1}{n}$, $n \in \mathbb{N}$ sind Stammbrüche.

   Für Stammbrüche gilt: $\frac{1}{2} \cdot 2 = 1; \ \frac{1}{3} \cdot 3 = 1; \ \ldots; \ \frac{1}{n} \cdot n = 1$

2. $\frac{2}{3} = \frac{1}{3} \cdot 2 = \frac{1}{3} + \frac{1}{3}$

3. $\frac{5}{7} = \frac{1}{7} \cdot 5 = \frac{1}{7} + \frac{1}{7} + \frac{1}{7} + \frac{1}{7} + \frac{1}{7}$

3. Brüche, bei denen der Zähler kleiner ist als der Nenner, heißen **echte Brüche**. Ihr Wert liegt zwischen 0 und 1.

Beispiel

$\frac{3}{11}$; $\frac{5}{9}$; $\frac{11}{12}$; ... sind echte Brüche

4. Brüche, bei denen der Zähler größer ist als der Nenner, heißen **unechte Brüche** oder **gemischte Zahlen**.

Beispiele

1. $\frac{3}{2} = \frac{1}{2} \cdot 3 = \left(\frac{1}{2} + \frac{1}{2}\right) + \frac{1}{2} = 1 + \frac{1}{2} = 1\frac{1}{2}$
2. $\frac{7}{3} = \frac{1}{3} \cdot 7 = \left(\frac{1}{3} + \frac{1}{3} + \frac{1}{3}\right) + \left(\frac{1}{3} + \frac{1}{3} + \frac{1}{3}\right) + \frac{1}{3} = 1 + 1 + \frac{1}{3} = 2 + \frac{1}{3} = 2\frac{1}{3}$
3. $\frac{18}{5} = 3\frac{3}{5}$

Sonderfälle:

1. **Scheinbrüche:**
   - Brüche, bei denen der **Zähler gleich** dem **Nenner** ist, stellen die **Zahl 1** dar.
   - Brüche, bei denen der **Zähler** ein **Vielfaches des Nenners** ist, stellen **natürliche Zahlen** dar.
2. Es gibt keinen Bruch mit dem **Nenner 0**, weil die Division durch 0 nicht erlaubt ist.

Beispiele

1. $\frac{8}{8} = 1$; $\frac{23}{23} = 1$
2. $\frac{20}{5} = 4$; $\frac{120}{6} = 20$
3. $\frac{0}{6} = 0$; $\frac{0}{125} = 0$ aber: $\frac{5}{0}$ **ist nicht definiert!** $\frac{0}{0}$ **ist nicht definiert!**

Aufgaben

13. Bestimme den Wert des Scheinbruches.

a) $\frac{192}{12} =$ b) $\frac{442}{17} =$

c) $\frac{441}{21} =$ d) $\frac{861}{7} =$

14. Verwandle in eine gemischte Zahl.

a) $\frac{44}{13} =$ b) $\frac{28}{5} =$

c) $\frac{611}{12} =$ d) $99:25 =$

15. Verwandle in einen unechten Bruch.

a) $2\frac{1}{5} =$ b) $16\frac{1}{3} =$

c) $25\frac{3}{16} =$ d) $11\frac{10}{11} =$

1.3 Hauptgesetz der Bruchrechnung

Ein **Bruch** ist der **Wert eines Quotienten**.
$a : b = \frac{a}{b}, \; a \in \mathbb{Z}; b \in \mathbb{Z}\setminus\{0\}$

Der **Quotient** $a:b$ hat in der Zahlenmenge $\mathbb{Q}$ den **Wert** $\frac{a}{b}$. Damit ist in $\mathbb{Q}$ jede Gleichung $a \cdot x = b$ bzw. $x \cdot a = b$ mit $a \in \mathbb{Z}\setminus\{0\}$, $b \in \mathbb{Z}$ lösbar.

$a \cdot x = b \Rightarrow x = b:a = \frac{b}{a}$ $\qquad$ $x \cdot a = b \Rightarrow x = b:a = \frac{b}{a}$

Beispiele

1. $25:6 = \frac{25}{6} = 4\frac{1}{6}$
2. $123:8 = \frac{123}{8} = 15\frac{3}{8}$
3. $5 \cdot x = -12$
   $x = -12:5$
   $x = -\frac{12}{5} = -2\frac{2}{5}$

Aufgabe **16.** Bestimme x.

a) $13 \cdot x = 112$ b) $55 \cdot x = 61$

c) $x \cdot 13 = 94$ d) $x \cdot 7 = 50$

e) $x \cdot 11 = -23$ f) $-17 \cdot x = 42$

1.4 Teilbarkeitsregeln und Anwendungen

Um mit den neuen Bruchzahlen weiter arbeiten zu können, brauchen wir einige Begriffe und Anwendungen zur Teilbarkeit, die vielleicht bereits aus dem Vorjahr bekannt sind. Der Einfachheit halber werden im Folgenden die neuen Begriffe in den Mengen $\mathbb{N}_0$ bzw. $\mathbb{Q}_0^+$ eingeführt. Sie können später entsprechend auf die Mengen $\mathbb{Z}$ bzw. $\mathbb{Q}$ erweitert werden.

Teiler und Teilermengen

Ist der Quotient a : b eine Zahl aus $\mathbb{N}$, so heißt **a durch b teilbar** oder **b ein Teiler von a**. Man schreibt: **b | a** (gelesen: „b ist ein Teiler von a“ bzw. „b teilt a“ bzw. „a ist durch b teilbar“)

Für alle Zahlen $a \in \mathbb{N}$ gilt: $1 \mid a$; $a \mid a$.
Jede Zahl größer als 1 hat mindestens 1 und sich selbst als Teiler. Diejenige Menge, die nur die Teiler einer Zahl $a \in \mathbb{N}$ enthält, heißt **Teilermenge T_a**.

Beispiele

1. **6 | 18**, weil $18 : 6 = 3$ gilt bzw. weil $6 \cdot x = 18$ in $\mathbb{N}$ lösbar ist.
2. **7 | 91**, weil $91 : 7 = 13$ gilt bzw. weil $7 \cdot x = 91$ in $\mathbb{N}$ lösbar ist.
3. **5 ∤ 12**, weil $12 : 5 \notin \mathbb{N}$ gilt bzw. weil $5 \cdot x = 12$ in $\mathbb{N}$ nicht lösbar ist.
4. $T_{18} = \{1, 2, 3, 6, 9, 18\}$

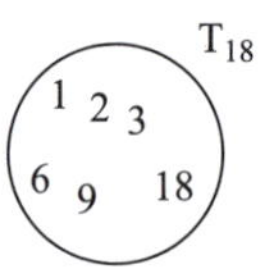

Grundregeln der Teilbarkeit

- $c \mid a$ und $c \mid b \Rightarrow$ **$c \mid (a+b)$**
  Ist **jeder Summand** einer Summe durch eine Zahl teilbar, so ist auch der **Summenwert** durch diese Zahl teilbar.
- $c \mid a$ und $c \nmid b \Rightarrow$ **$c \nmid (a+b)$**
  Diese Regel **gilt nicht** für **drei- oder mehrgliedrige** Summen, z. B. gilt dort $3 \mid 3$, $3 \nmid 7$ und $3 \nmid 8$, **aber** $3 \mid (3+7+8)$!
- $$\left.\begin{array}{l} c \mid a \text{ und } c \mid b \\ c \mid a \text{ und } c \nmid b \\ c \nmid a \text{ und } c \mid b \end{array}\right\} \Rightarrow \mathbf{c \mid a \cdot b}$$
  Ist **ein Faktor** eines Produktes durch eine Zahl teilbar, dann ist auch der **Produktwert** durch diese Zahl teilbar.
- $c \mid b$ und $b \mid a \Rightarrow$ **$c \mid a$**

Beispiele

1. $7 \mid 21$ und $7 \mid 35 \Rightarrow$ **$7 \mid (21+35)$**, weil das Distributivgesetz gilt:
   $(21+35):7 = 21:7+35:7$
2. $7 \mid 28$ und $7 \nmid 11 \Rightarrow$ **$7 \nmid 39$** $= 28+11$
3. $8 \mid 24$ und $8 \mid 32 \Rightarrow$ **$8 \mid 24 \cdot 32$**, weil mit den Rechengesetzen in $\mathbb{N}$ gilt:
   $(24 \cdot 32):8 = (24 \cdot 4 \cdot 8):8 = (24 \cdot 4) \cdot (8:8) = (24 \cdot 4) \cdot 1 \in \mathbb{N}$
4. $8 \mid 24$ und $8 \nmid 25 \Rightarrow$ **$8 \mid 24 \cdot 25$**, weil mit den Rechengesetzen in $\mathbb{N}$ gilt:
   $(24 \cdot 25):8 = (25 \cdot 24):8 = (25 \cdot 3 \cdot 8):8 = (25 \cdot 3) \cdot (8:8) =$
   $(25 \cdot 3) \cdot 1 \in \mathbb{N}$
5. $2 \mid 8$ und $8 \mid 48 \Rightarrow$ **$2 \mid 48$**,
   weil $48:8 = 48:(4 \cdot 2) = (48:4):2 = 12:2 \in \mathbb{N}$ gilt.

Kennzeichen der Teilbarkeit

- Eine Zahl ist genau dann durch eine **Stufenzahl** teilbar, wenn sie mindestens so **viele Endnullen** besitzt wie die Stufenzahl.
- Eine Zahl ist genau dann **durch 2 teilbar**, wenn sie **gerade** ist, d. h. wenn sie die Endziffer 0, 2, 4, 6 oder 8 besitzt.
- Eine Zahl ist genau dann **durch 3 teilbar**, wenn ihre **Quersumme** durch 3 teilbar ist, wobei die Quersumme die Summe aller Ziffern der Zahl ist.
- Eine Zahl ist genau dann **durch 4 teilbar**, wenn sie auf **zwei Nullen** endet oder wenn die **letzten beiden Ziffern** eine durch 4 teilbare Zahl ergeben.

- Eine Zahl ist genau dann **durch 5 teilbar**, wenn sie auf **0** oder auf **5** endet.
- Eine Zahl ist genau dann **durch 8 teilbar**, wenn sie auf **drei Nullen** endet oder wenn die **letzten drei Ziffern** eine durch 8 teilbare Zahl ergeben.
- Eine Zahl ist genau dann **durch 9 teilbar**, wenn ihre **Quersumme** durch 9 teilbar ist.
- Eine Zahl ist **durch 25 teilbar**, wenn sie auf **00**, **25**, **50** oder **75** endet.
- **Abgeleitete Teilbarkeitsregeln:**
  $6 \mid a$ genau dann, wenn $2 \mid a$ und zugleich $3 \mid a$ gilt.
  $12 \mid a$ genau dann, wenn $3 \mid a$ und zugleich $4 \mid a$ gilt.
  $15 \mid a$ genau dann, wenn $3 \mid a$ und zugleich $5 \mid a$ gilt.
  usw.
- Die Teilbarkeit durch **7, 11, 13** usw. muss jeweils durch Ausführung der Division nachgeprüft werden.

Beispiel

Überprüfe die Zahl $a = 641\,358$ auf Teilbarkeit durch 2, 3, 4, 5, 6, 8, 9, 12 und 25.
$2 \mid a$, weil a auf 8 endet (und damit gerade ist).
$3 \mid a$, weil $QS(a) = 27$ und $27 : 3 = 9$ gilt.
$4 \nmid a$, weil $58 : 4$ in $\mathbb{N}$ nicht definiert ist.
$5 \nmid a$, weil a nicht auf 0 oder 5 endet.
$6 \mid a$, weil $2 \mid a$ und $3 \mid a$ gilt.
$8 \nmid a$, weil $358 : 8$ in $\mathbb{N}$ nicht definiert ist.
$9 \mid a$, weil $QS(a) = 27$ und $27 : 9 = 3$ gilt.
$12 \nmid a$, weil $4 \nmid a$ gilt.
$25 \nmid a$, weil a nicht auf 00, 25, 50 oder 75 endet.

Aufgabe

17. Überprüfe jeweils die Zahl a auf Teilbarkeit durch 2, 3, 4, 5, 6, 8, 9, 12:

a) $a = 6\,431\,835$

b) $b = 4\,483\,120$

Primzahlen

Eine natürliche Zahl größer als 1 heißt **Primzahl**, wenn sie nur die Zahl 1 und sich selbst als Teiler hat, also **nur zwei Teiler** besitzt. Die Zahl 1 ist keine Primzahl.

Die Primzahlen von 1 bis 100 erhält man durch das **Sieb des Eratosthenes** (um 250 v. Chr.). Man geht wie folgt vor: Die Zahl 2 wird eingekreist und dann werden alle Vielfachen von 2 gestrichen. Das Gleiche macht man mit den Zahlen 3, 5 und 7. Dann hat man alle zusammengesetzten Zahlen gestrichen und die Primzahlen bleiben wie in einem Sieb übrig.

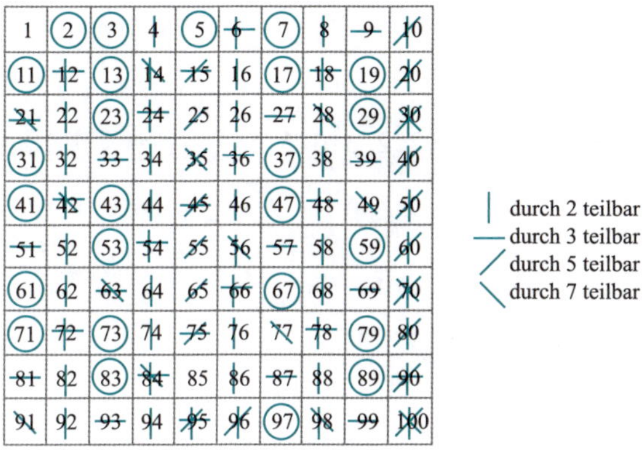

Folge der Primzahlen:
2, 3, 5, 7, 11, 13, 17, 19, 23, 29, 31, 37, 41, 43, 47, 53, 59, 61, 67, 71, 73, 79, 83, 89, 97, …

Es gibt unendlich viele Primzahlen.

Überprüfung einer Zahl auf die Primzahleigenschaft
Man überprüft diese Zahl auf Teilbarkeit bis zu der Primzahl, deren Quadrat gerade noch kleiner ist als die Zahl.

Beispiel

Überprüfe, ob 283 eine Primzahl ist.
Lösung:
Da $13^2 = 169$ und $17^2 = 289$ $\Rightarrow$ Überprüfung höchstens bis 13:
$2 \nmid 283$; $3 \nmid 283$; $5 \nmid 283$; $7 \nmid 283$; $11 \nmid 283$; $13 \nmid 283$ $\Rightarrow$ **283 ist eine Primzahl.**

Primfaktorzerlegung

Eine Zahl, die wenigstens einen „echten“ Teiler besitzt, ist keine Primzahl, z. B. gilt: 24 ist durch 4 teilbar $\Rightarrow$ $24 = 4 \cdot 6$. Da 4 und 6 keine Primzahlen sind, lassen sie sich weiter zerlegen: $4 = 2 \cdot 2$ und $6 = 2 \cdot 3$ $\Rightarrow$ $24 = 2 \cdot 2 \cdot 2 \cdot 3 = 2^3 \cdot 3$
Eine solche Zerlegung einer Zahl heißt **Primfaktorzerlegung**. Es gilt:

> **Jede natürliche Zahl** größer als 1 ist entweder eine **Primzahl** oder lässt sich eindeutig (bis auf die Reihenfolge der Faktoren) als ein **Produkt von Primzahlen** darstellen. Aus der Primfaktorzerlegung lassen sich (durch Multiplikation der Primfaktoren) alle Teiler gewinnen.

Beispiele

1. Zerlege in Primfaktoren:
   a) $180 = 2 \cdot 90 = 2 \cdot 2 \cdot 45 = 2 \cdot 2 \cdot 3 \cdot 15 = 2 \cdot 2 \cdot 3 \cdot 3 \cdot 5 \Rightarrow$
   $\mathbf{180} = 2 \cdot 2 \cdot 3 \cdot 3 \cdot 5 = \mathbf{2^2 \cdot 3^2 \cdot 5}$
   b) Kurzform

368	2
184	2
92	2
46	2
23	23

$\Rightarrow$ $\mathbf{368} = 2 \cdot 2 \cdot 2 \cdot 2 \cdot 23 = \mathbf{2^4 \cdot 23}$

2. Bestimme alle Teiler der Zahl 429.

Lösung:

429	3
143	11
13	13

$\Rightarrow$ $\mathbf{429 = 3 \cdot 11 \cdot 13}$
$T_{429} = \{1, 3, 11, 13, 33, 39, 143, 429\}$

Aufgaben

18. Überprüfe jeweils, ob die Zahl a eine Primzahl ist:
a) $a = 353$ b) $a = 437$

19. Bestimme jeweils aus der Primfaktorzerlegung die Menge aller Teiler der Zahl x.
a) $x = 16$ b) $x = 671$
c) $x = 147$ d) $x = 432$
e) $x = 4\,199$

Gemeinsame Teiler und größter gemeinsamer Teiler (ggT)

$12 = 2 \cdot 2 \cdot 3 \quad \Rightarrow \quad T_{12} = \{1, 2, 3, 4, 6, 12\}$
$20 = 2 \cdot 2 \cdot 5 \quad \Rightarrow \quad T_{20} = \{1, 2, 4, 5, 10, 20\}$

Die Schnittmenge $T_{12} \cap T_{20} = \{1, 2, 4\}$ enthält die **gemeinsamen** Teiler von 12 und 20. 4 ist das größte Element der Schnittmenge und heißt **größter gemeinsamer Teiler (ggT)** der Zahlen 12 und 20: **ggT (12; 20) = 4**.

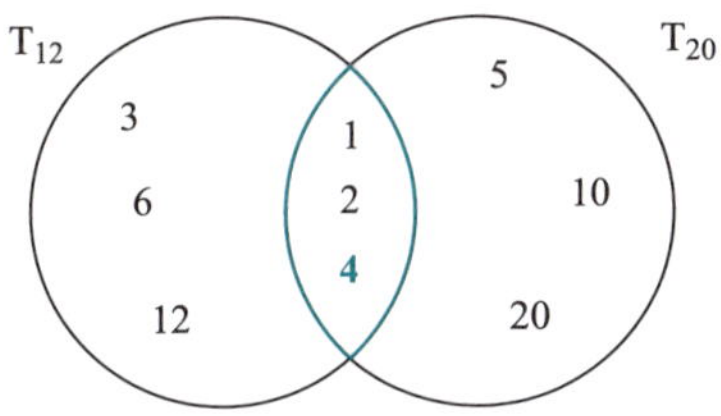

Es gilt stets: $a \mid b \Rightarrow \text{ggT}(a; b) = a$ bzw. $T_a \subseteq T_b$.
Die Zahlen a und b heißen **teilerfremd**, wenn $T_a \cap T_b = \{1\}$ bzw. $\text{ggT}(a; b) = 1$ gilt. Bei größeren Zahlen ist das Bestimmen von Teilermengen umständlich. Man bestimmt dann den ggT aus den Primfaktorzerlegungen.

> **Größter gemeinsamer Teiler (ggT)**
> Der **ggT** ist das **Produkt aller gemeinsamen Primfaktoren**, wobei mehrfach auftretende gemeinsame Primfaktoren auch mehrfach gezählt werden. Der ggT(a; b) ist die größte Zahl, die in a und zugleich in b enthalten ist. Die Definition des ggT kann auf drei oder mehr natürliche Zahlen erweitert werden.

Beispiel

Bestimme den ggT(910; 546). Die Primfaktorzerlegungen werden in einer Nebenrechnung bestimmt. Gleiche Primfaktoren werden untereinander geschrieben:

$$\begin{aligned} 910 &= \boxed{2} \cdot 5 \cdot \boxed{7} \cdot \boxed{13} \\ 546 &= \boxed{2} \cdot 3 \cdot \boxed{7} \cdot \boxed{13} \\ \hline \text{ggT} &= \mathbf{2} \cdot \mathbf{7} \cdot \mathbf{13} = \mathbf{182} \Rightarrow \text{ggT}(910; 546) = \mathbf{182} \end{aligned}$$

Gemeinsame Vielfache und kleinstes gemeinsames Vielfaches (kgV)

Die Menge, die nur alle Vielfachen einer Zahl a enthält, heißt **Vielfachenmenge V_a**, z. B. gilt: $V_3 = \{3, 6, 9, 12, \dots\}$; $V_5 = \{5, 10, 15, 20, \dots\}$.
Die Schnittmenge $V_3 \cap V_5 = \{15, 30, 45, \dots\}$ enthält die **gemeinsamen** Vielfachen von 3 und 5. 15 ist das kleinste Element dieser Schnittmenge und heißt das **kleinste gemeinsame Vielfache (kgV)** von 3 und 5.

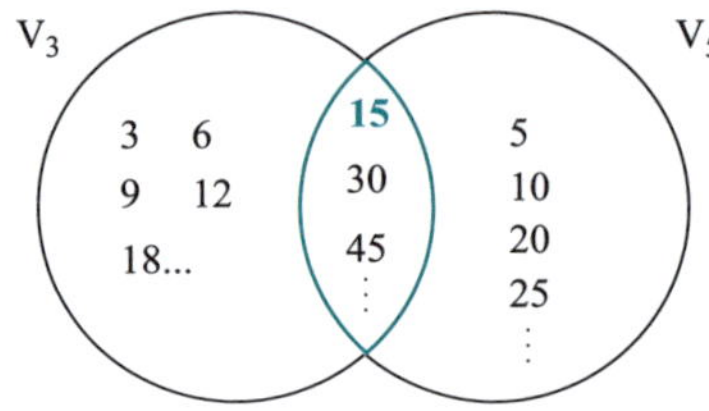

kgV(3; 5) = 15

Es gilt stets: $a \mid b \Rightarrow \text{kgV}(a; b) = b$ bzw. $V_b \subseteq V_a$.
Bei größeren Zahlen bestimmt man das kgV wieder aus der Primfaktorzerlegung.

> **Kleinstes gemeinsames Vielfaches (kgV)**
> Das **kgV** ist das **Produkt aller vorkommenden Primfaktoren**, wobei mehrfach auftretende Primfaktoren mit ihrer längsten Kette gezählt werden. Das kgV(a; b) ist die kleinste Zahl, in der beide Zahlen a und b enthalten sind. Die Definition des kgV kann auch auf drei oder mehr natürliche Zahlen erweitert werden.

Beispiel

Bestimme das kgV(360; 420).
Die Primfaktorzerlegungen werden in einer Nebenrechnung bestimmt.
Gleiche Primfaktoren werden untereinander geschrieben.

$$360 = \mathbf{2} \cdot \mathbf{2} \cdot \mathbf{2} \cdot \mathbf{3} \cdot \mathbf{3} \cdot \mathbf{5}$$
$$420 = \mathbf{2} \cdot \mathbf{2} \cdot \phantom{\mathbf{2}} \cdot \mathbf{3} \phantom{\cdot \mathbf{3}} \cdot \mathbf{5} \cdot \mathbf{7}$$
$$\text{kgV} = \mathbf{2} \cdot \mathbf{2} \cdot \mathbf{2} \cdot \mathbf{3} \cdot \mathbf{3} \cdot \mathbf{5} \cdot \mathbf{7} = \mathbf{2\,520} \Rightarrow \text{kgV}(360; 420) = \mathbf{2\,520}$$

Zusammenhang zwischen ggT und kgV

Für je zwei Zahlen a, b $\in \mathbb{N}$ gilt: **ggT(a; b) · kgV(a; b) = a · b**

Daraus ergibt sich:

Falls a und b teilerfremd sind (ggT(a; b) = 1), ist kgV(a; b) = a · b.

Beispiel

Bestimme den ggT(48; 72) und das kgV(48; 72).

$$\begin{array}{lllll} 48 & = 2\cdot2\cdot2\cdot2\cdot3 & & \\ 72 & = 2\cdot2\cdot2 & \cdot3\cdot3 & \\ \hline \text{ggT} & = 2\cdot2\cdot2 & \cdot3 & = \mathbf{24} \\ \text{kgV} & = 2\cdot2\cdot2\cdot2 & \cdot3\cdot3 & = \mathbf{144} \end{array}$$

Es gilt: 48 · 72 = 3 456 und 24 · 144 = 3 456

Aufgaben

20. Bestimme jeweils den ggT(x; y):

a) ggT(420; 252) =

b) ggT(348; 492) =

c) ggT(840; 3 080) =

d) ggT(858; 198) =

e) ggT(70; 126; 154) =

21. Bestimme jeweils das kgV(x; y):

a) kgV(32; 160) =

b) kgV(84; 102) =

c) kgV(104; 234) =

d) kgV(1 375; 2 475) =

22. Bestimme jeweils den ggT(x; y) und das kgV(x; y):

a) x = 376; y = 564

b) x = 585; y = 117

c) x = 245; y = 216

d) x = 230; y = 391

23. a) Gib jeweils alle Ziffern an, die eine wahre Aussage ergeben, wenn man sie an die Klecksstelle setzt:

(1) 6 | 285✱4

(2) 18 | 3✱498

b) Begründe jeweils ohne Division, warum die Aussage wahr ist:
   (1) $72 \nmid 730\,488$
   (2) $114 \nmid 5\,736\,513$

c) Eine Zahl ist durch 4, 5 und 9 teilbar.
   Gib alle Teiler der kleinsten solchen Zahl an.

d) Die Zahl 598 762 lässt sich durch die Gleichung
   $598\,762 = 9 \cdot x + QS(598\,762)$ darstellen.
   Berechne dazu die Zahl x.

e) Gib die Menge der natürlichen Zahlen an, die (1) und (2) zugleich erfüllen:
   (1) $x \mid 64$
   (2) $4 \mid x$

f) Berechne das kgV(x; y) der Zahlen $x = 156$ und $y = 240$ mithilfe ihres $ggT(x; y) = 12$.

24. Bilde aus den nebenstehenden Silben Wörter bzw. Ausdrücke mit der angegebenen Bedeutung.

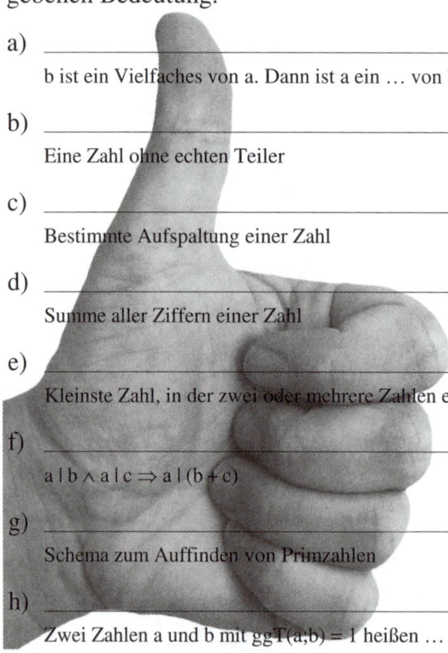

a) ______________________________
   b ist ein Vielfaches von a. Dann ist a ein … von b.

b) ______________________________
   Eine Zahl ohne echten Teiler

c) ______________________________
   Bestimmte Aufspaltung einer Zahl

d) ______________________________
   Summe aller Ziffern einer Zahl

e) ______________________________
   Kleinste Zahl, in der zwei oder mehrere Zahlen enthalten sind

f) ______________________________
   $a \mid b \wedge a \mid c \Rightarrow a \mid (b + c)$

g) ______________________________
   Schema zum Auffinden von Primzahlen

h) ______________________________
   Zwei Zahlen a und b mit $ggT(a;b) = 1$ heißen …

BAR – CHES
DES – E – FA
FAK – FREMD
GE – GEL
GUNG – KLEINS
KEITS – LE – LER
LER – ME – MEIN
MES – NES
PRIM – PRIM
QUER– RA – RE
SA – SIEB – SUM
THE – TEI
TEI – TEIL
TES – TOS
TOR – VIEL
ZAHL – ZER

1.5 Erweitern von Brüchen

Auf dem Zahlenstrahl haben Punkte und damit die Zahlen verschiedene Namen. Man stellt dabei für den Wert einer solchen Bruchzahl fest:

> Der Wert eines Bruches ändert sich nicht, wenn man **Zähler und Nenner** mit derselben natürlichen Zahl multipliziert. Dieser Formänderung des Bruches heißt **Erweitern**.
>
> $\frac{a}{b} = \frac{a \cdot \mathbf{n}}{b \cdot \mathbf{n}}$ $\qquad a \in \mathbb{N}_0;\ b, n \in \mathbb{N}$

Beispiele

1. $\frac{2}{3} = \frac{2 \cdot \mathbf{2}}{3 \cdot \mathbf{2}} = \frac{4}{6};\ \frac{2}{3} = \frac{2 \cdot \mathbf{5}}{3 \cdot \mathbf{5}} = \frac{10}{15};\ \frac{2}{3} = \frac{2 \cdot \mathbf{105}}{3 \cdot \mathbf{105}} = \frac{210}{315}$ usw.
2. $\frac{5}{6} = \frac{5 \cdot \mathbf{2}}{6 \cdot \mathbf{2}} = \frac{10}{12};\ \frac{5}{6} = \frac{5 \cdot \mathbf{20}}{6 \cdot \mathbf{20}} = \frac{100}{120}$ usw.

Anmerkung:
Erweitert man Brüche auf den Nenner 100, so kann man die Zähler als **Prozentwerte** (in %) angeben (siehe auch S. 114 ff.)
Für spezielle Anteile ergibt sich:

$\frac{1}{2} = \frac{50}{100} = 50$ Prozent $= 50\ \%$ $\qquad \frac{1}{10} = \frac{10}{100} = 10$ Prozent $= 10\ \%$

$\frac{1}{4} = \frac{25}{100} = 25$ Prozent $= 25\ \%$ $\qquad \frac{1}{20} = \frac{5}{100} = 5$ Prozent $= 5\ \%$

$\frac{1}{5} = \frac{20}{100} = 20$ Prozent $= 20\ \%$ $\qquad \frac{1}{100} = 1$ Prozent $= 1\ \%$

Aufgaben

25. Erweitere mit der jeweils angegebenen Zahl.

a) $\frac{5}{9}$ mit 16

b) $\frac{8}{3}$ mit 111

c) $\frac{17}{21}$ mit 14

d) $4\frac{1}{3}$ mit 12

26. Erweitere auf den Nenner 100 und gib den Prozentwert an.

a) $\frac{2}{5}$ b) $\frac{3}{4}$

c) $\frac{7}{20}$ d) $\frac{7}{10}$

1.6 Kürzen von Brüchen

Macht man das Erweitern rückgängig, so stellt man fest:

> Der Wert eines Bruches ändert sich nicht, wenn man **Zähler und Nenner** durch dieselbe natürliche Zahl dividiert. Diese Formänderung des Bruches heißt **Kürzen**.
>
> $\frac{a}{b} = \frac{a : \mathbf{n}}{b : \mathbf{n}}$ $a \in \mathbb{N}_0;\ b, n \in \mathbb{N}$

Beim Kürzen eines Bruches benötigst du die Teilbarkeitsregeln, um zu erkennen, welche gemeinsamen Faktoren in Zähler und Nenner enthalten sind, bzw. die Zerlegung in Primfaktoren.

Beispiele

In den Beispielen steht die Zahl, mit der gekürzt wird, unter dem Gleichheitszeichen.

1. Kürze:

a) mit 2: $\frac{44}{46} \underset{2}{=} \frac{22}{23}$

b) mit 7: $\frac{35}{49} \underset{7}{=} \frac{5}{7}$

c) mit 3: $\frac{27}{99} \underset{3}{=} \frac{9}{33}$

d) mit 8: $\frac{64}{88} \underset{8}{=} \frac{8}{11}$

2. Kürze vollständig.

$\frac{70}{84} \underset{2}{=} \frac{35}{42} \underset{7}{=} \frac{5}{6}$ oder $\frac{70}{84} \underset{14}{=} \frac{5}{6}$

$\frac{5}{6}$ heißt die **Grundform** des Bruches.

Einen Bruch kürzt man vollständig, indem man Schritt für Schritt einzelne Faktoren kürzt, oder indem man insgesamt durch den **größten gemeinsamen Teiler (ggT)** von Zähler und Nenner kürzt.

Beispiel

Kürze vollständig:

$$\frac{21\cdot 60}{27\cdot 35} \underset{3}{=} \frac{7\cdot 60}{9\cdot 35} \underset{5}{=} \frac{7\cdot 12}{9\cdot 7} \underset{7}{=} \frac{1\cdot 12}{9\cdot 1} \underset{3}{=} \frac{1\cdot 4}{3\cdot 1} = \frac{4}{3} = 1\frac{1}{3}$$

Einen Bruch kann man auch so kürzen, dass man Zähler und Nenner in **Primfaktoren** zerlegt und die gemeinsamen Faktoren kürzt.
Beachte: Kennzeichne die Faktoren, die bereits gekürzt sind, z. B. durch ein Symbol ⌒.

Beispiel

$$\frac{21\cdot 60}{27\cdot 35} = \frac{\overset{\frown}{3}\cdot\overset{\frown}{7}\cdot 2\cdot 2\cdot\overset{\frown}{3}\cdot\overset{\frown}{5}}{\overset{\frown}{3}\cdot\overset{\frown}{3}\cdot 3\cdot\overset{\frown}{5}\cdot\overset{\frown}{7}} = \frac{2\cdot 2}{3} = \frac{4}{3} = 1\frac{1}{3}$$

Aufgaben

27. Kürze.

a) mit 4: $\frac{12}{24} =$

b) mit 8: $\frac{32}{104} =$

c) mit 13: $\frac{91}{117} =$

d) mit 17: $\frac{221}{289} =$

28. Kürze vollständig.

a) $\frac{96}{180} =$

b) $\frac{90\cdot 16}{15\cdot 48} =$

c) $\frac{78\cdot 9\cdot 143}{39\cdot 33\cdot 156} =$

d) $\frac{57\cdot 20\cdot 32\cdot 225}{36\cdot 38\cdot 75\cdot 50} =$

29. 153 Million km^2 der Erdoberfläche sind festes Land, 357 Millionen km^2 sind mit Wasser bedeckt.
Welcher Bruchteil der Erdoberfläche sind festes Land?
Welcher Bruchteil ist mit Wasser bedeckt?
Kürze die Ergebnisse vollständig!

1.7 Runden von Brüchen

Häufig erhält man einen wesentlich einfacheren Bruch, wenn man Zähler oder Nenner oder beide durch benachbarte Zahlen so ersetzt, dass man den neuen Bruch kürzen kann. Dieser Vorgang heißt **Runden** von Brüchen.

Beispiele

1. $\frac{33}{100} \approx \frac{33}{99} = \frac{1}{3}$
2. $\frac{76}{89} \approx \frac{77}{88} = \frac{7}{8}$

Aufgabe

30. Runde die Brüche.

a) $\frac{26}{53} \approx$

b) $\frac{43}{85} \approx$

c) $\frac{107}{288} \approx$

d) $\frac{41}{209} \approx$

e) $\frac{51}{349} \approx$

f) $\frac{121}{181} \approx$

g) $\frac{209}{279} \approx$

h) $\frac{899}{1001} \approx$

1.8 Vergleich von Brüchen mit dem Hauptnenner

Gleiche Nenner
Bei Brüchen mit **gleichem Nenner** ist derjenige Bruch **kleiner**, der den **kleineren** Zähler besitzt. Brüche mit gleichem Nenner heißen **gleichnamig**.

Beispiel

Ordne in einer steigenden Ungleichungskette: $\frac{3}{19}; \frac{17}{19}; \frac{4}{19}; \frac{5}{19}; \frac{16}{19}$

$\frac{3}{19} < \frac{4}{19} < \frac{5}{19} < \frac{16}{19} < \frac{17}{19}$

Gleiche Zähler
Bei Brüchen mit **gleichem Zähler** ist derjenige Bruch **kleiner**, der den **größeren** Nenner besitzt.

Beispiele

1. Ordne in einer fallenden Ungleichungskette: $\frac{1}{12}; \frac{1}{17}; \frac{1}{5}; \frac{1}{4}; 1; \frac{1}{60}$

   $1 > \frac{1}{4} > \frac{1}{5} > \frac{1}{12} > \frac{1}{17} > \frac{1}{60}$

2. Bestimme die größte Zahl durch Vergleich der Zähler bzw. der Nenner:

   $\frac{3}{26}; \frac{4}{25}; \frac{3}{22}; \frac{3}{19}; \frac{4}{19}$

   $\frac{4}{19} > \frac{4}{25}$ und $\frac{3}{19} > \frac{3}{22} > \frac{3}{26}$ und $\frac{4}{19} > \frac{3}{19}$

   $\frac{4}{19}$ ist die größte der fünf Zahlen.

Zähler und Nenner verschieden
Durch Erweitern (bzw. durch Kürzen) werden gleiche Nenner hergestellt. Der kleinste dieser gemeinsamen Nenner (= kleinstes gemeinsames Vielfaches (kgV) der Nenner) heißt **Hauptnenner (HN)**.

Beispiele

1. Vergleiche durch Erweitern auf den Hauptnenner:

   a) $\frac{3}{12}$ und $\frac{5}{18}$

   HN = kgV (12; 18) = 36 $\Rightarrow \frac{3}{12} = \frac{9}{36}; \frac{5}{18} = \frac{10}{36} \Rightarrow \frac{3}{12} < \frac{5}{18}$

   b) $\frac{6}{7}$ und $\frac{7}{8}$

   HN = kgV (7; 8) = 56 $\Rightarrow \frac{6}{7} = \frac{48}{56}; \frac{7}{8} = \frac{49}{56} \Rightarrow \frac{6}{7} < \frac{7}{8}$

2. Ordne die gegebenen Brüche in einer steigenden Ungleichungskette:
$\frac{1}{3}$; $\frac{2}{5}$; $\frac{4}{15}$; $\frac{7}{30}$
HN = kgV (3; 5; 15; 30) = 30
$\frac{1}{3} = \frac{10}{30}$; $\frac{2}{5} = \frac{12}{30}$; $\frac{4}{15} = \frac{8}{30}$; $\Rightarrow \frac{7}{30} < \frac{4}{15} < \frac{1}{3} < \frac{2}{5}$

Anmerkung:
Das Herstellen gleicher Zähler wäre auch möglich, ist aber in Hinblick auf das spätere Rechnen nicht sinnvoll.

Aufgaben

31. Bestimme jeweils das kgV.
a) kgV(32; 160)
b) kgV(104; 234)
c) kgV(1375; 2475)
d) kgV(30; 45; 75; 80)

32. Setze das richtige Zeichen „<“ bzw. „>“ an die Leerstelle „…“.
a) $\frac{11}{30} \ldots \frac{7}{16}$
b) $\frac{9}{13} \ldots \frac{5}{9}$
c) $\frac{7}{15} \ldots \frac{11}{21}$
d) $\frac{7}{12} \ldots \frac{11}{18}$

33. Ordne die gegebenen Brüche in einer fallenden Ungleichungskette.
a) $\frac{2}{3}$; $\frac{3}{5}$; $\frac{4}{7}$
b) $\frac{6}{11}$; $\frac{1}{2}$; $\frac{3}{5}$; $\frac{7}{10}$
c) $\frac{2}{7}$; $\frac{3}{6}$; $\frac{8}{21}$; $\frac{1}{3}$; $\frac{3}{14}$
d) $\frac{11}{18}$; $\frac{13}{20}$; $\frac{8}{15}$; $\frac{5}{12}$; $\frac{19}{36}$

34. Gib jeweils zwei verschiedene $x \in \mathbb{Q}_0^+$ an, die die Ungleichung erfüllen.

a) $\frac{1}{3} < x < \frac{2}{3}$

b) $\frac{4}{9} < x < \frac{5}{9}$

c) $\frac{3}{8} > x > \frac{3}{10}$

d) $\frac{1}{5} < \frac{1}{x} < \frac{1}{2}$

35. Bestimme diejenige Zahl, die genau in der Mitte zwischen den beiden angegebenen Zahlen liegt.

a) $\frac{2}{5}$ und $\frac{4}{5}$

b) $\frac{3}{5}$ und $\frac{4}{5}$

c) $\frac{5}{12}$ und $\frac{3}{4}$

d) $\frac{1}{2}$ und $\frac{5}{7}$

36. Von den 32 Schülern einer Klasse sind $\frac{3}{8}$ Jungen. Von diesen sind $\frac{2}{3}$ Auswärtige.

a) Wie viele Jungen sind in der Klasse?

b) Wie viele auswärtige Jungen hat die Klasse?

c) Wie groß ist der Bruchteil auswärtiger Jungen in der Klasse?

→ Zur weiteren Übung kannst du nun Schulaufgabe 1 auf Seite 144 lösen.

2 Dezimalzahlen

2.1 Dezimalbrüche

Von früher kennst du die Schreibweise 7,385 m. Darin bedeuten die einzelnen Ziffern:

7,385 m = 7 m 3 dm 8 cm 5 mm. Dabei gilt:

1 dm = ein Zehntel (z) Meter = $\frac{1}{10}$ m

1 cm = ein Hundertstel (h) Meter = $\frac{1}{100}$ m

1 mm = ein Tausendstel (t) Meter = $\frac{1}{1000}$ m

$$\begin{aligned} 7{,}385\text{ m} &= 7\text{ m} + \frac{3}{10}\text{ m} + \frac{8}{100}\text{ m} + \frac{5}{1000}\text{ m} = \\ &= 7\text{ m} + \frac{300}{1000}\text{ m} + \frac{80}{1000}\text{ m} + \frac{5}{1000} = \\ &= 7\text{ m} + \frac{385}{1000}\text{ m} = 7\frac{385}{1000}\text{ m} \end{aligned}$$

Diese Schreibweise verallgemeinert man auf reine Zahlen.

An der 1. Stelle nach dem Komma stehen die **Zehntel (z)**.
An der 2. Stelle nach dem Komma stehen die **Hundertstel (h)**.
An der 3. Stelle nach dem Komma stehen die **Tausendstel (t)**.
An der 4. Stelle nach dem Komma stehen die **Zehntausendstel (zt)**. usw.
Die Bedeutung der Stellen vor dem Komma bleibt unverändert.

$\ldots\text{ZT T H Z E}\ ,\ \underbrace{\text{z h t zt ht m}\ldots}_{\text{Dezimalteil}}$

Beispiel

$$\begin{aligned} 13{,}489 &= 1\,Z + 3\,E + 4\,z + 8\,h + 9\,t = 13 + \frac{4}{10} + \frac{8}{100} + \frac{9}{1000} = \\ &= 13 + \frac{400}{1000} + \frac{80}{1000} + \frac{9}{1000} = 13\frac{489}{1000} \end{aligned}$$

13,489 heißt ein **Dezimalbruch (Zehnerbruch)** oder eine **Dezimalzahl**.

Jeder Dezimalbruch entspricht einem gewöhnlichen Zehnerbruch. Der Nenner ist eine Stufenzahl mit so vielen Nullen, wie der Dezimalteil Stellen besitzt. Der Zähler ist der Dezimalteil. Dezimalbrüche mit der gleichen Zahl von Dezimalstellen heißen **gleichnamig**.

Beispiele

1. $\mathbf{0{,}37} = \frac{37}{100}$
2. $\mathbf{1{,}5034} = 1\frac{5034}{10000}$
3. $\mathbf{88{,}10001} = 88\frac{10001}{100000}$
4. Wichtige Dezimalbrüche:

   $\mathbf{0{,}5} = \frac{1}{2}$; $\mathbf{0{,}25} = \frac{1}{4}$; $\mathbf{0{,}75} = \frac{3}{4}$

   $\mathbf{0{,}125} = \frac{1}{8}$; $\mathbf{0{,}375} = \frac{3}{8}$; $\mathbf{0{,}625} = \frac{5}{8}$; $\mathbf{0{,}875} = \frac{7}{8}$
5. $\frac{7}{10} = \mathbf{0{,}7}$; $\frac{70}{100} = \mathbf{0{,}70}$; $\frac{700}{1000} = \mathbf{0{,}700}$ usw.

   Alle Brüche besitzen den gleichen Wert.

   Beachte: Am Ende eines Dezimalbruches dürfen beliebig viele Nullen angehängt werden, ohne dass sich der Wert des Dezimalbruches ändert.

Aufgaben

37. Schreibe als Zehnerbruch:

a) 144,89 =

b) 61,4005 =

c) 0,0001 =

d) 44,1 =

38. Welche Dezimalbrüche gehören zu den Pfeilen A, B und C?

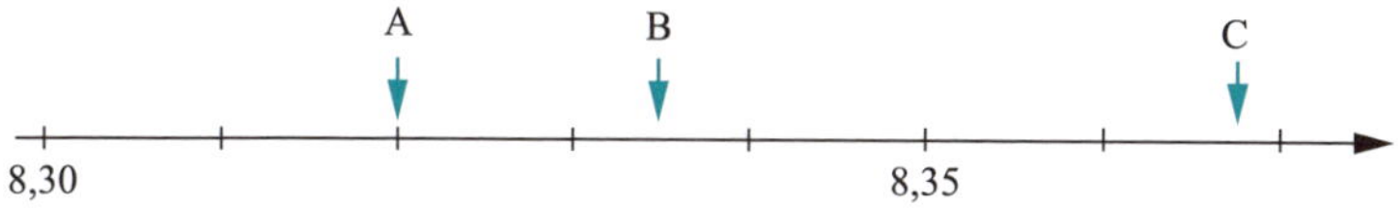

2.2 Kommaschreibweise bei Größen

Geldbeträge

$1\text{ €} = 100\text{ Cent}$; $10\text{ Cent} = \frac{1}{10}\text{ €} = 0{,}1\text{ €}$; $1\text{ Cent} = \frac{1}{100}\text{ €} = 0{,}01\text{ €}$

Die **Umrechnungszahl** von Cent in € ist **100** (2 Stellen).

Beispiele

1. $8\text{ €}\ 26\text{ Cent} = 8\text{ €} + \frac{2}{10}\text{ €} + \frac{6}{100}\text{ €} =$

   $= 8\text{ €} + \frac{26}{100}\text{ €} = \mathbf{8{,}26\text{ €}}$

2. $5{,}04\text{ €} = 5\text{ €} + \frac{4}{100}\text{ €} = \mathbf{5\text{ €}\ 4\text{ Cent}}$

Gewichte (Massen)

$1\text{ t} = 1\,000\text{ kg}$; $1\text{ kg} = 1\,000\text{ g}$; $1\text{ g} = 1\,000\text{ mg}$

$1\text{ mg} = \frac{1}{1000}\text{ g} = 0{,}001\text{ g}$; $1\text{ g} = \frac{1}{1000}\text{ kg} = 0{,}001\text{ kg}$; $1\text{ kg} = \frac{1}{1000}\text{ t} = 0{,}001\text{ t}$

Die **Umrechnungszahl** von einer Einheit in die andere ist **1 000** (3 Stellen).

Beispiele

1. $5{,}324\text{ kg} = 5\text{ kg} + \frac{324}{1000}\text{ kg} = \mathbf{5\text{ kg}\ 324\text{ g}}$

2. $5\,038\text{ kg} = 5\text{ t} + \frac{38}{1000}\text{ t} = \mathbf{5{,}038\text{ t}}$

3. $6{,}4\text{ g} = 6\text{ g} + \frac{4}{10}\text{ g} = 6\text{ g} + \frac{400}{1000}\text{ g} = \mathbf{6\text{g}\ 400\text{ mg}}$

Längen

1 km = 1 000 m; 1 m = 10 dm = 100 cm = 1 000 mm

$1\text{ mm} = \frac{1}{10}\text{ cm} = \frac{1}{100}\text{ dm} = \frac{1}{1000}\text{ m} \Rightarrow \begin{cases} 1\text{ mm} = 0{,}1\text{ cm} \\ 1\text{ mm} = 0{,}01\text{ dm} \\ 1\text{ mm} = 0{,}001\text{ m} \end{cases}$

$1\text{ cm} = \frac{1}{10}\text{ dm} = \frac{1}{100}\text{ m} \Rightarrow \begin{cases} 1\text{ cm} = 0{,}1\text{ dm} \\ 1\text{ cm} = 0{,}01\text{ m} \end{cases}$

$1\text{ dm} = \frac{1}{10}\text{ m} \Rightarrow 1\text{ dm} = 0{,}1\text{ m}$

Die **Umwandlungszahl** von einer Einheit in die andere ist von mm bis m **10** (1 Stelle), von m zu km **1 000** (3 Stellen).

Beispiele

1. Gib mehrfach benannt an: 14,315 m = **14 m 3 dm 1 cm 5 mm**
2. Schreibe als Kommazahl in
   a) dm: 140 m 3 dm 4 mm = **1 403,04 dm**
   b) km: 5 km 20 m = **5,020 km**

Zeiten

1 Jahr (a) = 365 Tage (d)
1 Tag = 24 Stunden (h)
1 Stunde = 60 min
1 min = 60 s

$1\text{ s} = \frac{1}{60}\text{ min} \qquad 1\text{ min} = \frac{1}{60}\text{ h}$

Die **Umwandlungszahl** von einer Einheit zur anderen beträgt von s bis h **60**.

Beispiele

1. Schreibe als Kommazahl in h:
   $1\text{ h } 12\text{ min} = 1\text{ h} + \frac{12}{60}\text{ h} = 1\text{ h} + \frac{1}{5}\text{ h} = 1\text{ h} + \frac{2}{10}\text{ h} = \mathbf{1{,}2\text{ h}}$
2. Gib in Minuten an: $0{,}6\text{ h} = 0{,}6 \cdot 60\text{ min} = \mathbf{36\text{ min}}$
3. Gib in Stunden an: $846\text{ min} = 846 \cdot \frac{1}{60}\text{ h} = \frac{846}{60}\text{ h} = \mathbf{14{,}1\text{ h}}$

Flächenmaße

Die **Umrechnungszahl** von einer Flächeneinheit in die andere beträgt **100**, d. h. für jede Einheit benötigt man **zwei** Stellen.

$1\ km^2 = 100\ ha \quad \Rightarrow \quad 1\ ha = \frac{1}{100}\ km^2 = 0{,}01\ km^2$

$1\ ha = 100\ a \quad \Rightarrow \quad 1\ a = \frac{1}{100}\ ha = 0{,}01\ ha$

$1\ a = 100\ m^2 \quad \Rightarrow \quad 1\ m^2 = \frac{1}{100}\ a = 0{,}01\ a$

$1\ m^2 = 100\ dm^2 \quad \Rightarrow \quad 1\ dm^2 = \frac{1}{100}\ m^2 = 0{,}01 m^2$

$1\ dm^2 = 100\ cm^2 \quad \Rightarrow \quad 1\ cm^2 = \frac{1}{100}\ dm^2 = 0{,}01\ dm^2$

$1\ cm^2 = 100\ mm^2 \quad \Rightarrow \quad 1\ mm^2 = \frac{1}{100}\ cm^2 = 0{,}01\ cm^2$

Anschaulich:
$1\ dm^2 = 100\ cm^2$
$1\ cm^2 = 100\ mm^2$

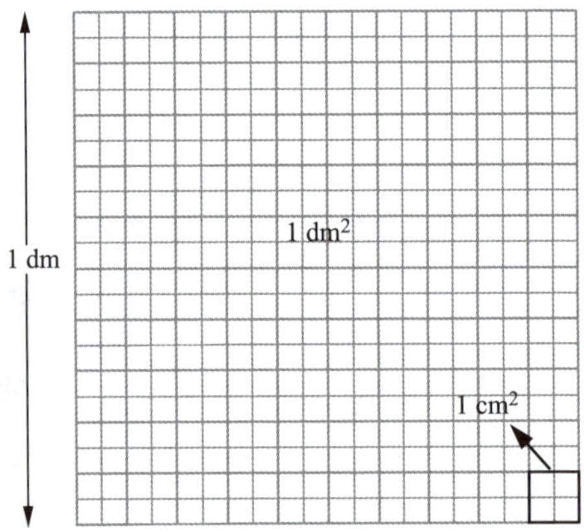

Beispiele

Tabelle

	km²			ha		a		m²		dm²		cm²		mm²	
	H	Z	E	Z	E	Z	E	Z	E	Z	E	Z	E	Z	E
1.				1	4	0	5								
2.									1	2	0	0	3		
3.		1	0	1	0	1	0								

1. 14 ha 5 a = 14,05 ha = **1 405 a**
2. $1\ m^2\ \ 20\ dm^2\ \ 3\ cm^2 = 1{,}2003\ m^2 = 120{,}03\ dm^2 =$ **12 003 cm²**
3. $10\ km^2\ \ 10\ ha\ \ 10\ a = 10{,}1010\ km^2 = 1\,010{,}10\ ha =$ **101 010 a**

Aufgaben

39. Gib mehrfach benannt an.

a) 28,05 € =
b) 13,028 kg =
c) 1,0438 h =
d) 4,04 m^2 =
e) 8,25 h =
f) 14,03 m =
g) 0,0315 t =
h) 0,011 ha =

40. Schreibe als Kommazahl (Dezimalzahl) in

a) a: 6 ha 4 a 8 m^2 =
b) km: 104 m 3 cm =
c) t: 1 t 5 kg 10 g =
d) m^2: 1 km^2 1 dm^2 =
e) h: 132 min =
f) €: 1 586 Cent =
g) ha: 1 km^2 7 ha 3 a =
h) min: 1 h 18 min 48 s =

2.3 Umwandlung von endlichen Dezimalbrüchen in Brüche und umgekehrt

Jeder endliche Dezimalbruch kann sofort als Bruch angegeben werden, da er nur eine besondere Schreibweise für einen Zehnerbruch darstellt.

Beispiele

1. $0{,}357 = \frac{357}{1000}$
2. $6{,}19 = 6\frac{19}{100}$
3. $27{,}3 = 27\frac{3}{10}$

Ein Bruch wird in einen Dezimalbruch **umgewandelt**, indem man den **Zähler durch den Nenner dividiert**. Hat der Nenner eines gekürzten Bruches wenigstens einen der **Primfaktoren 2 oder 5**, so lässt er sich in einen **endlichen Dezimalbruch** umwandeln.

Beispiele

1. $\frac{3}{10} = \frac{3}{\mathbf{2 \cdot 5}} = \mathbf{0{,}3}$
2. $\frac{1}{8} = \frac{1}{\mathbf{2 \cdot 2 \cdot 2}} = \mathbf{0{,}125}$
3. $\frac{3}{16} = \frac{3}{\mathbf{2 \cdot 2 \cdot 2 \cdot 2}} = \mathbf{0{,}1875}$
4. $\frac{1}{40} = \frac{1}{\mathbf{2 \cdot 2 \cdot 2 \cdot 5}} = \mathbf{0{,}025}$
5. $\frac{17}{32} = \frac{17}{\mathbf{2 \cdot 2 \cdot 2 \cdot 2 \cdot 2}} = \mathbf{0{,}53125}$

Aufgaben

41. Verwandle in einen Bruch bzw. eine gemischte Zahl:

a) 0,0217
b) 2,347
c) 0,3100
d) 17,17

42. Verwandle in einen Dezimalbruch:

a) $\frac{9}{20}$
b) $\frac{3}{8}$
c) $\frac{7}{40}$
d) $\frac{9}{16}$

43. a) Ordne folgende Zahlen der Größe nach und beginne mit der kleinsten Zahl.

$2{,}62;\ \frac{21}{8};\ 2\frac{3}{50};\ 1{,}701;\ 1\frac{8}{5}$

b) Welche Zahl ist größer, $\frac{3}{8}$ oder 0,38?

Gib dann die Zahl an, die genau in der Mitte zwischen diesen beiden Zahlen liegt.

2.4 Runden von Dezimalbrüchen

In vielen Fällen benötigt man bei Dezimalbrüchen nur eine bestimmte Anzahl von Stellen. Sind mehr Stellen vorhanden, so **rundet** man.

> Bei Dezimalstellen wird so gerundet wie bei ganzen Zahlen. Steht an der nächsten Dezimalstelle nach der zu rundenden eine 0, 1, 2, 3, 4 wird abgerundet, d. h. die zu rundende Dezimalstelle bleibt erhalten, bei den Ziffern 5, 6, 7, 8, 9 wird aufgerundet, d. h. die zu rundende Dezimalstelle wird um 1 erhöht.

Beispiele

1. Runde auf
   t (3 D): 4,83**65** ≈ 4,83**7** 3 D bedeutet: Runde auf 3 Dezimalen
   h (2 D): 4,8**365** ≈ 4,8**4**
   z (1 D): 4,**8365** ≈ 4,**8**
   E (0 D): **4,8365** ≈ **5**
   h (2 D): 6,0**0499** ≈ 6,0**0** Da auf zwei Stellen nach dem Komma gerundet wird, muss man die beiden Ziffern 00 schreiben
   t (3 D): 788,0**0954** ≈ 788,0**10**
   z (1 D): 18,**069** ≈ 18,**1**
2. Jeder gerundete Dezimalbruch umfasst unendlich viele Bruchzahlen. 1,2 ist ein gerundeter Dezimalbruch. Welche Zahlen x umfasst dieser Bruch?
   $\Rightarrow \{x \mid 1{,}15 \le x < 1{,}25\}$
   Beachte: Gerundete Dezimalbrüche sind **Näherungswerte**. Solche Näherungswerte entstehen auch bei Dezimalbrüchen, die aus Messungen gewonnen werden.

Aufgaben

44. Runde:

a) auf z: 16,9888 ≈ b) auf h: 37,4949 ≈
c) auf t: 28,3663 ≈ d) auf zt: 0,00495 ≈

45. Gib alle Zahlen x an, die nach Rundung die folgende Zahl ergeben.

a) 4,25 b) 19,613
c) 8,1 d) 6
e) Bei Schwimmwettbewerben wird die Zeit auf drei Stellen nach dem Komma gemessen, aber dann auf zwei Dezimalstellen gerundet angegeben. Für den Weltrekord, den Anthony Robinson am 30. 3. 2001 über 50 m Brust aufgestellt hat, wurde als Zeit 27,49 Sekunden angegeben. Welche Werte können gemessen worden sein?

3 Relative Häufigkeit

3.1 Auswertung von Zufallsexperimenten

Ein Experiment, bei dem der einzelne Ausgang nicht voraussagbar ist, heißt **Zufallsexperiment**. Jeder mögliche Ausgang des Zufallsexperiments heißt **Ergebnis**.

Beispiele

1. Werfen eines Würfels
   Ergebnisse: 1, 2, 3, 4, 5, 6
2. Werfen auf ein Ziel
   Ergebnisse: Treffer, Nichttreffer
3. Ziehen eines Loses
   Ergebnisse: Gewinn, Niete
4. Werfen einer Münze
   Ergebnisse: Zahl, Wappen

Durch Zufallsexperimente oder durch statistische Erhebungen kann man Daten gewinnen. Notiert man sich die beobachteten Werte so, wie sie sich der Reihe nach ergeben, so erhält man eine **Urliste**.

Beispiel

Zu Beginn des Schuljahres wird in der Klasse 6 a das Alter der Schüler festgestellt. Es ergab sich folgende Urliste:
11, 10, 10, 11, 12, 11, 11, 10, 11, 11, 11, 12, 11, 11, 11, 10, 12, 11, 10, 12, 12, 11, 11, 10, 11.
Diese Daten lassen sich in einer Strichliste aufbereiten:
10: 𝍸 |
11: 𝍸 𝍸 ||||
12: 𝍸

> Tritt ein Wert a in einer Urliste, der n Werte zugrunde liegen, k-mal auf ($k \leq n$), so heißt die **Zahl k** die **absolute Häufigkeit** dieses Merkmal(wertes).

Beispiel

Alter in Jahren	10	11	12
absolute Häufigkeit	6	14	5

Aufgaben

46. Franziska wirft einen Würfel 20-mal. Es ergab sich die folgende Urliste:
6, 1, 3, 4, 5, 6, 4, 3, 2, 2, 1, 5, 6, 1, 5, 3, 4, 5, 3, 5
Gib in einer Häufigkeitstabelle die absoluten Häufigkeiten der Augenzahlen an.

47. Erni und Susi führen von 7.30 Uhr bis 8.00 Uhr an der Strasse vor ihrer Schule eine Verkehrszählung durch. Es ergab sich die folgende Strichliste:
Pkw: 𝍸 𝍸 𝍸 𝍸 𝍸 ||
Lkw: 𝍸 𝍸 𝍸 |
Busse: |||
Fahrräder: 𝍸 𝍸 𝍸 ||||
Motorräder: 𝍸
Bestimme eine Häufigkeitstabelle der absoluten Häufigkeiten der Verkehrsmittel.

3.2 Relative Häufigkeit und empirisches Gesetz der großen Zahlen

> Tritt ein Wert a in einer Häufigkeitstabelle, der n Werte zugrunde liegen, k-mal auf ($k \leq n$), so heißt der **Quotient** $\frac{k}{n}$ die **relative Häufigkeit** h_n des Ergebnisses a.

Beispiel

Alter in Jahren	10	11	12
absolute Häufigkeit	6	14	5
relative Häufigkeit	$\frac{6}{25} =$ 0,24	$\frac{14}{25} =$ 0,56	$\frac{5}{25} =$ 0,20

Für die relative Häufigkeit gibt es verschiedene Darstellungsmöglichkeiten. Zwei von ihnen werden am Beispiel von Seite 35 gezeigt:

Stab- bzw. Säulendiagramm

Die Länge der Stäbe (Säulen) gibt die relative Häufigkeit an, z. B. entspricht der relativen Häufigkeit 0,2 ein Zentimeter Stablänge (Säulenlänge).

Stabdiagramm:

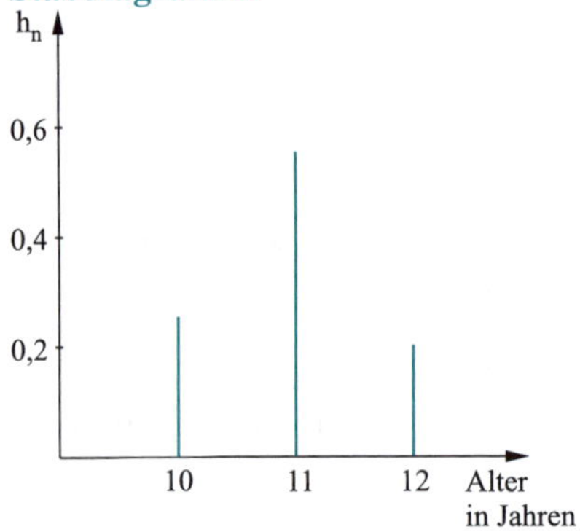

oder

Säulendiagramm:

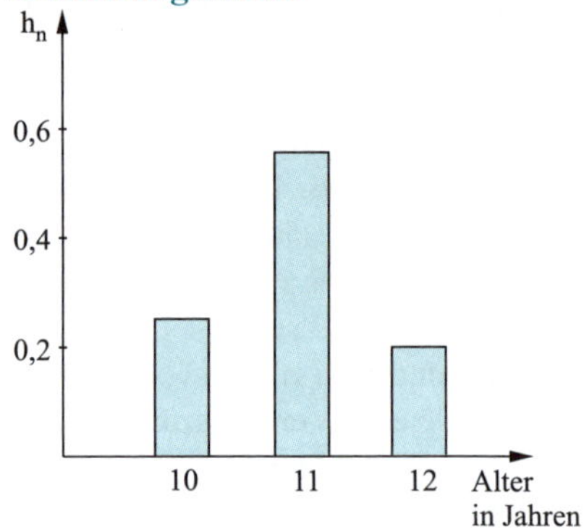

Kreisdiagramm:

Der Winkel 360° wird in folgende Winkel geteilt.

$10: \frac{6}{25} \mathrel{\hat{=}} 86°$; $11: \frac{14}{25} \mathrel{\hat{=}} 202°$; $12: \frac{5}{25} \mathrel{\hat{=}} 72°$

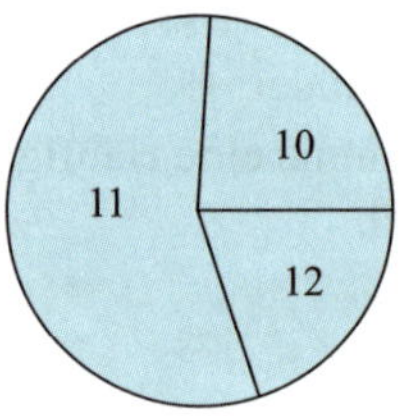

Beispiele

1. Die letzte Schulaufgabe in der Klasse 6 c hatte die folgende Notenverteilung:

Note	1	2	3	4	5	6
Anzahl der Schüler	3	4	7	8	1	2

Bestimme die relative Häufigkeit der einzelnen Noten als Bruchzahl und als Dezimalzahl und zeichne ein Stabdiagramm.

Lösung:

Note	1	2	3	4	5	6
Anzahl der Schüler	3	4	7	8	1	2
relative Häufigkeit	$\frac{3}{25}$ = 0,12	$\frac{4}{25}$ = 0,16	$\frac{7}{25}$ = 0,28	$\frac{8}{25}$ = 0,32	$\frac{1}{25}$ = 0,04	$\frac{2}{25}$ = 0,08

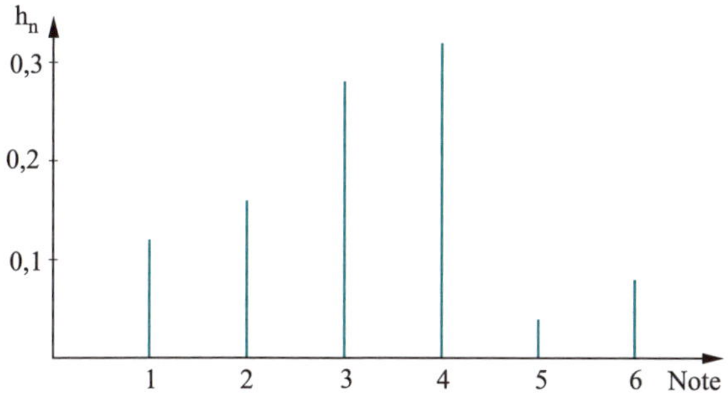

2. Auf den vier Flächen eines Tetraeders sind die Zahlen 1 bis 4 aufgeschrieben. Als geworfen gilt die Zahl, auf der das Tetraeder liegen bleibt.
Bestimme aus der folgenden Urliste von Tetraederwürfen die relativen Häufigkeiten (als Bruchzahlen) der Augenzahlen 1, 2, 3, 4.

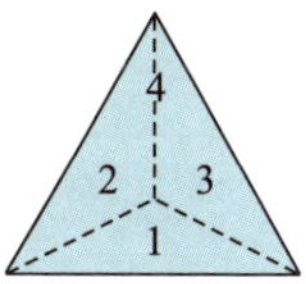

1, 4, 4, 3, 1, 2, 1, 2, 4, 3, 3, 2, 1, 1, 2, 1, 4, 3, 3, 4, 2, 1, 2, 1, 3, 1, 2, 4, 2, 4

Lösung:

Augenzahl	1	2	3	4
absolute Häufigkeit	9	8	6	7
relative Häufigkeit	$\frac{9}{30}$	$\frac{8}{30}$	$\frac{6}{30}$	$\frac{7}{30}$

3. Bei 300 Würfelwürfen ergab sich die folgende Urliste. Bestimme daraus die relativen Häufigkeiten der einzelnen Augenzahlen.

2415651565	5166123653	2541232123
2525326655	3626514566	1416412355
2634252456	6432135231	6263235562
5553312263	5551521322	4425534643
1235664111	6311153311	2531144453
5533624245	1254236565	1265436623
1234455612	6524161431	2365345655
3151162336	1642525626	2144121216
4124616315	2323664241	1454231365
2436163224	6146364252	5162426115

Lösung:

Augenzahl	1	2	3	4	5	6
absolute Häufigkeit	51	57	44	40	56	52
relative Häufigkeit	$\frac{51}{300}$	$\frac{57}{300}$	$\frac{44}{300}$	$\frac{40}{300}$	$\frac{56}{300}$	$\frac{52}{300}$

Wir betrachten nun die relative Häufigkeit der Augenzahl 2 nach 30, 60, 90, …, 300 Würfen und stellen das Ergebnis grafisch dar:

Anzahl der Würfe	30	60	90	120	150	180	210	240	270	300
absolute Häufigkeit	6	10	12	15	26	28	33	41	47	51
relative Häufigkeit	$\frac{6}{30}=$ 0,20	$\frac{10}{60}=$ 0,166	$\frac{12}{90}=$ 0,133	$\frac{15}{120}=$ 0,125	$\frac{26}{150}=$ 0,173	$\frac{28}{180}=$ 0,155	$\frac{33}{210}=$ 0,157	$\frac{41}{240}=$ 0,170	$\frac{47}{270}=$ 0,174	$\frac{51}{300}=$ 0,17

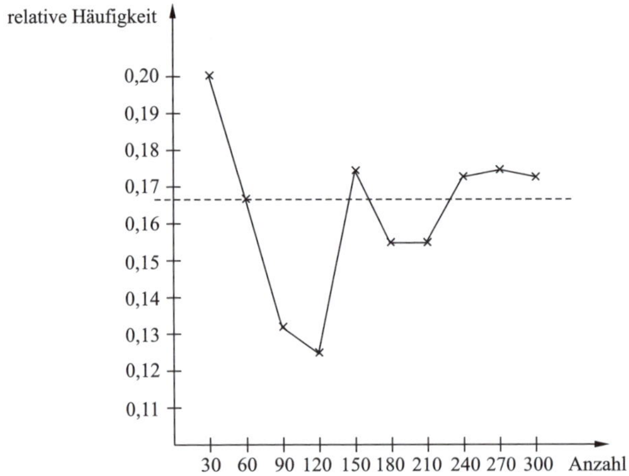

Wie man aus dem Beispiel und seiner grafischen Darstellung sieht, hängt die relative Häufigkeit nicht nur von der Zahl n der Durchführungen des Zufallsexperiments ab, sondern sie wird in einer anderen Versuchsserie bei gleicher Zahl n einen anderen Wert besitzen. Dennoch zeigt sich, dass sich nach vielen Ausführungen des Zufallsexperiments, auch in verschiedenen Serien, die relativen Häufigkeiten stabilisieren. Diese schon lange bekannte Eigenschaft der relativen Häufigkeit heißt auch empirisches Gesetz der großen Zahlen.

Empirisches Gesetz der großen Zahlen

Führt man ein Zufallsexperiment hinreichend oft aus, so stabilisieren sich die relativen Häufigkeiten um einen Wert.
(Dieser Wert wird später die Wahrscheinlichkeit des eingetretenen Ereignisses genannt.)

Beispiel

In Beispiel 3 stabilisiert sich die relative Häufigkeit der Augenzahl 2 um den Wert $0{,}166=\frac{1}{6}$.

Aufgaben

48. Während eines Jahres wurden bei 2 000 Blutspendern folgende Blutgruppen festgestellt:

Blutgruppe	AB	A	B	0
absolute Häufigkeit	102	894	208	796

Bestimme die relativen Häufigkeiten der einzelnen Blutgruppen.

49. Eine Mathematikschulaufgabe in der Klasse 6 b hatte die folgende Notenverteilung.

Note	1	2	3	4	5	6
absolute Häufigkeit	3	4	8	7	2	1

a) Bestimme die relativen Häufigkeiten der einzelnen Noten.

b) Gib dann mit dem Ergebnis aus a die relativen Häufigkeiten der folgenden Ereignisse an.

(1) „Note nicht mehr ausreichend“
(2) „Note besser als 4“
(3) „Note schlechter als 3“
(4) „Note weder 1 noch 6“

50. Bestimme für die Zahlen 1 bis 100 die relativen Häufigkeiten der Zahlen, die

a) durch 2,
b) durch 9,
c) durch 2 und 9,
d) durch 2 oder 9,
e) entweder durch 2 oder durch 9,
f) weder durch 2 noch durch 9,
g) durch 2, aber nicht durch 9 teilbar sind.

51. Die Flächen eines Regierungsbezirks sind in dem Kreis als Kreissektoren gezeichnet.
Miss die Winkel und bestimme dann die relativen Häufigkeiten der einzelnen Nutzungsarten als Bruchzahlen.

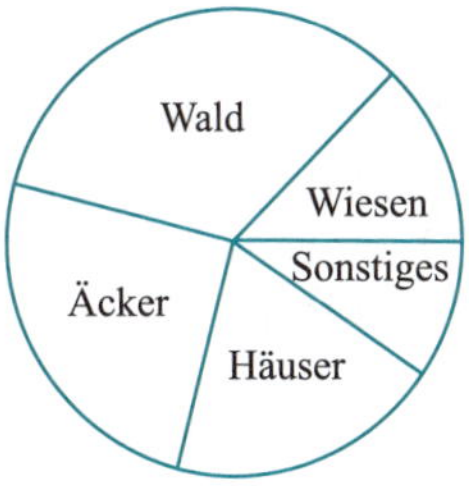

52. Das Diagramm zeigt eine gewisse Stabilisierung der relativen Häufigkeit bei 200 Versuchsausführungen.
Nenne ein passendes Zufallsexperiment.

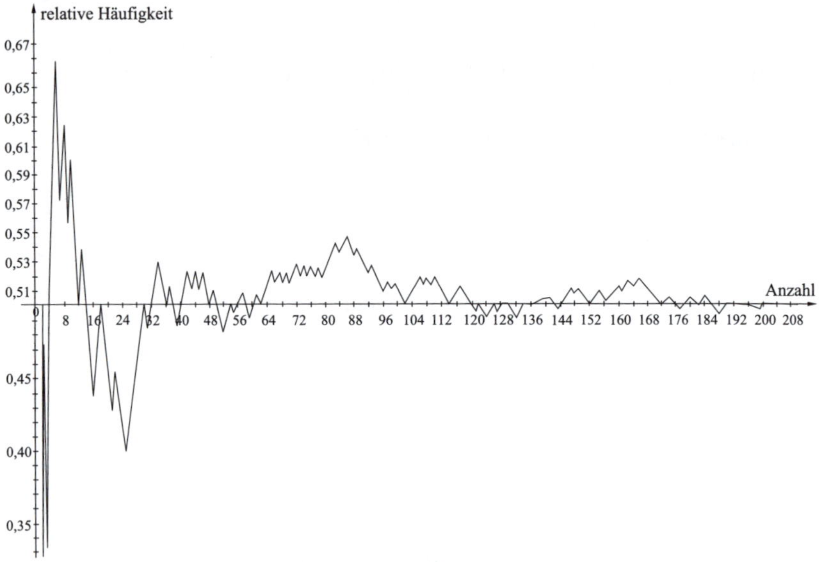

3.3 Relative Häufigkeit und Vierfeldertafel

Treten in einer Aufgabe zwei Eigenschaften A und B auf, so kann man deren relative Häufigkeiten in einer **Vierfeldertafel** anordnen. Mit dieser erhält man auch eine Möglichkeit, das gemeinsame Auftreten der beiden Eigenschaften zu beschreiben.
Mit diesen Bezeichnungen
A: Eigenschaft A tritt auf,
$\overline{A}$: Eigenschaft A tritt nicht auf,
B: Eigenschaft B tritt auf,
$\overline{B}$: Eigenschaft B tritt nicht auf,
$\cap$: „und" („und zugleich")
erhält man die folgende Anordnung der relativen Häufigkeiten:

	B	$\overline{B}$:	
A	$h_n(A \cap B)$	$h_n(A \cap \overline{B})$	$h_n(A)$
$\overline{A}$	$h_n(\overline{A} \cap B)$	$h_n(\overline{A} \cap \overline{B})$	$h_n(\overline{A})$
	$h_n(B)$	$h_n(\overline{B})$	1

Beispiel

In einer Lostrommel sind $\frac{4}{5}$ der Lose Nieten (Eigenschaft N), $\frac{2}{5}$ der Lose sind rot gefärbt (Eigenschaft R) und $\frac{1}{20}$ der Lose sind rot gefärbt und keine Nieten. Zeichne eine Vierfeldertafel und bestimme die relative Häufigkeit dafür, dass ein gezogenes Los ein Gewinnlos ist, aber nicht rot gefärbt ist.

Lösung:

Aus der Aufgabenstellung liest man ab:

$$h_n(N) = \frac{4}{5},\ h_n(R) = \frac{2}{5} \text{ und } h_n(R \cap \overline{N}) = \frac{1}{20}$$

Damit kann man das „Gerüst" der Vierfeldertafel erstellen:

	N	$\overline{N}$:	
R		$\frac{1}{20}$	$\frac{2}{5}$
$\overline{R}$			
	$\frac{4}{5}$		1

Dann kann man ergänzen:

$$h_n(\overline{N}) = 1 - h_n(N) = 1 - \frac{4}{5} = \frac{1}{5} = \frac{4}{20}$$

$$h_n(\overline{R}) = 1 - h_n(R) = 1 - \frac{2}{5} = \frac{3}{5} = \frac{12}{20}$$

$$h_n(R \cap N) = h_n(R) - \frac{1}{20} = \frac{2}{5} - \frac{1}{20} = \frac{7}{20}$$

$$h_n(\overline{R} \cap N) = h_n(N) - h_n(R \cap N) = \frac{4}{5} - \frac{7}{20} = \frac{9}{20}$$

$$h_n(\overline{R} \cap \overline{N}) = h_n(\overline{N}) - \frac{1}{20} = \frac{1}{5} - \frac{1}{20} = \frac{3}{20}$$

Damit ergibt sich die vollständige Vierfeldertafel. Zur Vereinfachung sind alle relativen Häufigkeiten auf den Nenner 20 erweitert.

	N	$\overline{N}$:	
R	$\frac{7}{20}$	$\frac{1}{20}$	$\frac{8}{20}$
$\overline{R}$	$\frac{9}{20}$	$\frac{3}{20}$	$\frac{12}{20}$
	$\frac{16}{20}$	$\frac{4}{20}$	1

Die gesuchte Häufigkeit ist $h_n(\overline{N} \cap \overline{R}) = \frac{3}{20}$.

Aufgaben

53. 100 Schüler werden nach ihrer Teilnahme am Wahlunterricht Italienisch (Eigenschaft I) und in Spanisch (Eigenschaft S) befragt. Man erhält die folgenden Angaben:
30 Schüler besuchen Italienisch und 20 Spanisch, wobei sechs Schüler an beiden Kursen teilnehmen.
Erstelle eine Vierfeldertafel und bestimme daraus die relativen Häufigkeiten der Schüler, die
a) nur an Spanisch,
b) nur an Italienisch,
c) an keinem von beiden Kursen,
d) an genau einem der beiden Kurse,
e) an höchstens einem der beiden Kurse,
f) an mindestens einem der beiden Kurse
teilnehmen.

54. Ein Spielzeugartikel kann nur die Fehler A (Farbfehler) und B (Formfehler) aufweisen. Die relative Häufigkeit $h_n(B)$ des Fehlers B beträgt 0,08, die für beide Fehler 0,02. Insgesamt beträgt die relative Häufigkeit der Fehler 0,12. Erstelle eine Vierfeldertafel und gib daraus die relative Häufigkeit dafür an, dass bei einem ausgewählten Artikel nur einer der Fehler auftritt.

55. In einem bestimmten Bezirk ist die relative Häufigkeit, dass eine Person an Grippe erkrankt (Eigenschaft G) $h_n(G) = 0{,}30$.
Die relative Häufigkeit, dass eine gegen Grippe geimpfte Person (Ereignis I) an Grippe erkrankt, beträgt $h_n(G \cap I) = 0{,}05$, dass eine nicht geimpfte nicht erkrankt $h_n(\overline{G} \cap \overline{I}) = 0{,}40$.
Erstelle eine Vierfeldertafel und lies daraus die relative Häufigkeit dafür ab, dass eine ausgewählte Person geimpft ist und nicht an Grippe erkrankt.

→ Zur weiteren Übung kannst du nun Schulaufgabe 2 auf Seite 145 lösen.

Rechnen mit nichtnegativen rationalen Zahlen

Vier Freunde kaufen sich eine Packung mit Karlsbader Oblaten. Nach kurzer Zeit haben sie bis auf drei Stück alle aufgegessen. Diese wollen sie nun gerecht verteilen.
Wie viel bekommt jeder der Freunde?

Lösung:
Sie schneiden zwei Oblaten jeweils in Hälften und eine wird geviertelt. Das ergibt pro Person eine halbe und eine viertel Oblate, d.h. jeder bekommt eine dreiviertel Oblate. In Kurzform: $\frac{1}{2}+\frac{1}{4}=\frac{3}{4}$

4 Addition und Subtraktion

4.1 Bruchzahlen

Brüche mit gleichem Nenner **(gleichnamige Brüche)** werden addiert, indem man die **Zähler addiert** und den gleichen **Nenner beibehält**.

$\frac{a}{c}+\frac{b}{c}=\frac{a+b}{c}$, $a, b \in \mathbb{N}_0; c \in \mathbb{N}$

Im Ergebnis werden Brüche stets auf die **Grundform** gekürzt.

Beispiele

1. $\frac{3}{11}+\frac{5}{11}=\frac{3+5}{11}=\frac{8}{11}$
2. $\frac{7}{13}+\frac{11}{13}+\frac{10}{13}=\frac{7+11+10}{13}=\frac{28}{13}=2\frac{2}{13}$
3. $2\frac{1}{3}+5\frac{1}{3}+6\frac{2}{3}=2+5+6+\frac{1+1+2}{3}=13\frac{4}{3}=14\frac{1}{3}$

Ungleichnamige Brüche müssen für die Addition gleichnamig gemacht werden. Man bestimmt dazu den kleinsten gemeinsamen Nenner, den **Hauptnenner**, d. h. das kgV der auftretenden Nenner.

Beispiele

1. $\frac{1}{4}+\frac{5}{6}=$

   HN(4; 6) = kgV(4; 6) = **12**

   $\frac{1}{4}+\frac{5}{6}=\frac{3}{12}+\frac{10}{12}=\frac{3+10}{12}=\frac{13}{12}=1\frac{1}{12}$

2. $\frac{1}{2}+\frac{1}{3}+\frac{1}{4}+\frac{1}{5}=$

   HN(2; 3; 4; 5) = **60**

   $\frac{1}{2}+\frac{1}{3}+\frac{1}{4}+\frac{1}{5}=\frac{30}{60}+\frac{20}{60}+\frac{15}{60}+\frac{12}{60}=\frac{30+20+15+12}{60}=\frac{77}{60}=1\frac{17}{60}$

3. $6\frac{1}{2}+5\frac{1}{6}=$

HN(2; 6) = **6**

$6\frac{1}{2}+5\frac{1}{6}=6\frac{3}{6}+5\frac{1}{6}=11\frac{4}{6}=11\frac{2}{3}$

Da die Menge $\mathbb{N}$ der natürlichen Zahlen in der Menge $\mathbb{Q}_0^+$ aller Brüche enthalten ist, müssen die Rechengesetze, die für die Zahlen in $\mathbb{N}$ gegolten haben, auch in der Menge $\mathbb{Q}_0^+$ für diese Zahlen gelten. Es gilt das Permanenzprinzip.

Permanenzprinzip

Erweitert man eine Menge von Zahlen zu einer umfassenderen Menge, so müssen die Rechengesetze, die in der ursprünglichen Menge gegolten haben, auch in der neuen Menge gelten.

Aus dem Permanenzprinzip folgt, dass für die Addition von Bruchzahlen folgende Gesetze gelten.

Kommutativgesetz: $a+b=b+a;\quad a, b \in \mathbb{Q}_0^+$

Assoziativgesetz: $(a+b)+c=a+(b+c);\quad a, b, c \in \mathbb{Q}_0^+$

Anmerkung: Die Gesetze haben die gleiche Form wie in der 5. Klasse. Was sich geändert hat, ist der Zahlbereich für die Variablen.

Beispiel

Addiere geschickt.

$$2\frac{1}{3}+7\frac{1}{9}+6\frac{2}{3}=\left(2\frac{1}{3}+6\frac{2}{3}\right)+7\frac{1}{9}=8\frac{3}{3}+7\frac{1}{9}=9+7\frac{1}{9}=16\frac{1}{9}$$

Aufgaben

56. Berechne:

a) $3\frac{5}{12}+5\frac{7}{12}=$

b) $8\frac{1}{2}+9\frac{3}{4}=$

c) $1\frac{11}{12}+\frac{3}{4}+\frac{1}{2}=$

d) $8\frac{1}{5}+2\frac{9}{20}+\frac{3}{10}=$

57. Addiere geschickt.

a) $\frac{2}{3}+\frac{4}{5}+\frac{4}{3}=$

b) $5\frac{3}{4}+12\frac{1}{3}+6\frac{1}{4}=$

c) $3\frac{1}{7}+2\frac{5}{9}+5\frac{6}{7}+8\frac{5}{9}=$

d) $2\frac{1}{3}+1\frac{1}{4}+1\frac{5}{6}+\frac{3}{4}=$

Brüche mit gleichem Nenner **(gleichnamige Brüche)** werden subtrahiert, indem man die **Zähler subtrahiert** und den gleichen **Nenner** beibehält.

$\frac{a}{c} - \frac{b}{c} = \frac{a-b}{c}$; a, b, $\in \mathbb{N}_0$; $c \in \mathbb{N}$; $a \geq b$

Ungleichnamige Brüche müssen für die Subtraktion gleichnamig gemacht werden, d. h. auf den **Hauptnenner** erweitert werden. Im Ergebnis werden die Brüche stets auf die **Grundform** gekürzt.

Beispiele

1. $\frac{9}{20} - \frac{1}{4} = \frac{9}{20} - \frac{5}{20} = \frac{9-5}{20} = \frac{4}{20} = \frac{1}{5}$
2. $12\frac{4}{5} - 8\frac{5}{8} = 12\frac{32}{40} - 8\frac{25}{40} = 4\frac{7}{40}$
3. $4\frac{1}{2} - 1\frac{5}{6} = 4\frac{3}{6} - 1\frac{5}{6} = 3\frac{9}{6} - 1\frac{5}{6} = 2\frac{4}{6} = 2\frac{2}{3}$

   Beachte: Ist in einer Subtraktionsaufgabe der Bruch im Minuenden **kleiner** als der Bruch im Subtrahenden, so wird im Minuenden zusätzlich ein Ganzes umgewandelt.
4. $3\frac{1}{4} - 1\frac{5}{8} + 2\frac{1}{3} = 3\frac{6}{24} + 2\frac{8}{24} - 1\frac{15}{24} = 5\frac{14}{24} - 1\frac{15}{24} = 4\frac{38}{24} - 1\frac{15}{24} = 3\frac{23}{24}$

Besonderheiten

Für alle Zahlen a, b $\in \mathbb{Q}_0^+$ gilt:

- $a - b$ ist nur definiert, wenn $a \geq b$ gilt.
- $a - 0 = a$
  $0 - 0 = 0$
  $a - a = 0$
- Für die Subtraktion gilt weder das Kommutativgesetz noch das Assoziativgesetz.
- Die Subtraktion ist die Umkehrung der Addition.

Beispiele

1. $a + b = c \Rightarrow \begin{cases} a = c - b \\ b = c - a \end{cases}$

   Jede Additionsaufgabe hat zwei Subtraktionsproben.
2. $a - b = c \Rightarrow \begin{cases} a = c + b \\ b = a - c \end{cases}$

   Jede Subtraktionsaufgabe hat eine Additions- und eine Subtraktionsprobe.

Aufgaben

58. Berechne:

a) $6\frac{1}{5}-2\frac{4}{5}=$

b) $8\frac{1}{2}-5\frac{2}{3}=$

c) $20\frac{1}{4}-19\frac{5}{6}=$

d) $17\frac{11}{12}-12\frac{7}{8}=$

59. Berechne:

a) $12\frac{1}{6}+3\frac{5}{8}-2\frac{7}{12}=$

b) $\left(8\frac{1}{3}+2\frac{1}{4}\right)-\left(1\frac{3}{4}+4\frac{5}{6}\right)=$

c) $3\frac{1}{3}-\frac{3}{4}+2\frac{5}{6}-4\frac{1}{4}=$

d) $18\frac{1}{2}-14\frac{2}{3}+16\frac{1}{4}-11\frac{3}{7}=$

60. Ergänze die Felder so, dass sich die Summe zweier nebeneinander stehender Zahlen jeweils im darüber liegenden Feld befindet.

a)

b)

4.2 Dezimalzahlen

> Dezimalzahlen werden addiert oder subtrahiert, indem man die **Dezimalen gleichen Stellenwertes** addiert oder subtrahiert. Dazu werden die Dezimalzahlen durch Anhängen von Nullen **gleichnamig** gemacht.

Beispiele

1. $14{,}815 + 13{,}2 = 14{,}815 + 13{,}200$
   $= 28{,}015$

   oder:

   $$\begin{array}{r} 14{,}815 \\ +\,13{,}200 \\ \hline 28{,}015 \end{array}$$

   Beachte: Die Dezimalzahlen werden so aufgeschrieben, dass **Komma unter Komma** steht. Dann wird addiert bzw. subtrahiert wie bei ganzen Zahlen.

2. $3{,}2 + 0{,}825 + 13{,}41 + 17{,}03 = 3{,}200 + 0{,}825 + 13{,}410 + 17{,}030$
   $= 34{,}465$

   oder:

   $$\begin{array}{r} 3{,}200 \\ 0{,}825 \\ 13{,}410 \\ +\,17{,}030 \\ \hline 34{,}465 \end{array}$$

3. $44{,}1 - 25{,}398 = 44{,}100 - 25{,}398$
   $= 18{,}702$

   oder:

   $$\begin{array}{r} 44{,}100 \\ -\,25{,}398 \\ \hline 18{,}702 \end{array}$$

4. Addiere die gerundeten Dezimalzahlen 4,16 und 6,1498.
   $4{,}16 + 6{,}1498 = 10{,}3098$
   $\approx 10{,}31$

   Beachte: Nach der Addition (Subtraktion) gerundeter Dezimalzahlen wird das Ergebnis auf die **kleinste** bei einer Zahl auftretende **Anzahl von Dezimalstellen gerundet**. Im Beispiel sind dies die zwei Stellen in 4,16.

Aufgabe **61.** Berechne:

a) $7{,}349 + 4{,}08 + 9{,}9 + 2{,}94 =$

b) $10{,}45321 - 0{,}953 =$

c) $7{,}3 + \frac{1}{2} + 6{,}44 + 1\frac{5}{8} =$

d) $(88{,}43 - 5{,}1) - (77{,}44 - 22{,}388) =$

e) $581{,}66 - (22{,}761 + 86{,}52) - (98{,}9 - 93{,}645) =$

f) $70{,}365 - [(36{,}501 - 0{,}11) - (212{,}2 - 198{,}76)] =$

g) Peter geht für seine Mutter im Supermarkt einkaufen. An der Kasse stellt er fest, dass er nur 5 € dabei hat.
Rechne nach, ob das Geld für den Einkauf reicht und wie viel er zurückbekommt.

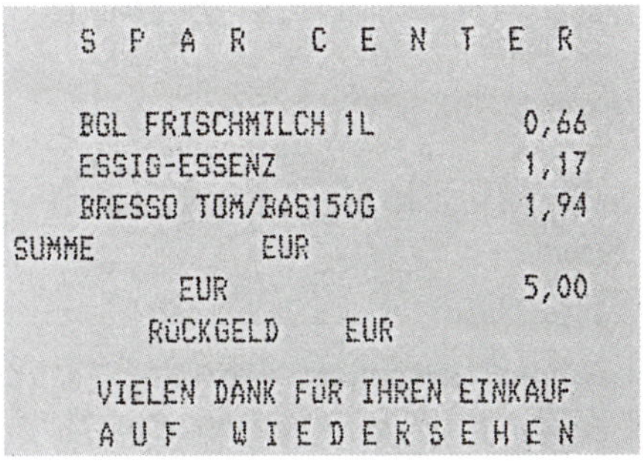

S P A R C E N T E R

BGL FRISCHMILCH 1L 0,66
ESSIG-ESSENZ 1,17
BRESSO TOM/BAS150G 1,94
SUMME EUR
EUR 5,00
RÜCKGELD EUR

VIELEN DANK FÜR IHREN EINKAUF
A U F W I E D E R S E H E N

5 Multiplikation und Division

5.1 Bruchzahlen

Ein **Bruch** wird mit einer **natürlichen Zahl** multipliziert, indem man den **Zähler mit der Zahl multipliziert** und den **Nenner** beibehält.

$\frac{a}{b} \cdot c = \frac{a \cdot c}{b}$; $\quad a, c \in \mathbb{N}_0;\ b \in \mathbb{N}$

Zwei Brüche werden miteinander multipliziert, indem man das **Produkt der Zähler** durch das **Produkt der Nenner** dividiert.

$\frac{a}{b} \cdot \frac{c}{d} = \frac{a \cdot c}{b \cdot d}$; $\quad a, c \in \mathbb{N}_0;\ b, d \in \mathbb{N}$

Vor der Ausrechnung der Produkte immer erst kürzen!

Beispiele

1. $\frac{2}{5} \cdot 1 = \frac{2 \cdot 1}{5} = \frac{2}{5}$; $\frac{2}{5} \cdot 0 = \frac{2 \cdot 0}{5} = \frac{0}{5} = 0$

2. $\frac{13}{16} \cdot \mathbf{32} = \frac{13 \cdot \mathbf{32}}{16} = \frac{13 \cdot 2}{1} = 26$

3. $6\frac{1}{14} \cdot \mathbf{7} = \frac{85}{14} \cdot \mathbf{7} = \frac{85 \cdot \mathbf{7}}{14} = \frac{85 \cdot 1}{2} = \frac{85}{2} = 42\frac{1}{2}$

4. $\left(4\frac{1}{2}\right)^2 = 4\frac{1}{2} \cdot \mathbf{4\frac{1}{2}} = \frac{9}{2} \cdot \mathbf{\frac{9}{2}} = \frac{9 \cdot \mathbf{9}}{2 \cdot \mathbf{2}} = \frac{81}{4} = 20\frac{1}{4}$

5. $\frac{14}{15} \cdot \mathbf{1\frac{3}{7}} \cdot \mathbf{\frac{9}{10}} = \frac{14}{15} \cdot \mathbf{\frac{10}{7}} \cdot \mathbf{\frac{9}{10}} = \frac{14 \cdot \mathbf{10 \cdot 9}}{15 \cdot \mathbf{7 \cdot 10}} = \frac{2 \cdot 1 \cdot 3}{5 \cdot 1 \cdot 1} = \frac{6}{5} = 1\frac{1}{5}$

In der Menge $\mathbb{Q}_0^+$ gelten wegen des Permanenzprinzips die folgenden Rechengesetze:

Kommutativgesetz: $a \cdot b = b \cdot a$; $a, b \in \mathbb{Q}_0^+$
Assoziativgesetz: $(a \cdot b) \cdot c = a \cdot (b \cdot c)$; $a, b, c \in \mathbb{Q}_0^+$

Beispiele

1. $\frac{5}{7} \cdot \frac{3}{8} = \mathbf{\frac{5 \cdot 3}{7 \cdot 8}} = \frac{15}{56}$

   $\frac{3}{8} \cdot \frac{5}{7} = \mathbf{\frac{3 \cdot 5}{8 \cdot 7}} = \frac{15}{56}$

2. $\left(\frac{2}{3} \cdot \frac{3}{4}\right) \cdot \frac{4}{5} = \mathbf{\left(\frac{2 \cdot 3}{3 \cdot 4}\right) \cdot \frac{4}{5}} = \frac{1}{2} \cdot \frac{4}{5} = \frac{2}{5}$

   $\frac{2}{3} \cdot \left(\frac{3}{4} \cdot \frac{4}{5}\right) = \mathbf{\frac{2}{3} \cdot \left(\frac{3 \cdot 4}{4 \cdot 5}\right)} = \frac{2}{3} \cdot \frac{3}{5} = \frac{2}{5}$

Aufgabe **62.** Berechne:

a) $2\frac{2}{3} \cdot \frac{9}{16} =$

b) $3\frac{2}{5} \cdot 2\frac{2}{34} =$

c) $9\frac{7}{25} \cdot 2\frac{3}{29} =$

d) $9\frac{9}{11} \cdot 11\frac{11}{12} \cdot \frac{3}{26} =$

Ein **Bruch** wird durch eine **natürliche Zahl** dividiert, indem man den **Nenner mit der Zahl multipliziert** und den **Zähler** beibehält.

$\frac{a}{b} : c = \frac{a}{b \cdot c}$; a, c, ∈ $\mathbb{N}_0$; b, c ∈ $\mathbb{N}$

Durch einen Bruch wird dividiert, indem man mit dem **Kehrbruch multipliziert**.

$\frac{a}{b} : \frac{c}{d} = \frac{a}{b} \cdot \frac{d}{c}$; a ∈ $\mathbb{N}_0$; b, c, d ∈ $\mathbb{N}$

Beispiele

1. $\frac{4}{5} : 7 = \frac{4}{5 \cdot 7} = \frac{4}{35}$ oder: $\frac{4}{5} : 7 = \frac{4}{5} : \frac{7}{1} = \frac{4}{5} \cdot \frac{1}{7} = \frac{4 \cdot 1}{5 \cdot 7} = \frac{4}{35}$

   Beachte: Der Kehrbruch einer ganzen Zahl ist ein Stammbruch.

2. $10\frac{8}{9} : 3\frac{13}{33} = \frac{98}{9} : \frac{112}{33} = \frac{98}{9} \cdot \frac{33}{112} = \frac{98 \cdot 33}{9 \cdot 112} = \frac{7 \cdot 11}{3 \cdot 8} = \frac{77}{24} = 3\frac{5}{24}$

3. $\frac{\frac{4}{3}}{\frac{8}{9}} = \frac{4}{3} : \frac{8}{9} = \frac{4}{3} \cdot \frac{9}{8} = \frac{4 \cdot 9}{3 \cdot 8} = \frac{1 \cdot 3}{1 \cdot 2} = \frac{3}{2} = 1\frac{1}{2}$

   Beachte: Doppelbrüche werden als Divisionen aufgelöst.

Besonderheiten:

Für alle Zahlen a ∈ $\mathbb{Q}_0^+$ gilt:

- Die **Division durch null** ist **nicht erlaubt**, d. h. $\frac{a}{0}$ ist **nicht definiert**.
- $\frac{a}{a} = a : a = 1$ $\frac{a}{1} = a : 1 = a$ $\frac{0}{a} = 0 : a = 0$

Beispiele

1. $\frac{5}{5} = 1$
2. $\frac{5}{1} = 5$
3. $\frac{0}{5} = 0$
4. $\frac{5}{0}$ **ist nicht ausführbar**

Aufgaben

63. Berechne:

a) $\frac{99}{111} : 33 =$

b) $2\frac{9}{20} : 1\frac{3}{4} =$

c) $\left(1\frac{1}{2} : \frac{3}{5}\right) \cdot 1\frac{2}{5} =$

d) $\left(17\frac{1}{7} \cdot 1\frac{9}{26}\right) : 2\frac{3}{16} =$

64. Berechne die folgenden drei Brüche und bilde dann drei weitere, die die Reihe fortsetzen. Berechne auch deren Wert.

a) $\frac{1+\frac{1}{2}}{2+\frac{1}{1}} =$

b) $\frac{2+\frac{1}{3}}{3+\frac{1}{2}} =$

c) $\frac{3+\frac{1}{4}}{4+\frac{1}{3}} =$

…

65. In einem Zauberquadrat ist die Summe der Zahlen in jeder Spalte, Zeile und Diagonalen jeweils gleich groß.
Vervollständige das Quadrat.

$\frac{4}{9}$			$\frac{13}{36}$
	$\frac{5}{18}$		$\frac{2}{9}$
$\frac{1}{4}$		$\frac{7}{36}$	
	$\frac{5}{12}$	$\frac{7}{18}$	$\frac{1}{36}$

✷ **66. Mittlere Geschwindigkeit**

Die mittlere Geschwindigkeit oder Durchschnittsgeschwindigkeit erhält man, wenn man die gesamte Wegstrecke durch die dafür benötigte Zeit dividiert. Ein Auto fährt auf einem 360 km langen Autobahnstück die erste Hälfte mit einer Geschwindigkeit von (genau) $90\frac{km}{h}$ und die zweite Hälfte mit einer Geschwindigkeit von (genau) $120\frac{km}{h}$.

a) Wie lange braucht das Auto für die Gesamtstrecke?

b) Wie groß ist die mittlere Geschwindigkeit des Autos für die Gesamtstrecke? (1 D)

✷ **67. Umfang und Fläche eines Kreises**

Der Umfang u_K eines Kreises ist direkt proportional zum Durchmesser d des Kreises. Lässt man z. B. ein Rad auf einer Strecke abrollen, auf der als Einheiten der Durchmesser aufgetragen ist, so stellt man fest, dass 22 Umdrehungen fast genau 7 Durchmessern entsprechen, d. h. es gilt: $u_K \cdot 7 = 22 \cdot d$

$$u_K = \frac{22}{7} \cdot d = 3\frac{1}{7} \cdot d = 3{,}14 \cdot d$$

Der Umfang eines Kreises ist ungefähr $3\frac{1}{7}$–(3,14-)mal so lang wie der Durchmesser.
Später wird gezeigt, dass der Wert $3\frac{1}{7}$ nur ein Näherungswert ist. Der genaue Wert wird mit dem griechischen Buchstaben π bezeichnet und wird **Kreiszahl** genannt. π ist keine rationale Zahl. Mit dieser Bezeichnung gilt:

$$u_K = d \cdot \pi$$

Nimmt man zur Berechnung des Umfanges den Radius r des Kreises, so gilt mit $d = 2r$

$$u_K = 2 \cdot 3\frac{1}{7} \cdot r = 2 \cdot 3{,}14 \cdot r = 2 \cdot r \cdot \pi$$

Teilt man wie in der folgenden Skizze die beiden Halbkreise in Sektoren, biegt diese auf und fügt sie wie im Bild zusammen, so nähert sich mit wachsender Sektorenzahl die Fläche immer mehr einer Rechteckfläche an, deren eine Seite der Radius r und deren andere Seite der halbe Umfang $r\pi$ ist, d. h. für die Kreisfläche A_K gilt:

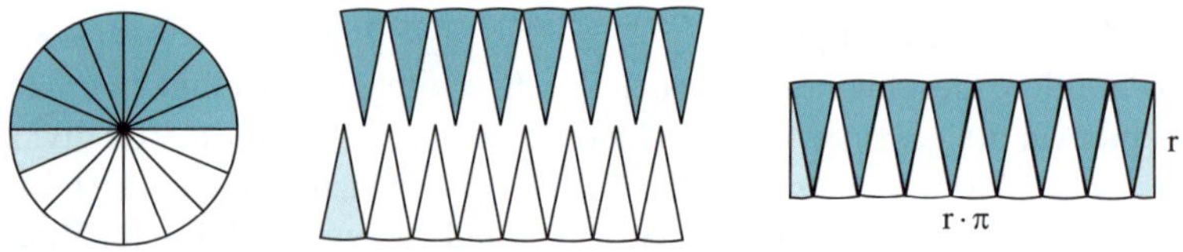

$A_K = r \cdot r \cdot \pi = r^2 \cdot \pi$

Die Fläche eines Kreises ist ungefähr $3\frac{1}{7}$–(3,14-)mal so groß wie die Fläche des Quadrats mit dem Radius als Seite.

a) (1) Der Umfang eines Kreises ist 44 cm. Berechne seinen Radius.
   (2) Berechne den Flächeninhalt eines Kreises mit Radius r = 30 cm (2 D).
   (3) Welche Länge hat ein Längenkreis auf der Erde, wenn der Erdradius 6 380 km beträgt?

b) Aus einer Spanplatte mit der Länge 40 cm und der Breite 36 cm wird ein Kreis mit dem Durchmesser 35 cm ausgesägt. Wie groß ist der Abfall?

c) Der Radius des Vorderrades eines Fahrrads beträgt 28 cm. Welche Wegstrecke legt ein Radpunkt bei 125 Umdrehungen zurück?

5.2 Dezimalzahlen

Eine Dezimalzahl wird mit einer **natürlichen Zahl** multipliziert, indem man ohne Rücksicht auf das Komma multipliziert und dem Produktwert so viele Dezimalstellen gibt, wie die Dezimalzahl besitzt.

Beispiele

1. $0{,}6 \cdot 7 = \frac{6}{10} \cdot 7 = \frac{42}{10} = 4\frac{2}{10} = \mathbf{4{,}2}$

2. $3{,}041 \cdot 5 = \frac{3041}{1000} \cdot 5 = \frac{15\,205}{1000} = \mathbf{15{,}205}$

3.
$$\begin{array}{r} \underline{8{,}416 \cdot 28} \\ 16\,832 \\ \underline{6\,7328} \\ \mathbf{235{,}648} \end{array}$$

Eine Dezimalzahl wird mit einer **Stufenzahl** multipliziert, indem man das Komma um so viele Stellen nach **rechts verschiebt**, wie die Stufenzahl Nullen besitzt.

Beispiel

$0{,}45 \cdot 10 = \mathbf{4{,}5}$
$6{,}435 \cdot 100 = \mathbf{643{,}5}$
$1{,}84 \cdot 1000 = \mathbf{1840}$
usw.

Dezimalzahlen werden **miteinander multipliziert**, indem man ohne Rücksicht auf das Komma multipliziert, und dem Produktwert so viele Dezimalstellen gibt, wie sie die Faktoren zusammen besitzen.

Anmerkung: Bei der Multiplikation gerundeter Dezimalzahlen verfährt man bei der Rundung des Ergebnisses wie auf Seite 33, d. h. man rundet auf die kleinste bei einer Zahl auftretenden Dezimalstelle.

Beispiele

1. $75{,}\mathbf{36} \cdot 14{,}\mathbf{1}$

```
 7536
 30144
   7536
1062,576
```

2. $212{,}\mathbf{4} \cdot 0{,}\mathbf{438}$

```
 8496
   6372
   16992
  93,0312
```

3. Vergleiche:

$$\left.\begin{array}{l} 212{,}4 \cdot 0{,}438 \\ 21{,}24 \cdot 4{,}38 \\ 2{,}124 \cdot 43{,}8 \\ 0{,}2124 \cdot 438 \end{array}\right\} = 93{,}0312$$

Nach der Definition der Multiplikation ergibt sich jeweils der gleiche Wert. Man nennt diesen Vorgang **ausgleichende Kommaverschiebung**.

4. Das Verfahren der ausgleichenden Kommaverschiebung wendet man zur Schätzung von Produktwerten an, z. B.
$65{,}4 \cdot 0{,}034 \approx 0{,}654 \cdot 3{,}4 \approx 0{,}6 \cdot 3 = 1{,}8$

Aufgabe 68. Berechne:

a) $28{,}143 \cdot 17{,}01 =$ b) $44{,}44 \cdot 0{,}044 =$

c) $169{,}1 \cdot 13{,}45 =$ d) $9{,}99 \cdot 0{,}111 =$

e) Schätze mit der ausgleichenden Kommaverschiebung:
$618{,}3416 \cdot 0{,}0058 =$

f) Bei der Einführung des Euro erhielt man für 1,95583 DM einen Euro. Herr Obermann hat seine DM-Bestände bei der Bank umgetauscht und erhielt 1 200 €.
Wie viel Geld in DM hat er umgetauscht?

> Eine Dezimalzahlwird durch eine **natürliche Zahl** so dividiert wie bei der Division von natürlichen Zahlen. Beim Überschreiben des Kommas im Dividenden, d. h. vor dem „Herunterholen" der Zehntel (z) wird im Quotientenwert das Komma gesetzt.

Beispiele

```
1.  22,96 : 7 = 3,28
    21
     19
     14
      56
      56
       0

2.  925,2 : 36 = 25,7
    72
    205
    180
     252
     252
       0

3.  7 : 125 = 7,000 ... : 125 = 0,056
              0
              70
               0
              700
              625
               750
               750
                 0
```

> Durch eine Dezimalzahl wird wie folgt dividiert: Man verschiebt durch **ausgleichende Kommaverschiebung** das Komma in Dividend und Divisor um gleich viele Stellen nach rechts, **bis der Divisor eine natürliche Zahl wird**.
> Dann wird durch diese natürliche Zahl dividiert.

Anmerkung: Bei der Division von gerundeten Dezimalzahlen verfährt man bei der Rundung des Quotientenwertes wie auf Seite 33, d. h. man rundet auf die kleinste bei einer Zahl auftretende Dezimalstelle.

Beispiele

1. $\mathbf{22{,}0792 : 3{,}86 = 2207{,}92 : 386} = 5{,}72$

$$\begin{array}{r} \underline{1930} \\ 2779 \\ \underline{2702} \\ 772 \\ \underline{772} \\ 0 \end{array}$$

2. $\mathbf{264{,}61 : 4{,}7 = 2646{,}1 : 47} = 56{,}3$

$$\begin{array}{r} \underline{235} \\ 296 \\ \underline{282} \\ 141 \\ \underline{141} \\ 0 \end{array}$$

Aufgaben

69. Berechne:

a) $897{,}6 : 17 =$ b) $721{,}204 : 16{,}28 =$

c) $91{,}118 : 0{,}145 =$ d) $102{,}96 : 1{,}584 =$

70. Berechne.

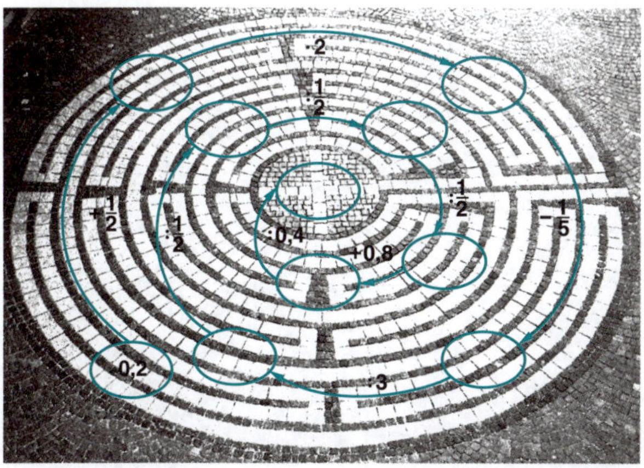

5.3 Periodische Dezimalbrüche

> Führt eine Divisionen zu keinem Ende, so spricht man von einem **unendlichen Dezimalbruch**. Kehrt eine Zifferngruppe immer wieder, so heißt der unendliche Dezimalbruch **periodisch**, die Zifferngruppe **Periode**.

Beispiele

1. $3:8=3{,}000:8=\mathbf{0{,}375}$ — **endlicher** Dezimalbruch

```
0
30
24
 60
 56
  40
  40
   0
```

2. $1:3=1{,}000...:3=0{,}333...=\mathbf{0{,}\overline{3}}$ — **rein periodischer unendlicher** Dezimalbruch mit der Periodenlänge 1

```
0
10
 9
 10
  9
  10...
```

3. $1:7=1{,}000...:7=0{,}142857142...$
   $...\quad=\mathbf{0{,}\overline{142857}}$ — **rein periodischer unendlicher** Dezimalbruch mit der Periodenlänge 6

4. $19{,}4:27=0{,}718518...=\mathbf{0{,}7\overline{185}}$ — **gemischt periodischer unendlicher** Dezimalbruch

```
0
194
189
  50
  27
  230
  216
   140
   135
    50
    27
    230
    ...
```

Hat der Nenner eines gekürzten Bruches auch **Primfaktoren außer 2 und 5**, so ergibt sich ein **unendlich periodischer Dezimalbruch**.

Beispiele

1. $\frac{1}{3} = \mathbf{0,\overline{3}}$
2. $\frac{2}{7} = \mathbf{0,\overline{285714}}$
3. $\frac{7}{12} = \mathbf{0,58\overline{3}}$
4. $\frac{5}{6} = \mathbf{0,8\overline{3}}$
5. $\frac{1}{9} = \mathbf{0,\overline{1}}$

Anmerkung: Unendliche nichtperiodische Dezimalbrüche treten bei der Division von zwei Zahlen aus $\mathbb{Q}_0^+$ **nicht** auf.
Alle periodischen Dezimalbrüche lassen sich auch in gewöhnliche Brüche umwandeln. Da diese Umwandlung im Lehrplan nicht mehr vorgesehen ist, werden die Umwandlungsregeln ohne Übungsaufgaben nur an Beispielen erläutert.

Rein periodische Dezimalbrüche
Der Nenner enthält so viele Ziffern 9, wie die Periode Ziffern besitzt.

Beispiele

1. $0,\overline{\mathbf{3}} = \frac{3}{\mathbf{9}} = \frac{1}{3}$
2. $0,\overline{\mathbf{13}} = \frac{13}{\mathbf{99}}$
3. $0,\overline{\mathbf{427}} = \frac{427}{\mathbf{999}}$

Gemischt periodische Dezimalbrüche
Man führt den Bruch durch ausgleichende Multiplikation auf einen reinperiodischen Bruch zurück.

Beispiele

1. $\mathbf{0{,}8\overline{3}} = 8{,}\overline{3} \cdot \frac{1}{10} = 8\frac{3}{9} \cdot \frac{1}{10} = \frac{75}{9 \cdot 10} = \frac{75}{90} = \mathbf{\frac{5}{6}}$

2. $\mathbf{0{,}13\overline{7}} = 13{,}\overline{7} \cdot \frac{1}{100} = 13\frac{7}{9} \cdot \frac{1}{100} = \frac{124}{9 \cdot 100} = \frac{124}{900} = \mathbf{\frac{31}{225}}$

3. $\mathbf{0{,}2\overline{56}} = 2{,}\overline{56} \cdot \frac{1}{10} = 2\frac{56}{99} \cdot \frac{1}{10} = \frac{254}{99 \cdot 10} = \frac{254}{990} = \mathbf{\frac{127}{495}}$

Aufgabe

71. Berechne:

a) $22:7=$

b) $624{,}4:18=$

c) $24{,}8:1{,}5=$

d) $88{,}6:0{,}12=$

72. Verwandle in einen Dezimalbruch:

a) $\frac{15}{40}=$

b) $\frac{67}{3}=$

c) $6\frac{7}{11}=$

d) $1\frac{29}{30}=$

73. Bilde aus den nebenstehenden Silben Wörter bzw. Ausdrücke mit der angegebenen Bedeutung.

a) ______________________________

Wird bei der Division durch einen Dezimalbruch benötigt

b) ______________________________

Zahl, die mit einem Komma geschrieben wird

c) ______________________________

Dezimalbrüche mit gleich vielen Nachkommastellen

d) ______________________________

Bestimmte Art eines unendlichen Dezimalbruches

e) ______________________________

Begriff für die Stellung der Zahlen in einem Dezimalbruch

f) ______________________________

Ein Dezimalbruch, der nicht abbricht, ist ein … Dezimalbruch

BUNG – CHER
DE – DISCH
END – GLEICH
KOM – LEN – LI
MA – MAL – MIG
NA – PE – REIN
RIO – SCHIE
STEL – UN – VER
WERT – ZAHL
ZI

6 Die Verbindung der vier Grundrechenarten

6.1 Distributivgesetz

Nach dem Permanenzprinzip gilt das Distributivgesetz:

Distributivgesetz
Für alle a, b, c ∈ $\mathbb{Q}_0^+$ gilt:

$a \cdot (b+c) = a \cdot b + a \cdot c$	$a \cdot (b-c) = a \cdot b - a \cdot c$
$(a+b) \cdot c = a \cdot c + b \cdot c$	$(a-b) \cdot c = a \cdot c - b \cdot c$
$(a+b) : c = a : c + b : c, \quad c \neq 0$	$(a-b) : c = a : c - b : c, \quad c \neq 0$

Beispiele

1. $$\left(\frac{3}{8}+\frac{5}{2}\right)\cdot\frac{8}{5}=\frac{3}{8}\cdot\frac{8}{5}+\frac{5}{2}\cdot\frac{8}{5}=\frac{3\cdot 8}{8\cdot 5}+\frac{5\cdot 8}{2\cdot 5}=\frac{3\cdot 1}{1\cdot 5}+\frac{1\cdot 4}{1\cdot 1}=\frac{3}{5}+4=4\frac{3}{5}$$
   oder:
   $$\left(\frac{3}{8}+\frac{5}{2}\right)\cdot\frac{8}{5}=\left(\frac{3}{8}+\frac{20}{8}\right)\cdot\frac{8}{5}=\frac{23}{8}\cdot\frac{8}{5}=\frac{23\cdot 8}{8\cdot 5}=\frac{23\cdot 1}{1\cdot 5}=\frac{23}{5}=4\frac{3}{5}$$
2. $$\left(3\frac{3}{4}-1\frac{1}{3}+\frac{1}{2}\right):\frac{2}{3}=3\frac{3}{4}:\frac{2}{3}-1\frac{1}{3}:\frac{2}{3}+\frac{1}{2}:\frac{2}{3}=$$
   $$=\frac{15}{4}:\frac{2}{3}-\frac{4}{3}:\frac{2}{3}+\frac{1}{2}:\frac{2}{3}=\frac{15\cdot 3}{4\cdot 2}-\frac{4\cdot 3}{3\cdot 2}+\frac{1\cdot 3}{2\cdot 2}=\frac{45}{8}-2+\frac{3}{4}=$$
   $$=\frac{45}{8}+\frac{6}{8}-2=\frac{51}{8}-2=6\frac{3}{8}-2=4\frac{3}{8}$$
   oder:
   $$\left(3\frac{3}{4}-1\frac{1}{3}+\frac{1}{2}\right):\frac{2}{3}=\left(3\frac{9}{12}-1\frac{4}{12}+\frac{6}{12}\right):\frac{2}{3}=\left(3\frac{15}{12}-1\frac{4}{12}\right):\frac{2}{3}=$$
   $$=2\frac{11}{12}:\frac{2}{3}=\frac{35}{12}:\frac{2}{3}=\frac{35\cdot 3}{12\cdot 2}=\frac{35\cdot 1}{4\cdot 2}=\frac{35}{8}=4\frac{3}{8}$$

Aufgabe

74. Berechne auf zwei verschiedene Arten.

a) $\left(4\frac{1}{3}+5\frac{5}{6}\right):5\frac{1}{12}=$

b) $\left(5\frac{1}{8}+5\frac{2}{3}\right)\cdot 2\frac{1}{4}=$

c) $(4{,}8+1{,}2):0{,}6=$

d) $(2{,}4-1{,}5)\cdot 1{,}25=$

6.2 Terme

Rechenausdrücke, die aus Zahlen, Platzhaltern (Variablen), Rechenzeichen, Klammern etc. gebildet werden, heißen **Terme**. Die zuletzt ausgeführte Rechenart bestimmt die Art des Terms.

Beachte:

- Was in Klammern steht, wird zuerst berechnet.
- Punktrechnungen werden vor Strichrechnungen ausgeführt.
- Was gerade nicht berechnet wird, wird unverändert abgeschrieben.

Beispiele

1. Vergleiche:

a) $\frac{5}{2}-\frac{2}{3}\cdot\frac{3}{4}+\frac{4}{5}=\frac{5}{2}-\frac{1}{2}+\frac{4}{5}=\frac{4}{2}+\frac{4}{5}=2+\frac{4}{5}=2\frac{4}{5}$

b) $\frac{5}{2}-\left(\frac{2}{3}\cdot\frac{3}{4}+\frac{4}{5}\right)=\frac{5}{2}-\left(\frac{1}{2}+\frac{4}{5}\right)=\frac{5}{2}-\left(\frac{5}{10}+\frac{8}{10}\right)=\frac{5}{2}-\frac{13}{10}=$
$=\frac{25}{10}-\frac{13}{10}=\frac{12}{10}=1\frac{2}{10}=1\frac{1}{5}$

c) $\left(\frac{5}{2}-\frac{2}{3}\right)\cdot\left(\frac{3}{4}+\frac{4}{5}\right)=\left(\frac{15}{6}-\frac{4}{6}\right)\cdot\left(\frac{15}{20}+\frac{16}{20}\right)=\frac{11}{6}\cdot\frac{31}{20}=\frac{341}{120}=2\frac{101}{120}$

d) $\frac{5}{2}-\frac{2}{3}\cdot\left(\frac{3}{4}+\frac{4}{5}\right)=\frac{5}{2}-\frac{2}{3}\cdot\left(\frac{15}{20}+\frac{16}{20}\right)=\frac{5}{2}-\frac{2}{3}\cdot\frac{31}{20}=\frac{5}{2}-\frac{31}{30}=$
$=\frac{75}{30}-\frac{31}{30}=\frac{44}{30}=1\frac{14}{30}=1\frac{7}{15}$

e) $\left(\frac{5}{2}-\frac{2}{3}\right)\cdot\frac{3}{4}+\frac{4}{5}=\left(\frac{15}{6}-\frac{4}{6}\right)\cdot\frac{3}{4}+\frac{4}{5}=\frac{11\cdot 3}{6\cdot 4}+\frac{4}{5}=\frac{11}{8}+\frac{4}{5}=$
$=\frac{55}{40}+\frac{32}{40}=\frac{87}{40}=2\frac{7}{40}$

2. Berechne den Termwert:
$(920{,}4\cdot 4{,}35-29{,}44:0{,}092)-3682{,}74=$
$=(4003{,}74-320)-3682{,}74=$
$=3683{,}74-3682{,}74=1$
Das Produkt und der Quotient wurden in einer Nebenrechnung bestimmt.

3. Dividiere den Quotienten der Zahlen $1\frac{5}{17}$ und $1\frac{21}{34}$ durch das Produkt der Zahlen $16\frac{2}{3}$ und $\frac{1}{5}$.

$$\left(\mathbf{1\frac{5}{17}:1\frac{21}{34}}\right):\left(\mathbf{16\frac{2}{3}\cdot\frac{1}{5}}\right)=\left(\frac{22}{17}:\frac{55}{34}\right):\left(\frac{50}{3}\cdot\frac{1}{5}\right)=\frac{22\cdot 34}{17\cdot 55}:\frac{50\cdot 1}{3\cdot 5}=$$
$$=\frac{2\cdot 2}{1\cdot 5}:\frac{10\cdot 1}{3\cdot 1}=\frac{4}{5}:\frac{10}{3}=\frac{4\cdot 3}{5\cdot 10}=\frac{2\cdot 3}{5\cdot 5}=\mathbf{\frac{6}{25}}$$

4. Berechne den Termwert im Rechenbaum und gib den zugehörigen Term an.

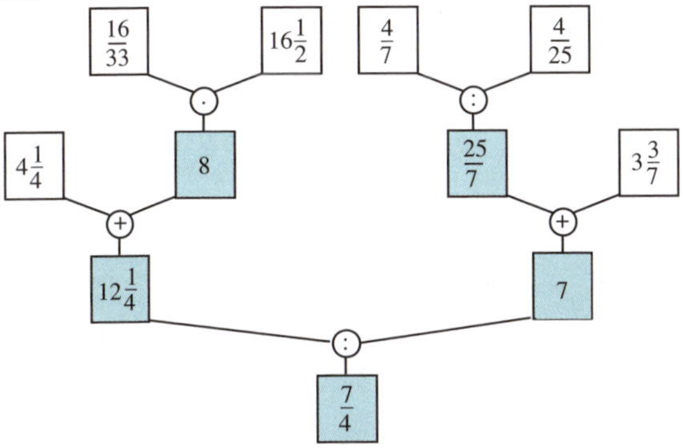

Die blau hinterlegten Felder wurden berechnet.

Term:

$$\left(4\frac{1}{4}+\frac{16}{33}\cdot 16\frac{1}{2}\right):\left(\frac{4}{7}:\frac{4}{25}+3\frac{3}{7}\right)=$$

Aufgaben

75. Berechne die folgenden Termwerte.

a) $10\frac{8}{9}:\frac{35}{17}-1\frac{9}{16}\cdot 1\frac{11}{45}+5\frac{6}{9}:10=$

b) $\frac{77}{18}:\frac{35}{27}-\left(\frac{8}{15}+\frac{3}{10}\right)+\frac{23}{45}:\frac{1}{3}=$

c) $\left[\left(4\frac{1}{2}-2\cdot 1\frac{1}{3}+1\frac{1}{3}\right)\cdot 10-6\frac{1}{3}\right]:\frac{20}{7}-8\frac{2}{3}=$

d) $\left(3\frac{3}{8}:4\frac{1}{2}-\frac{1}{2}\right)\cdot 5\frac{1}{3}+2\frac{2}{3}-7\frac{5}{8}:3\frac{1}{20}=$

e) $\left[\left(5\frac{1}{9}\cdot 1\frac{7}{23}-4\frac{7}{8}\right)\cdot\frac{7}{43}+\frac{5}{8}\cdot\left(6-4\frac{1}{3}\right)\right]\cdot\frac{3}{4}=$

f) $621{,}24-[423{,}43-(95{,}835-82{,}7018)]-195{,}9432=$

g) $(11{,}23+3{,}199):(8{,}125-8{,}078)=$

h) $(233{,}2+195{,}55):[(33{,}217+211{,}783)\cdot 0{,}5]=$

i) $\dfrac{\left(2\frac{2}{3}+\frac{3}{8}\right):\frac{1}{2}}{\left(5\frac{2}{3}-2\frac{5}{8}\right)\cdot\frac{1}{2}}=$

j) $\dfrac{1{,}17\cdot 3{,}5}{7{,}5\cdot 0{,}15}=$

76. Gib einen Gesamtansatz an und berechne.

a) Dividiere die Summe der Zahlen $1\frac{1}{8}$ und $1\frac{1}{6}$ durch die Differenz der Zahlen $2\frac{1}{4}$ und $1\frac{3}{20}$.

b) Subtrahiere vom Quotienten der Zahlen $10\frac{8}{9}$ und $3\frac{4}{15}$ das Produkt der Zahlen $1\frac{9}{16}$ und $\frac{56}{45}$.

c) Addiere zum Produkt aus $2\frac{1}{2}$ und $\frac{3}{4}$ das Produkt der Zahlen $\frac{3}{4}$ und 18 und subtrahiere vom Ergebnis den Quotienten aus 3 und $\frac{15}{8}$.

d) Multipliziere die Zahl $2\frac{1}{2}$ mit sich selbst und subtrahiere vom Ergebnis das Produkt aus der Differenz der Zahlen $2\frac{1}{6}$ und $1\frac{3}{4}$ sowie der Zahl $\frac{1}{4}$.

e) Subtrahiere das Produkt der Zahlen 1,31 und 12,45 von der Summe der Zahlen 8,41 und 22,038.

f) Dividiere die Differenz der Zahlen 13,806 und 11,34 durch die Summe der Zahlen 0,62 und 0,75.

g) Addiere zum Produkt der Zahlen 6,41 und 7,9 den Quotienten der Zahlen 17,625 und 23,5.

h) Multipliziere den Quotienten der Zahlen 14,625 und 0,13 mit der Differenz der Zahlen 13,049 und 3,094.

77. Zeichne einen Rechenbaum und berechne.

a) $\frac{4}{5}:\left[\left(\frac{5}{8}-\frac{1}{3}\right)\cdot 12\right]=$

b) $\left[\left(7\frac{3}{4}+\frac{1}{2}\right)-4\frac{2}{7}:\frac{5}{7}\right]:\frac{5}{6}+\left[\frac{7}{8}:1\frac{3}{4}\right]=$

c) $\left(1\frac{1}{5}+\frac{4}{5}\right)-\left(\frac{3}{4}:\frac{1}{2}-1\frac{1}{6}\right)=$

d) $\left(3\frac{7}{12}+2\frac{13}{15}\right)\cdot 1\frac{7}{18}-\frac{7}{12}:2\frac{4}{5}=$

78. Berechne im Rechenbaum und gib den zugehörigen Term an.

a)

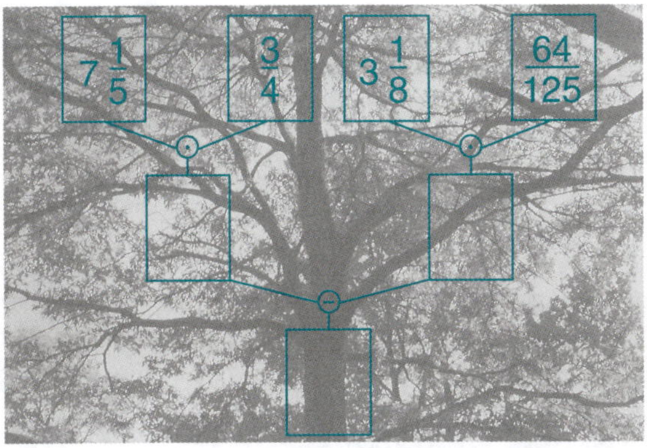

b)

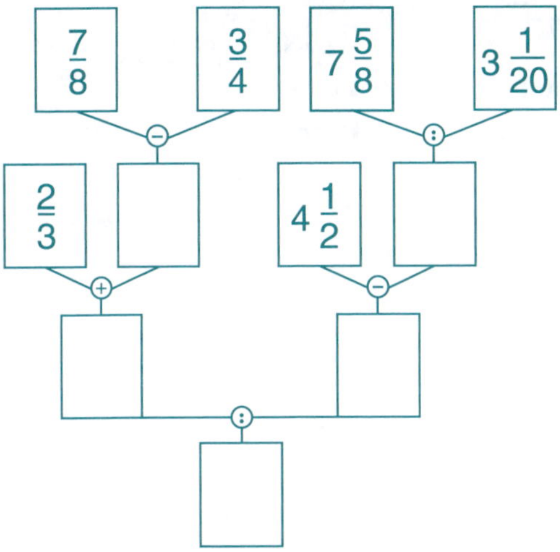

79. a) Gegeben ist der Term $T(a) = (a^3 + a) : a - 1$.
Gliedere den Term und berechne die Termwerte $T\left(\frac{1}{2}\right)$ und $T\left(3\frac{1}{4}\right)$.

b) Gegeben ist der Term $T(x) = (x^2 + 1) : 2 + x \cdot 2$.
Gliedere den Term und berechne die Termwerte T(0,3) und T(2,5).

c) Gegeben ist der Term $T(c) = (10 + c) - 1 : c^2$.
Gib die Art des Terms an und berechne die Termwerte $T\left(\frac{1}{3}\right)$, $T\left(\frac{4}{5}\right)$ und T(1,5).

d) Gegeben ist der Term $T(y) = \frac{1+y^2}{y^2-1}$.

Gib die Art des Terms an und berechne die Termwerte $T\left(1\frac{2}{3}\right)$, $T\left(\frac{3}{2}\right)$ und $T\left(5\frac{1}{3}\right)$.

Was kann man über den Termwert für $y = 1$ aussagen?

80. Berechne.

a)

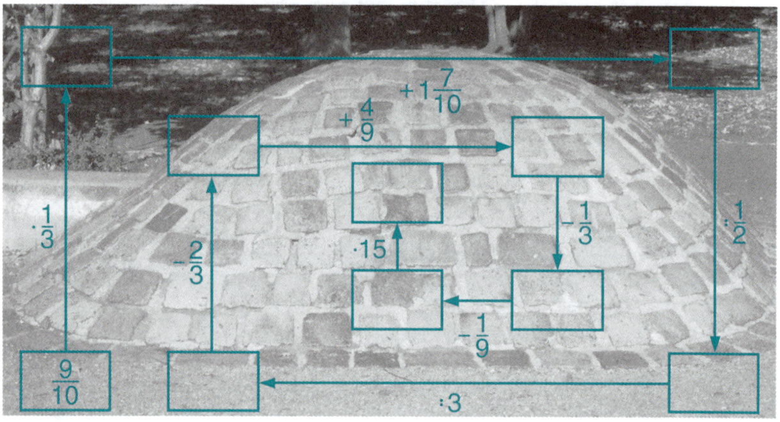

b) Rechne rückwärts!

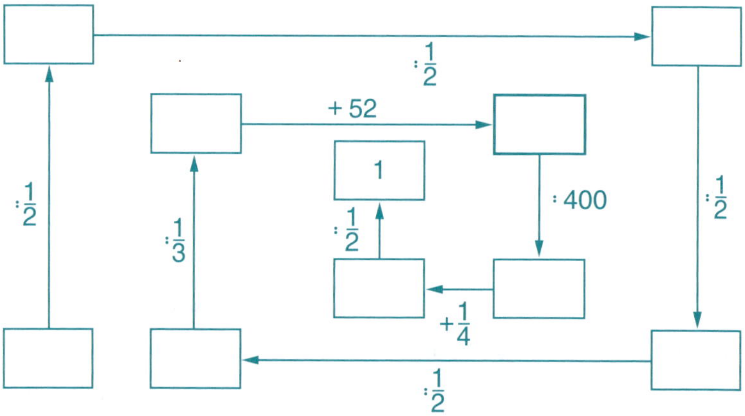

81. Rechne jeweils aus, suche den zum Ergebnis gehörenden Buchstaben und trage diesen in die Lösungszeile ein. Du erhältst als Ergebnis eine wichtige Anweisung für das Rechnen mit Brüchen.

a) $7\frac{1}{3}-5\frac{2}{3}=$

b) $\frac{5}{12}\cdot 1\frac{5}{7}-\frac{4}{7}=$

c) $\left(6\frac{1}{2}:\frac{1}{2}\right):\frac{26}{3}=$

d) $\left(\frac{1}{2}:\frac{1}{2}\right):\frac{1}{2}-1\frac{3}{4}=$

e) $\left(12\cdot\frac{2}{3}-7\frac{1}{6}\right)\cdot\frac{6}{5}=$

f) $\left(\frac{1}{3}:10\right)\cdot 18+2\frac{1}{5}=$

g) $\left(\frac{1}{36}-\frac{1}{72}\right)\cdot 9+\frac{9}{8}=$

h) $\left(\frac{1}{2}+\frac{1}{4}+\frac{1}{8}\right)\cdot 1\frac{5}{7}=$

i) $\left(\frac{1}{8}:7+\frac{1}{28}-\frac{1}{112}\right)\cdot 11\frac{1}{5}=$

j) $\left(\frac{1}{2}\cdot\frac{1}{2}+\frac{1}{4}\right)\cdot 4-\frac{2}{3}=$

k) $\left(1:\frac{6}{5}\right)\cdot 2=$

l) $\left(\frac{1}{2}\cdot 6\right):4+\frac{1}{4}:2=$

m) $\left(\frac{5}{3}:\frac{1}{6}\right):16+\frac{1}{8}=$

n) $\left(\frac{18}{17}:\frac{18}{17}\right)\cdot 2-\frac{3}{2}:3=$

o) $\left(4\frac{1}{2}-3\frac{1}{4}\right)\cdot 2-3:2=$

p) $\left(4+\frac{1}{5}\right):\left(5+\frac{1}{4}\right)+2=$

Buchstabenwahl:

A	E	F	K	N	O	R	T	U	Ü	Z
$1\frac{1}{3}$	1	$\frac{1}{2}$	$1\frac{2}{3}$	$2\frac{4}{5}$	$\frac{3}{4}$	$1\frac{1}{2}$	$\frac{7}{8}$	$1\frac{1}{4}$	$\frac{1}{7}$	$\frac{1}{4}$

Lösungswort:

					■				■								

* 6.3 Gleichungen und Ungleichungen

Beim Lösen von Gleichungen und Ungleichungen geht man so vor, dass man durch **Vereinfachen der Rechenausdrücke** auf eine der folgenden **acht Grundformen** kommt. Diese werden durch die Umkehrung der Rechenart gelöst.

1. $x+a=b \Rightarrow x=b-a \ (a \leq b)$	5. $x \cdot a=b \Rightarrow x=\frac{b}{a}=b:a \ (a \neq 0)$
2. $a+x=b \Rightarrow x=b-a \ (a \leq b)$	6. $a \cdot x=b \Rightarrow x=\frac{b}{a}=b:a \ (a \neq 0)$
3. $x-a=b \Rightarrow x=a+b$	7. $x:a=b \Rightarrow x=b \cdot a \ (a \neq 0)$
4. $a-x=b \Rightarrow x=a-b \ (a \geq b)$	8. $a:x=b \Rightarrow x=\frac{a}{b}=a:b \ (b \neq 0)$

Beispiele

Bestimme jeweils die Lösungsmenge L in $G=\mathbb{Q}_0^+$

1. $\frac{3}{4} \cdot x=\frac{7}{11}$

$$x=\frac{7}{11}:\frac{3}{4}$$

$$x=\frac{7 \cdot 4}{11 \cdot 3}$$

$$x=\mathbf{\frac{28}{33}} \quad \Rightarrow \quad \mathbf{L=\left\{\frac{28}{33}\right\}}$$

2. $x^2=\frac{4}{9}$

Gesucht ist diejenige Zahl, die mit sich selbst multipliziert, den Wert $\frac{4}{9}$ besitzt.

$x=\mathbf{\frac{2}{3}}$; weil $\frac{2}{3} \cdot \frac{2}{3}=\frac{2 \cdot 2}{3 \cdot 3}=\frac{4}{9}$ gilt.

$\Rightarrow \mathbf{L=\left\{\frac{2}{3}\right\}}$

3. $x+117{,}4615:0{,}25 = (72{,}65-16{,}03) \cdot 8{,}3$

$$x+469{,}846 = 56{,}62 \cdot 8{,}3$$

$$x+469{,}846 = 469{,}946$$

$$x = 469{,}946-469{,}846$$

$$x = \mathbf{0{,}1} \Rightarrow \mathbf{L=\{0{,}1\}}$$

Der Quotient und das Produkt wurden in einer Nebenrechnung bestimmt.

4. $\frac{8}{5}x+\frac{9}{5}=6\frac{3}{5}$

$\frac{8}{5}x=6\frac{3}{5}-\frac{9}{5}$

$\frac{8}{5}x=\frac{24}{5}$

$x=\frac{24}{5}:\frac{8}{5}$

$x=\frac{24\cdot 5}{5\cdot 8}$

$x=\mathbf{3}\Rightarrow \mathbf{L}=\{\mathbf{3}\}$

5. $\frac{15}{22}:x=1\frac{7}{18}$

$x=\frac{15}{22}:\frac{25}{18}$

$x=\frac{15\cdot 18}{22\cdot 25}$

$x=\frac{3\cdot 9}{11\cdot 5}$

$x=\mathbf{\frac{27}{55}}\Rightarrow \mathbf{L}=\left\{\mathbf{\frac{27}{55}}\right\}$

6. $4x<4\frac{1}{4}-\frac{3}{8}-2\frac{1}{2}$

$4x<4\frac{2}{8}-\frac{3}{8}-2\frac{4}{8}$

$4x<\frac{11}{8}$

$x<\frac{11}{8}:4$

$x<\mathbf{\frac{11}{32}}$

Da jetzt die Elemente der Lösungsmenge nicht aufgezählt werden können, verwendet man die **beschreibende Form** der Mengenschreibweise:

$\mathbf{L}=\left\{\mathbf{x}\;\middle|\;\mathbf{x}<\mathbf{\frac{11}{32}}\;\textbf{und}\;\mathbf{x}\in\mathbb{Q}_0^+\right\}$

Gelesen: L ist die Menge aller Bruchzahlen x, für die gilt: $x < \frac{11}{32}$.

7. Mit welcher Zahl muss man $4\frac{1}{4}$ multiplizieren, um $38\frac{1}{4}$ zu erhalten? (Ansatz und Lösung!)

Lösung:

$$\mathbf{4\frac{1}{4}\cdot x = 38\frac{1}{4}}$$

$$x = 38\frac{1}{4} : 4\frac{1}{4}$$

$$x = \frac{153\cdot 4}{4\cdot 17}$$

$$x = \mathbf{9}$$

Die gesuchte Zahl heißt **9**.

Aufgaben

82. Bestimme jeweils die Lösungsmenge L in $G = \mathbb{Q}_0^+$.

a) $x : \left(\frac{1}{6} + 2\frac{1}{12}\right) = 3\frac{1}{4} : 1\frac{5}{8}$

b) $x - \left(7\frac{3}{8} - 5\frac{5}{12}\right)\cdot 1\frac{1}{2} = \left(1\frac{3}{4} + 1\frac{7}{16}\right) : 3$

c) $\left(6\frac{1}{9} - 3\frac{1}{15}\right) - x = 2\frac{3}{45}$

d) $x : \frac{5}{4} \leq 1\frac{11}{25}$

e) $(11{,}34 \cdot 25{,}2) : 12 - x = 5{,}634 + 6{,}116$

f) $x : (0{,}843 + 0{,}313) = 0{,}24 \cdot (6{,}26 - 4{,}98)$

g) $(8{,}4519 - 8{,}4496) \cdot x = 7{,}846 - 7{,}363$

h) $48{,}39 + 4{,}141 + 13{,}4 + x < 101{,}06$

83. Stelle eine Gleichung auf und berechne:

a) Durch welche Zahl muss man die Summe der Zahlen $4\frac{1}{5}$ und $11\frac{5}{6}$ dividieren, um $\frac{13}{3}$ zu erhalten?

b) Welche Zahl ergibt mit sich selbst multipliziert die Zahl $5\frac{19}{25}$?

c) Mit welcher Zahl muss man die Differenz der Zahlen $3\frac{5}{6}$ und $1\frac{3}{18}$ multiplizieren, um die Summe der Zahlen $4\frac{1}{2}$ und $2\frac{1}{3}$ zu erhalten?

d) Welche Zahl muss man mit der Summe der Quadrate der Zahlen $\frac{1}{3}$ und $\frac{1}{9}$ multiplizieren, um das Quadrat aus der Summe der beiden Zahlen zu erhalten?

e) Welche Zahl muss man mit 13,2 multiplizieren, um die Summe der Zahlen 102,34 und 66,62 zu erhalten?

f) Welche Zahl muss man vom Produkt der Zahlen 7,48 und 8,5 subtrahieren, um den Quotienten der Zahlen 35,36 und 6,8 zu erhalten?

g) Welche Zahl ergibt mit sich selbst multipliziert (quadriert) den Quotienten aus 88,125 und 14,1?

h) Durch welche Zahl muss man die Summe der Zahlen 228,46 und 391,06 dividieren, um die Differenz der Zahlen 184,96 und 159,36 zu erhalten?

6.4 Sachaufgaben

Sachaufgaben sind Aufgaben, die einen Sachzusammenhang beschreiben, d. h. als **Textaufgabe** formuliert sind. Diese Aufgaben müssen besonders sorgfältig durchgelesen und durchdacht werden, damit die **Abfolge der Rechenschritte** und daraus der **Gesamtansatz** deutlich wird.

Beachte beim Lösen von Sachaufgaben

1. Lies die Aufgabe zuerst sorgfältig durch!
2. Überlege, was gesucht ist! Überlege, was gegeben ist!
3. Zerlege die Aufgabe in Teilfragen und ordne diese in einer sinnvollen Reihenfolge!
4. Schreibe diese Reihenfolge als Gesamtterm hin! Rechne nur dann in Einzelschritten, wenn die Aufgabe sehr umfangreich ist.
5. Verwandle bei der Ausrechnung die Größen in sinnvolle Einheiten, die in der Gesamtrechnung dann weggelassen werden können!
6. Führe alle schwierigen Rechnungen als Nebenrechnung schriftlich durch!
7. Gib zu jeder Sachaufgabe eine Antwort, die sich auf die gestellte Frage bezieht!

Beispiele

1. Ein Gewinn von 480 € wird wie folgt unter drei Freunden verteilt: Achim erhält 216 €, Beate erhält 144 € und Carsten den Rest. Welchen Bruchteil vom Gewinn erhält jeder?

   Lösung:

   Carsten erhält 480 € – (216 € + 144 €) = 480 € – 360 € = **120 €**

   Achim erhält $\frac{216}{480} = \mathbf{\frac{9}{20}}$ des Gewinnes.

   Beate erhält $\frac{144}{480} = \mathbf{\frac{3}{10}}$ des Gewinnes.

   Carsten erhält $\frac{120}{480} = \mathbf{\frac{1}{4}}$ des Gewinnes.

2. Eine Strecke wird auf beiden Seiten um je $\frac{1}{6}$ ihrer Länge verkleinert. Das Quadrat über der neuen Seite hat den Flächeninhalt 36 cm^2.
Wie lang ist die ursprüngliche Strecke?

Lösung:
x sei die Länge der ursprünglichen Strecke: (Beachte: $x = 1 \cdot x = \frac{6}{6} \cdot x$).
Dann gilt für die neue Strecke $x - \frac{1}{6} \cdot x - \frac{1}{6} \cdot x = \frac{4}{6} \cdot x = \frac{2}{3} \cdot x$.
Da das Quadrat den Flächeninhalt 36 cm^2 besitzt, muss die Quadratseite die Länge 6 cm besitzen.

$$\frac{2}{3} \cdot x = 6$$
$$x = 6 : \frac{2}{3}$$
$$x = \frac{6 \cdot 3}{2} = \mathbf{9}$$

Die ursprüngliche Länge der Strecke betrug **9 cm**.
Ausführlicher Ansatz:

$$\left(x - \frac{1}{6} \cdot x - \frac{1}{6} \cdot x\right)^2 = 36$$
$$x - \frac{1}{6} \cdot x - \frac{1}{6} \cdot x = 6$$
$$\frac{2}{3} \cdot x = 6$$
$$\ldots$$

3. In der neuen Preisliste kostet ein Auto 25 200 €. Dieser Preis ist um $\frac{5}{100}$ höher als in der letzten Preisliste.
Wie viel kostet das Auto dort?

Lösung:
Der Preis des Autos sei x. (Beachte: $\mathbf{x = \frac{100}{100} \cdot x}$)

$$x + \frac{5}{100} \cdot x = 25200$$
$$\frac{105}{100} \cdot x = 25200$$
$$x = 25200 : \frac{105}{100}$$
$$x = \frac{25200 \cdot 100}{105}$$
$$x = \mathbf{24000}$$

In der letzten Preisliste kostete das Auto **24 000 €**.

4. Nach einer Überschwemmung pumpt die Feuerwehr einen Keller leer. Am Vormittag schafft sie $\frac{2}{3}$ der gesamten Wassermenge. Nach der Mittagspause werden $\frac{4}{5}$ des Restes abgepumpt. Das sind 20 *hl*. Wie viele Hektoliter Wasser waren im Keller?

Lösung:

Rest: $\frac{1}{3} \cdot x$

$$\frac{4}{5} \cdot \frac{1}{3} \cdot x = 20$$

$$\frac{4}{15} \cdot x = 20$$

$$x = 20 : \frac{4}{15}$$

$$x = \frac{20 \cdot 15}{4} = \mathbf{75}$$

Die ursprüngliche Wassermenge betrug **75 *hl***.

5. Ein Händler bekommt 192 kg Bananen frei Haus geliefert. Aufgrund zu langer Lagerung können die Bananen nur zu einem Preis von 1,20 € pro Kilogramm verkauft werden. Dadurch entstand dem Händler ein Verlust von 28,80 €.
Wie teuer war 1 kg Bananen im Einkauf?

Lösung:
Es wird in € gerechnet.
$(192 \cdot 1{,}2 + 28{,}80) : 192 = (230{,}40 + 28{,}80) : 192 = 259{,}20 : 192 = \mathbf{1{,}35}$
1 kg Bananen kostete im Einkauf **1,35 €**.
Das Produkt und der Quotient wurden in Nebenrechnungen bestimmt.

6. Maximilian und Stefanie würfeln insgesamt 120-mal und schreiben sich die geworfenen Augenzahlen auf. Die Auswertung ihrer Würfelergebnisse ergibt die folgende Tabelle:

Augenzahl	1	2	3	4	5	6
Anzahl	24	18	16	26	21	15

a) Bestimme die relativen Häufigkeiten der Augenzahlen bei dieser Versuchsausführung (3 D) und bilde die Summe dieser Werte.
Welche relative Häufigkeit wäre für jede Augenzahl ideal?

Lösung:
Unter der relativen Häufigkeit einer Augenzahl versteht man den Quotienten aus der Anzahl der Würfe mit der Augenzahl durch die Gesamtzahl der Würfe.

$h(1) = \frac{24}{120} = \mathbf{0{,}200}$ $\qquad$ $h(4) = \frac{26}{120} = 0{,}21\overline{6} \approx \mathbf{0{,}217}$

$h(2) = \frac{18}{120} = \mathbf{0{,}150}$ $\qquad$ $h(5) = \frac{21}{120} = \mathbf{0{,}175}$

$h(3) = \frac{16}{120} = 0{,}1\overline{3} \approx \mathbf{0{,}133}$ $\qquad$ $h(6) = \frac{15}{120} = \mathbf{0{,}125}$

$h(1)+h(2)+h(3)+h(4)+h(5)+h(6)=$
$=0{,}200+0{,}150+0{,}133+0{,}217+0{,}175+0{,}125=1$

Die ideale relative Häufigkeit wäre $\mathbf{\frac{1}{6}}$ für jede Augenzahl.

b) Zeichne ein Stabdiagramm der relativen Häufigkeiten.

Lösung:

Man zeichnet ein Rechts-Hochwert-System. Auf der Rechtsachse werden die Augenzahlen, auf der Hochachse die relativen Häufigkeiten abgetragen.

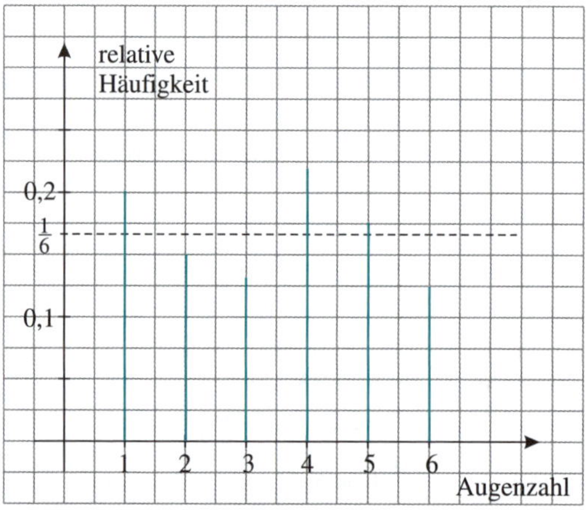

Die relativen Häufigkeiten der Augenzahlen stabilisieren sich um den Wert $\frac{1}{6}$.

c) Bestimme den Durchschnittswert (Mittelwert) der geworfenen Augenzahlen (2 D).

Lösung:

Den Durchschnittswert (Mittelwert) m erhält man, wenn man alle Augenzahlen addiert und diese Summe durch die Gesamtzahl der Würfe dividiert.

$$m = \frac{1\cdot 24+2\cdot 18+3\cdot 16+4\cdot 26+5\cdot 21+6\cdot 15}{120} = \frac{407}{120} = 3{,}391\overline{6} \approx \mathbf{3{,}39}$$

Im Durchschnitt (im Mittel) wurden **3,39 Augen pro Wurf** bei dieser Versuchsausführung geworfen.

Aufgaben

84. Die Preise in der Bundesrepublik Deutschland sind in einem Monat um $\frac{3}{100}$ im Vergleich zu dem Monat des Vorjahres gestiegen.
Wie viel kostete im Monat des Vorjahres ein Mantel, wenn er in diesem Monat 515 € kostet?

85. Eine Strecke wird auf beiden Seiten um je $\frac{1}{9}$ ihrer Länge vergrößert. Das Quadrat über der neuen Seite hat den Flächeninhalt 121 cm^2.
Wie lang war die ursprüngliche Strecke?

86. Ein Lottogewinn von 10 500 € wird wie folgt unter drei Geschwistern verteilt: Anna erhält $\frac{1}{3}$ des Gewinns, Bruno $\frac{2}{5}$ und Carmen den Rest.

a) Welchen Bruchteil des Gewinns erhält Carmen?
b) Wie viel Geld bekommt jeder?

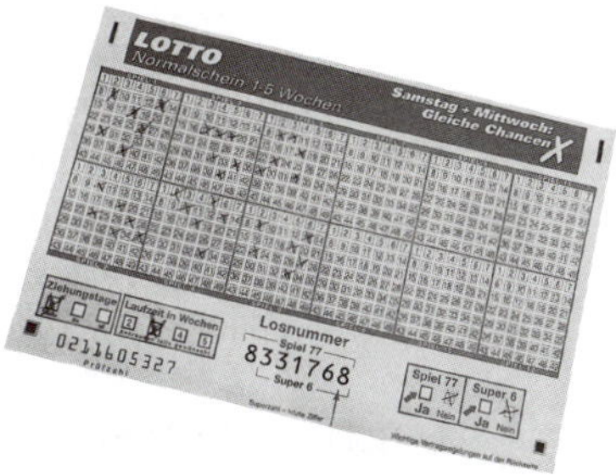

87. Herr Mayer erbt 180 000 €. $\frac{3}{4}$ des Geldes zahlt er aufs Sparbuch ein. $\frac{9}{20}$ des restlichen Geldes schenkt er seiner Tochter.
Wie groß sind die Beträge und welcher Bruchteil der Erbschaft bleibt für ihn übrig?

88. Eine Grundstücksfläche ist 2 124 m^2 groß. $\frac{1}{3}$ der Fläche ist Garten, $\frac{7}{12}$ der Fläche Rasen. Den Rest bedecken Gebäude.
Welcher Bruchteil der Gesamtfläche ist dieser Rest und wie groß ist diese Fläche?

89. Ein Kaufmann bezieht 1 200 ℓ Wein zu 3,55 € je Liter. An Kosten entstehen ihm 68,60 €. Er füllt den Wein in 0,75 ℓ-Flaschen ab und verkauft ihn flaschenweise.
Wie hoch muss der Verkaufspreis für eine Flasche sein, damit der Kaufmann einen Gewinn von etwa 1 082 € erzielt? (Ergebnis auf 2 D)

90. Ein Motorboot hat in einem ruhenden Gewässer eine Eigengeschwindigkeit von 4,5 m pro Sekunde (4,5 $\frac{\text{m}}{\text{s}}$). Es wird in einen Fluss gebracht, der eine Strömungsgeschwindigkeit von 0,75 $\frac{\text{m}}{\text{s}}$ hat.

a) Welche Strecke wird es bei abgestelltem Motor in 1,5 h abgetrieben?
b) Welche Zeit benötigt es für eine Strecke von 2,205 km flussabwärts, wenn der Motor zugeschaltet ist?

91. Ein Raumschiff fliegt in 98 min einmal um die Erde, wobei es eine Strecke von 42 336 km zurücklegt.

a) Welche Strecke legt es in einer Minute zurück?

b) Wie lange würde das Raumschiff mit dieser Geschwindigkeit für die 388 800 km lange Strecke Erde – Mond benötigen?

92. Ein rechteckiges Zimmer von 5,40 m Länge und 4,65 m Breite soll mit Parkett ausgelegt werden. Ein Quadratmeter Parkett kostet einschließlich Verlegung 128,90 €. Welche Kosten entstehen? (sinnvoll runden!)

93. Bei einer Radarkontrolle wird für ein Auto die Geschwindigkeit $25{,}4\,\frac{\text{m}}{\text{s}}$ ermittelt.

a) Welche Geschwindigkeit hat das Auto in $\frac{\text{km}}{\text{h}}$?

b) Wie lange braucht es mit dieser Geschwindigkeit für eine 2,159 km lange Strecke?

94. Ein Einzelfahrschein kostet 1,20 €, eine Streifenkarte für 12 Fahrten 12,60 €. Um wie viel ist ein Einzelfahrschein teurer als eine Fahrt mit der Streifenkarte?

95. Ein Bauplatz ist 38,8 m lang und 24,4 m breit. 1 m^2 kostet 180,20 €. An Erschließungskosten kommen noch 64 850,32€ hinzu. Wie teuer ist der Bauplatz insgesamt und wie viel kostet 1 m^2 mit Erschließung?

96. In der Klasse 6 a wurde die Körpergröße der Schüler und Schülerinnen gemessen. Es ergaben sich folgende Längen in cm: 141, 144, 140, 148, 141, 142, 140, 139, 148, 152, 153, 140, 145, 140, 139, 139, 146, 142, 140, 142, 148, 140, 139, 148, 138, 152, 150.

a) Lege eine Häufigkeitstabelle an und bestimme die relativen Häufigkeiten der Körpergrößen von der kleinsten bis zur größten auftretenden Länge.

b) Bestimme den Mittelwert des Merkmals Körpergröße. (2 D)

97. Bei einer Klassenarbeit gab es die folgende Notenverteilung:

Note	1	2	3	4	5	6
Anzahl	8	3	4	7	2	5

Berechne den Notendurchschnitt. (2 D)

→ Zur weiteren Übung kannst du nun Schulaufgabe 3 auf Seite 147 lösen.

Flächen- und Rauminhalt

Vor allem in Kirchen und Kathedralen kann man die stilvolle Technik der Baukunst der letzten Jahrhunderte bewundern. Mit großem Geschick haben die damaligen Künstler eine ganz besondere Art der Kreisbogenornamentik entwickelt und zu hoher Blüte gebracht. Die Gestaltung solcher Ornamente mit *Zirkel*, *Lineal* und *Winkelmesser* lag der Kunstbetätigung dieser Epochen nahe.

7 Flächeninhalt geradlinig begrenzter Figuren

7.1 Flächenformeln

Die Berechnungsformeln $A_R = a \cdot b$ und $A_Q = a \cdot a = a^2$ von Rechteck und Quadrat wurden bereits durch Auslegen mit Einheitsquadraten hergeleitet. Dies geht auch bei Figuren, die sich aus Rechtecken und Quadraten zusammensetzen.

Versucht man ein **Parallelogramm** (Viereck mit je zwei parallelen Seiten) oder ein **Dreieck** mit Quadraten auszulegen, dann bleibt stets ein „Rest", den man nicht mit Quadraten auslegen kann, auch wenn man die Quadratseiten noch so klein wählt. Dasselbe gilt auch bei anderen beliebigen Figuren, die von geraden Linien begrenzt sind.

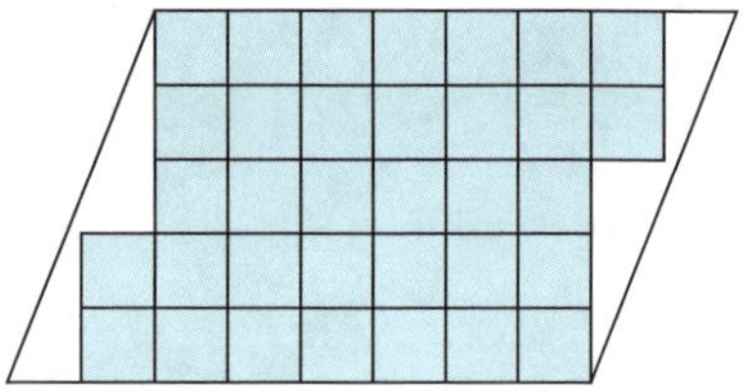

Parallelogramm

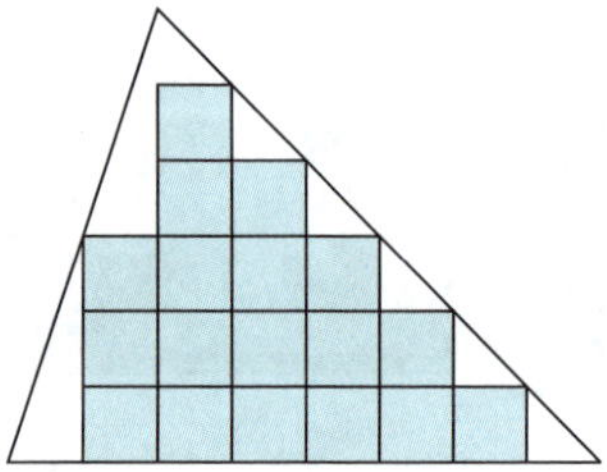

Dreieck

Deshalb geht man einen anderen Weg. Man vergleicht diese Flächen mit bekannten Flächeninhalten.

Bei diesem Vergleich verwendet man folgende einsichtigen Grundsätze:

1. Zwei Flächen, die sich in gleich viele, paarweise gleiche Teilflächen zerlegen lassen, sind inhaltsgleich **(Zerlegungsgleichheit)**.

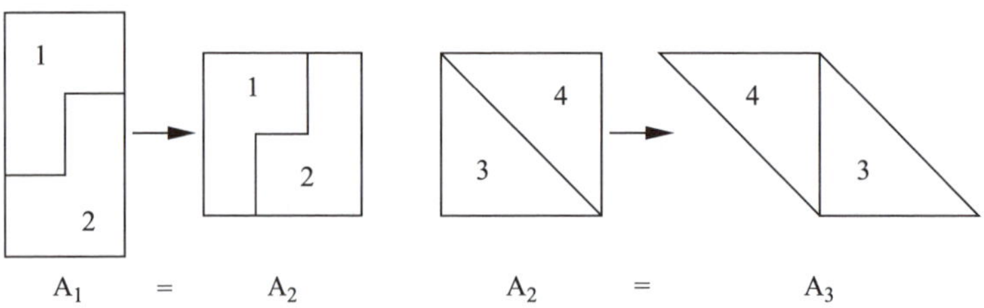

Folgerung: Der Flächeninhalt ändert sich nicht, wenn man eine Figur in Teile zerschneidet und diese neu zusammenfügt.

2. Zwei Flächen, die durch Hinzufügen gleich vieler, paarweise gleicher Teilflächen zu inhaltsgleichen Flächen ergänzt werden können, waren schon (vorher) inhaltsgleich **(Ergänzungsgleichheit)**.

Beispiel

In einem rechtwinkligen Koordinatensystem wird die Fläche A_1 durch die Punkte A(0|0), B(6|0), C(4|3), D(5|5) und E(2|5) bestimmt, die Fläche A_2 durch A'(0|0), B'(5|2), C'(6|4), D'(3|4), E'(3|6) und F'(0|4).
Zeige, dass $A_1 = A_2$ gilt:

a) mit der Zerlegungsgleichheit,

b) mit der Ergänzungsgleichheit.

Lösung:

a) 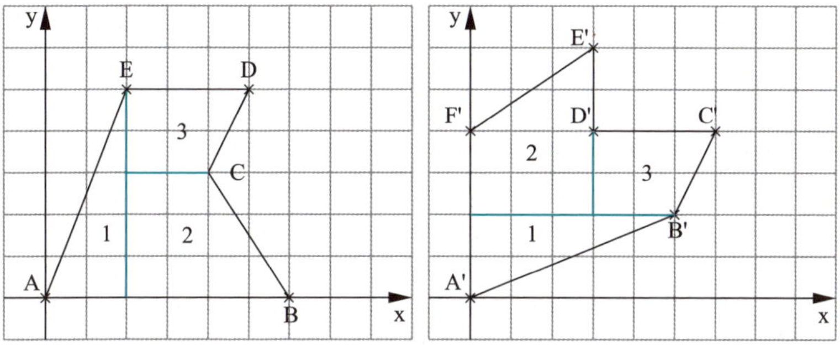

Da sich beide Flächen in die gleichen Teilflächen 1, 2 und 3 zerlegen lassen, gilt mit dem Prinzip der Zerlegungsgleichheit $A_1 = A_2$.

b) 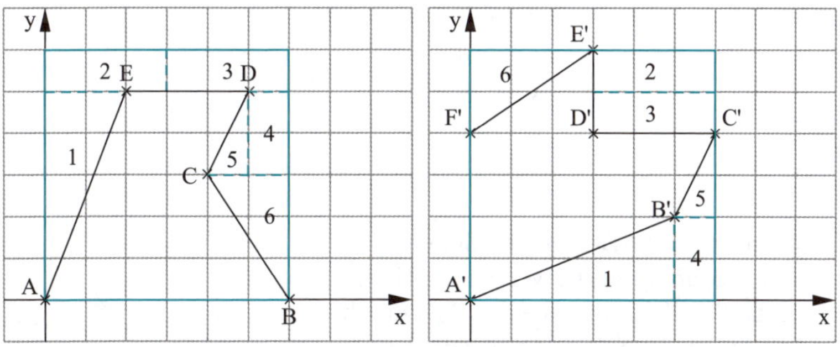

Da sich beide Flächen mit den gleichen Teilflächen 1 bis 6 zu einem Quadrat mit der Kantenlänge 6 ergänzen lassen, waren sie schon vorher gleich, d. h. mit dem Prinzip der Ergänzungsgleichheit gilt $A_1 = A_2$.

In einem **Parallelogramm** heißt die eine Seite **Grundlinie g** und die zugehörige **Höhe h.**
Die Dreiecke 1 und 3 sind nach dem sww-Satz kongruent, d. h. das Parallelogramm ABCD ist nach dem Prinzip der Zerlegungsgleichheit oder nach dem Prinzip der Ergänzungsgleichheit flächengleich mit dem Rechteck A'B'C'D', d. h. für die Fläche gilt $A_P = g \cdot h$.

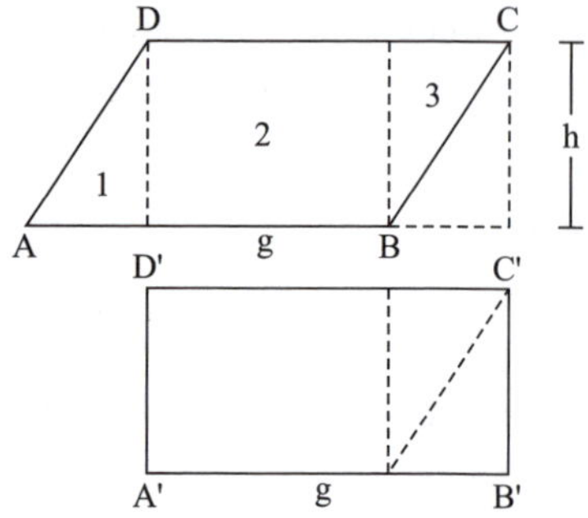

Ein Parallelogramm ist flächengleich einem Rechteck, das eine Parallelogrammseite g und die Höhe h als Seiten besitzt.
$\mathbf{A_P = g \cdot h = a \cdot h_a = b \cdot h_b}$, wenn h_a die Höhe auf die Seite a, h_b die auf die Seite b ist.

Folgerung: Alle Parallelogramme mit gleicher Grundlinie und gleicher Höhe sind flächengleich.

Beispiel

Ein Parallelogramm ABCD mit den Seiten $a = 5$ cm und $b = 4$ cm hat die Höhe $h_a = 2{,}8$ cm. Bestimme den Flächeninhalt des Parallelogramms sowie die Höhe h_b.

Lösung:

$A_P = a \cdot h_a = 5 \cdot 2{,}8\ \text{cm}^2 = 14\ \text{cm}^2$

$$A_P = b \cdot h_b \quad \Rightarrow \quad h_b = \frac{A_P}{b} = \frac{14}{4}\ \text{cm} = 3{,}5\ \text{cm}$$

In einem Dreieck ABC mit den Seiten a, b, c und den Höhen h_a, h_b, h_c werden die Höhe h_c sowie die Parallele zur Seite $c = [AB]$ durch die Mitten der Seiten a und b gezeichnet. Nach dem Prinzip der Zerlegungsgleichheit sind die Flächen des Dreiecks ABC und des Rechtecks ABDE gleich groß (siehe Skizze), d. h.

$$A_D = g \cdot \frac{1}{2} \cdot h = \frac{1}{2} \cdot g \cdot h.$$

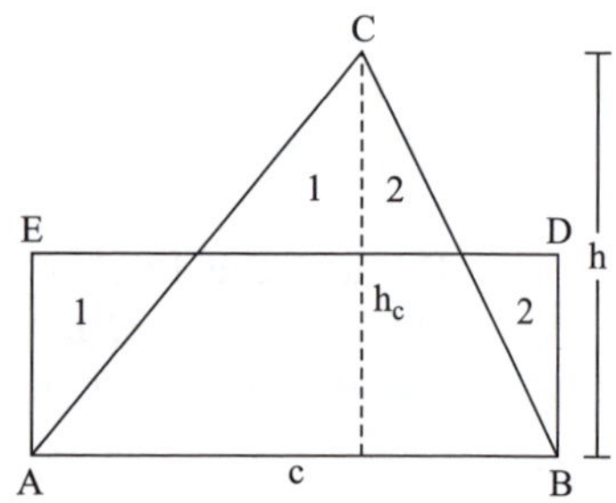

> Ein Dreieck ist flächengleich einem Rechteck, das eine Dreiecksseite und die halbe zugehörige Höhe als Seiten besitzt.
>
> $A_D = \frac{1}{2} \cdot g \cdot h = \frac{1}{2} \cdot a \cdot h_a = \frac{1}{2} \cdot b \cdot h_b = \frac{1}{2} \cdot c \cdot h_c$

Folgerung:

1. Alle Dreiecke mit gleicher Grundlinie und gleicher zugehöriger Höhe sind flächengleich.
2. In einem rechtwinkligen Dreieck mit $\gamma = 90°$, den Katheten a und b sowie der Hypotenuse c ist eine Kathete Höhe auf die andere, d. h. der Flächeninhalt A lässt sich auch über

   $A = \frac{1}{2} \cdot a \cdot b$

   berechnen.

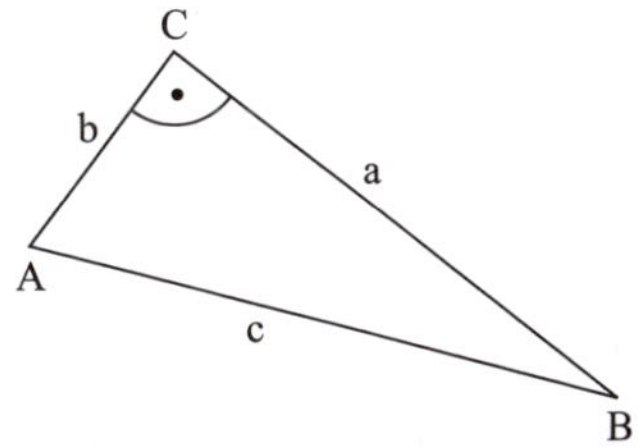

3. Da sich jedes Vieleck in Dreiecke zerlegen lässt, kann man eine Vielecksfläche als Summe von Dreiecksteilflächen erhalten.

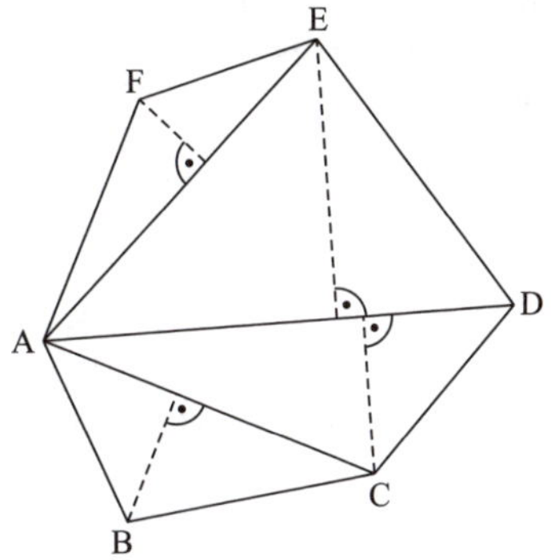

Beispiele

1. Ein Dreieck mit der Höhe $h_a = 4{,}2$ cm hat den Flächeninhalt $A = 10{,}5$ cm^2. Wie groß ist die zugehörige Seite a?

   Lösung:

   $A = \frac{1}{2} \cdot a \cdot h_a$

   $\frac{1}{2} \cdot a \cdot 4{,}2 = 10{,}5$

   $2{,}1 \cdot a = 10{,}5$

   $a = 10{,}5 : 2{,}1$

   $a = 5$

   Die Seite hat die Länge 5 cm.

2. Ein Viereck mit vier gleich langen Seiten heißt **Raute**.
Zeige, dass der Flächeninhalt einer Raute mit den Diagonalen e und f auch in der Form $\mathbf{A = \frac{1}{2} e \cdot f}$ berechnet werden kann.

Lösung:
Die Raute zerfällt in zwei Dreiecke ACD und ABC, deren Grundlinie e und deren Höhe $\frac{1}{2}$f ist. Damit ergibt sich

$$A_{Raute} = 2 \cdot \frac{1}{2} e \cdot \frac{1}{2} f = \frac{1}{2} e \cdot f$$

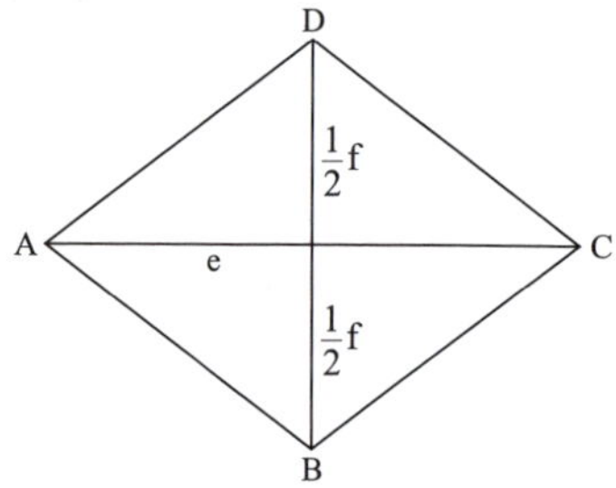

Ein Viereck, das zwei parallele Gegenseiten a und c besitzt, heißt **Trapez**.

Jedes Trapez lässt sich durch eine Diagonale in zwei Dreiecke mit gleichen Höhen und den Grundlinien a bzw. c zerlegen. Damit ergibt sich:

$$A_{Tr} = \frac{1}{2} \cdot a \cdot h + \frac{1}{2} \cdot c \cdot h = \frac{1}{2} \cdot (a + c) \cdot h$$

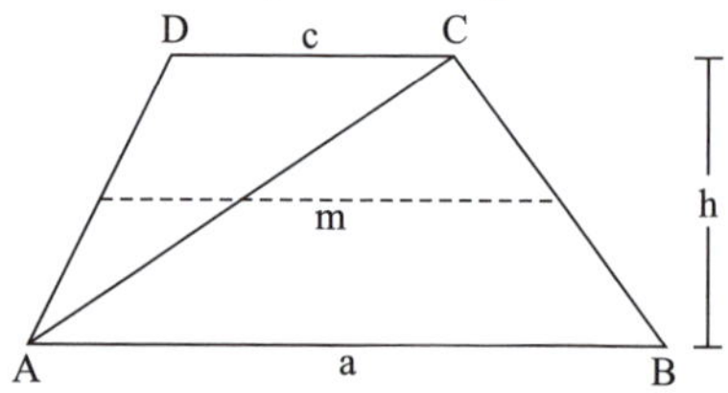

Wendet man wie in der nebenstehenden Skizze das Prinzip der Zerlegungsgleichheit auf ein Trapez und ein Rechteck an, so gilt auch:
$A_{Tr} = m \cdot h$

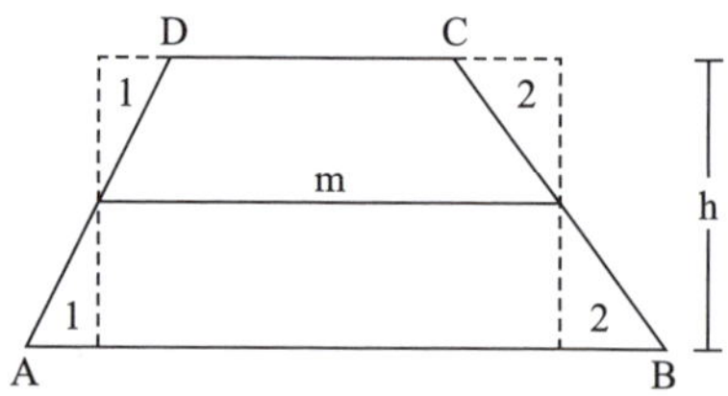

Ein Trapez ist flächengleich einem Rechteck, das die Mittellinie $m = \frac{1}{2} \cdot (a + c)$ und die Höhe h als Seiten besitzt.

$$A_{Tr} = m \cdot h = \frac{1}{2} \cdot (a + c) \cdot h$$

Beispiel

Berechne die trapezförmige Querschnittsfläche eine Kanals, der oben 4 m und unten 2,8 m breit ist sowie eine Tiefe von 2,2 m besitzt.

Lösung:

$$A_{Tr} = \frac{1}{2} \cdot (a + c) \cdot h = \frac{1}{2} \cdot (4 + 2{,}8) \cdot 2{,}2\ m^2 = 3{,}4 \cdot 2{,}2\ m^2 = 7{,}48\ m^2$$

Aufgaben

98. Ergänze die Flächen A_1 und A_2 zu gleichen Flächen und zeige damit, dass $A_1 = A_2$ gilt:

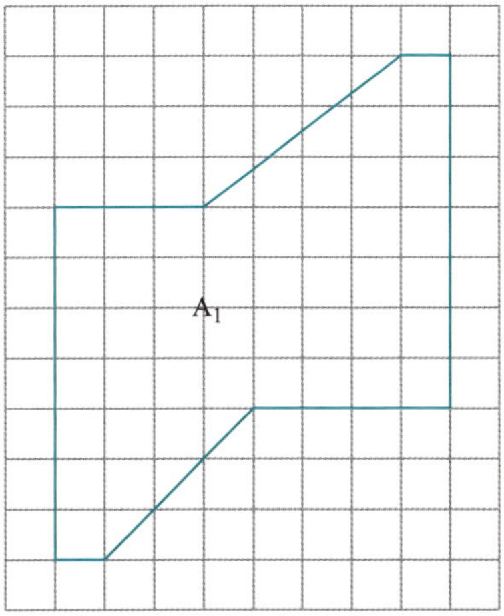

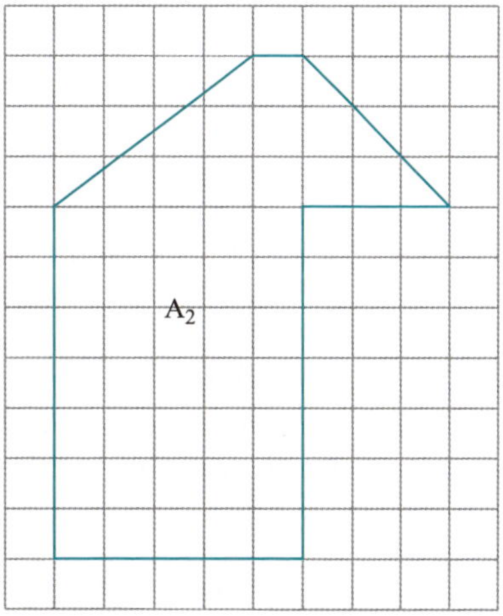

99. Begründe mit der Zerlegungsgleichheit, dass die Summe $A_1 + A_2$ der beiden Quadratflächen gleich dem Inhalt A_3 des anderen Quadrats ist.

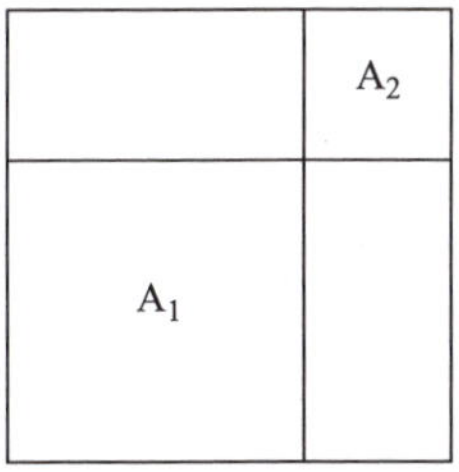

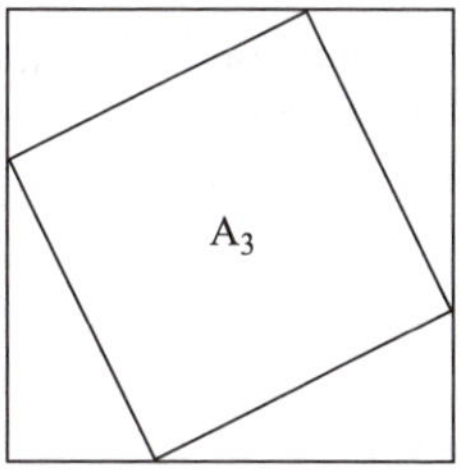

100. Bestimme den Flächeninhalt A eines

a) Parallelogramms mit $a = 3$ cm und $h_a = 1{,}5$ cm,

b) Dreiecks mit $c = 6$ cm und $h_c = 2$ cm,

c) Trapezes mit $a = 8{,}4$ cm, $c = 1{,}3$ cm und $h = 2{,}5$ cm.

101. In einem Parallelogramm ABCD hat die Diagonale $e = [AC]$ eine Länge von 7 cm. Die Abstände der Ecken B und D von dieser Diagonale betragen jeweils 2 cm.

a) Welchen Flächeninhalt A hat das Parallelogramm?

b) Welchen Abstand haben die beiden 6 cm langen Gegenseiten [AB] und [DC]?

102. Welche Höhe h_a besitzt ein Parallelogramm mit der Seite $a = 4{,}2$ cm, wenn es einem Rechteck mit den Seitenlängen 6,6 cm und 4,9 cm flächengleich ist?

103. Ein Trapez hat den Flächeninhalt $A = 30\ \text{cm}^2$ und die Höhe $h = 2{,}5$ cm. Eine der parallelen Seiten ist fünfmal so lang wie die andere.
Berechne die Länge dieser Seiten.

104. Die Vorderseite eines Hauses hat die Form eines Rechtecks mit aufgesetztem Dreieck. Diese Seite soll neu gestrichen werden.
Berechne den Flächeninhalt dieser Hausseite für $a = 15$ m, $h = 20{,}5$ m und $h' = 4{,}5$ m.

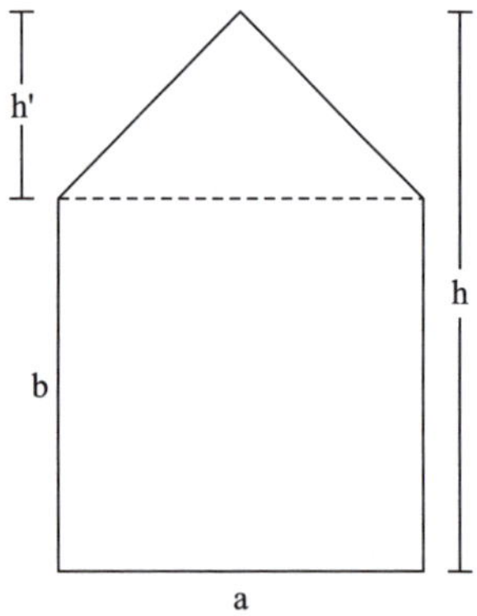

105. Ein Dreieck ABC und ein Parallelogramm ADEB haben die Seite [AB] gemeinsam.
Folgende Größen sind gegeben:
$h_c = 3{,}5$ cm, $d = 2$ cm und $A_P = 4{,}8\ \text{cm}^2$.
(Fläche des Parallelogramms)

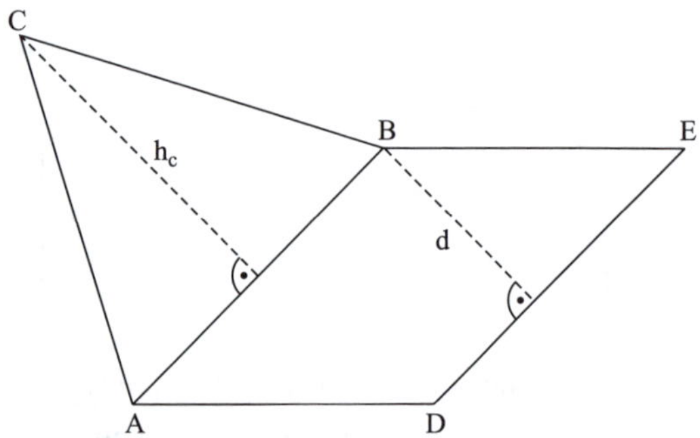

a) Berechne die Länge der Seite c.

b) Berechne den Flächeninhalt A_D des Dreiecks ABC.

106. Die Seiten eines Quadrats mit der Länge $a = 4$ cm sind die Basisseiten von vier gleichschenkligen Dreiecken. Die Gesamtfigur hat einen Flächeninhalt $A = 52\ \text{cm}^2$.
Welche Höhe über den Quadratseiten haben die gleichschenkligen Dreiecke?

7.2 Oberfläche von Körpern

Um von einem Körper eine gute räumliche Vorstellung zu bekommen, zeichnet man ein **Schrägbild**, d. h. man bildet ihn so ab, wie er schräg von vorne aussieht. Dabei werden die nach hinten verlaufenden Kanten **schräg** und **verkürzt** gezeichnet. Folgende zwei Schrägbildwinkel und Verkürzungsmaßstäbe werden bevorzugt.

Beispiel

Zeichne das Schrägbild eines Würfels mit der Kantenlänge 2 cm.

Lösung:

1. Schrägbildwinkel 45°, Verkürzungsmaßstab:
1 cm ≙ 7 mm

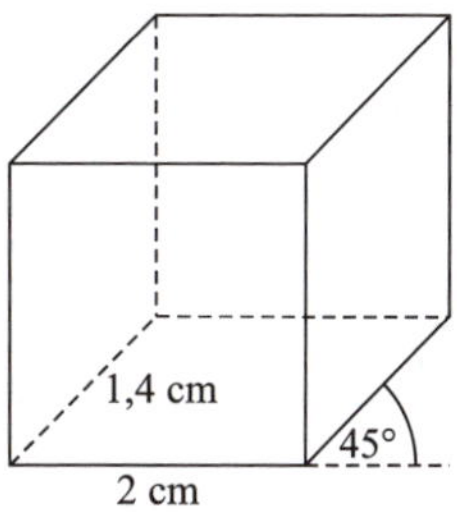

Zeichnet man im Kästchenfeld, dann entspricht im Schrägbild eine Kästchendiagonale der Länge 1 cm. Nicht sichtbare Kanten werden gestrichelt gezeichnet.

2. Schrägbildwinkel 30°, Verkürzungsmaßstab:
1 cm ≙ 5 mm

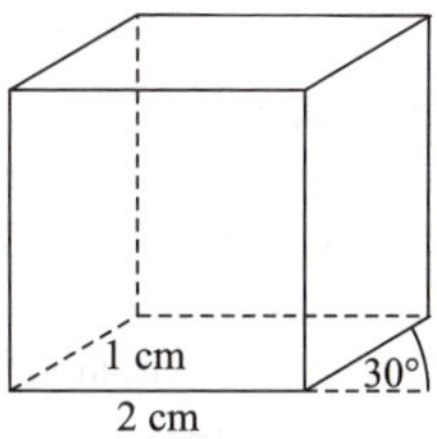

Die Form geometrischer Körper wird durch seine Flächen-, Kanten- und Eckenzahl bestimmt.

Quader

Der **Quader** besitzt 8 Ecken und 12 Kanten, von denen je vier Kanten gleich lang sind. Benachbarte Kanten stehen aufeinander senkrecht, gegenüberliegende sind parallel. Die sechs Flächen, die den Quader begrenzen, sind Rechtecke. Je zwei dieser Rechtecke sind deckungsgleich.

Netz des Quaders:

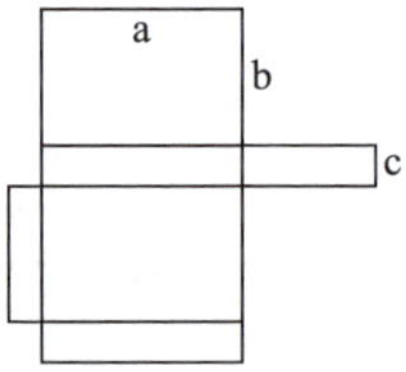

Schrägbild des Quaders:

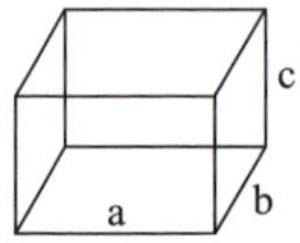

Der Würfel ist ein spezieller Quader.

Die Oberfläche O_Q eines Quaders ist die Summe der Flächeninhalte der sechs Rechteckflächen, die den Quader begrenzen. Je zwei dieser Flächen sind deckungsgleich. Damit erhält man:

$$O_Q = 2 \cdot a \cdot b + 2 \cdot a \cdot c + 2 \cdot b \cdot c = 2 \cdot (a \cdot b + a \cdot c + b \cdot c)$$

Die Oberfläche eines Würfels besteht aus sechs deckungsgleichen Quadraten mit der Kantenlänge a. Es ergibt sich:

$$O_W = 6 \cdot a \cdot a = 6 \cdot a^2$$

Prisma und Pyramide

Körper, die neben Quader und Würfel nur geradlinig begrenzte Flächen enthalten, sind Prisma und Pyramide.
Ein **gerades, n-seitiges Prisma** hat als Grund- und Deckfläche kongruente n-Ecke, deren Ebenen parallel zueinander sind. Die Seitenflächen des Prismas, die den Mantel bilden, sind Rechtecke. Die n Seitenkanten, deren Länge mit der Höhe des Prismas übereinstimmt, sind Lote zur Grund- und Deckfläche.
Das **Netz eines Prismas** besteht folglich aus zwei n-Ecken und n Rechtecken.

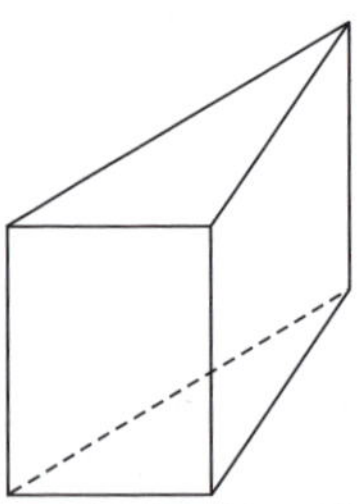
gerades, 5-seitiges Prisma

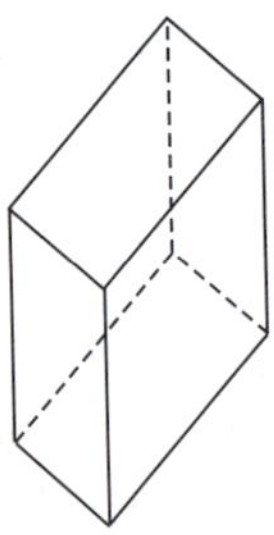
gerades, 6-seitiges Prisma

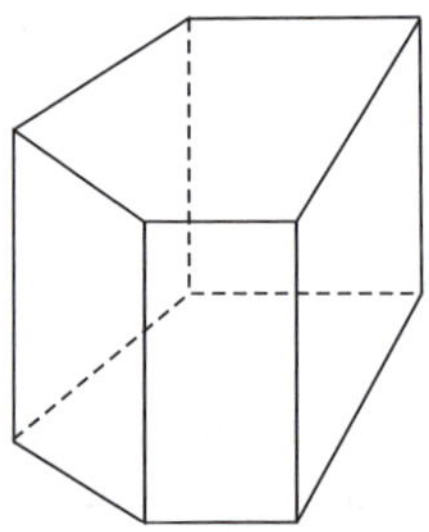
gerades, 7-seitiges Prisma

Anmerkung:
Ein gerades Prisma mit einem Rechteck oder einem Quadrat als Grundfläche ist ein **Quader**.

Beispiel

Eine dreiseitige Pyramide hat ein gleichseitiges Dreieck mit der Seitenlänge 1,5 cm als Grund- und Deckfläche, die Höhe beträgt 2 cm. Zeichne das Netz des Prismas.

Lösung:

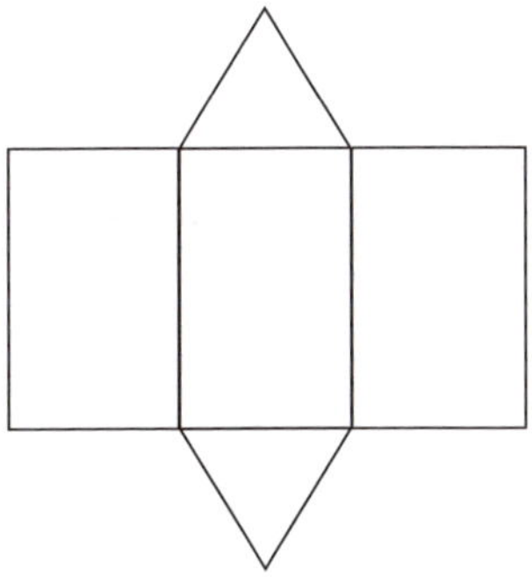

oder

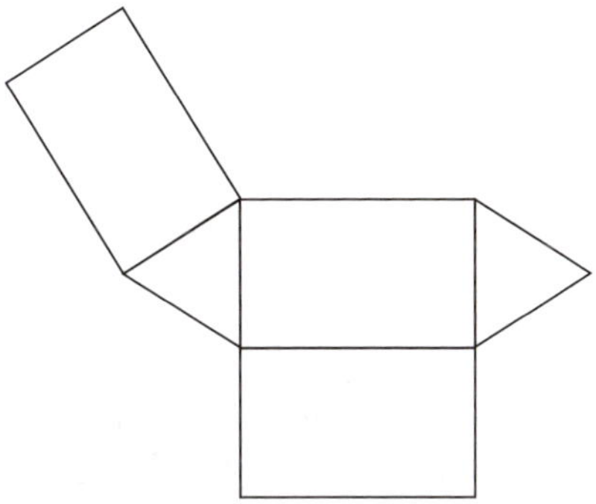

Die **Mantelfläche** eines geraden Prismas besteht aus n Rechtecken, die alle als gemeinsame Seite die gleiche Höhe h besitzen.
Die Summe der zweiten Seiten der Rechtecke bilden den Umfang u des Grundflächenvielecks, sodass für die Mantelfläche M_{Pr} des Prismas gilt:

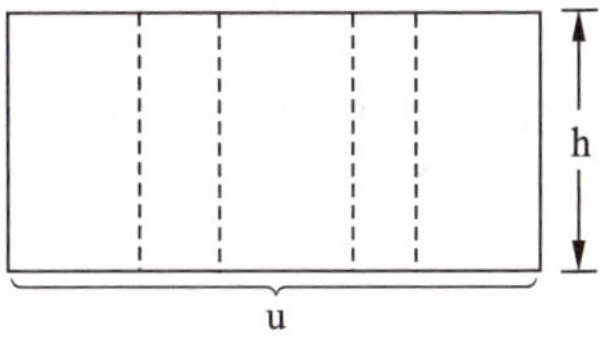

$$M_{Pr} = u \cdot h$$

Zur **Oberfläche** eines geraden Prismas gehören neben der Mantelfläche noch die gleich großen Grund- und Deckfläche, sodass für die Oberfläche O_{Pr} des Prismas gilt:

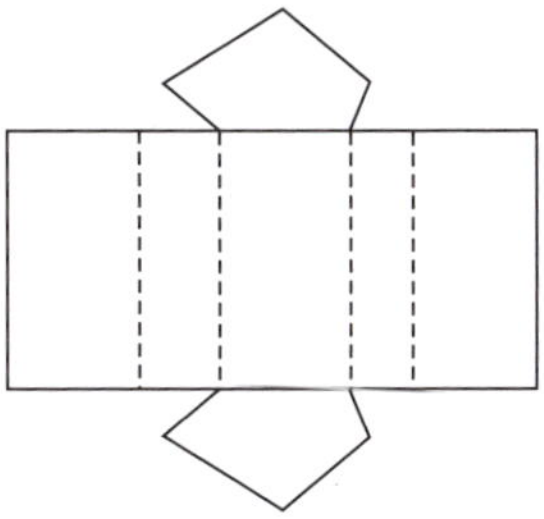

$$O_{Pr} = 2 \cdot G + M = 2 \cdot G + u \cdot h$$

Anmerkung:
Ohne Herleitung wird angegeben, dass sich das Volumen eines Prismas wie beim Quader aus Grundfläche G und Höhe h wie folgt berechnen lässt:

$$V_{Pr} = G \cdot h$$

Beispiel

Ein gerades Prisma hat als Grundfläche ein Quadrat der Seitenlänge a = 4,5 cm und die Höhe h = 6,4 cm. Bestimme Mantelfläche und Oberfläche (sowie das Volumen) des Prismas.

Lösung:

$G = a \cdot a = 4{,}5 \cdot 4{,}5\ cm^2 = 20{,}25\ cm^2$
$M = u \cdot h = 4 \cdot 4{,}5 \cdot 6{,}4\ cm^2 = 115{,}2\ cm^2$
$O = 2 \cdot G + M = 40{,}5\ cm^2 + 115{,}2\ cm^2 = 155{,}7\ cm^2$
$(V = G \cdot h = 20{,}25 \cdot 6{,}4\ cm^3 = 129{,}6\ cm^3)$

Von **Pyramiden**, die in späteren Jahrgangsstufen ausführlich behandelt werden, werden nur diejenigen kurz angesprochen, die als Grundfläche ein Quadrat besitzen und deren Seitenflächen vier gleich große Dreiecke mit der Grundlinie a und der Seitenflächenhöhe h sind **(gerade quadratische Pyramide)**.

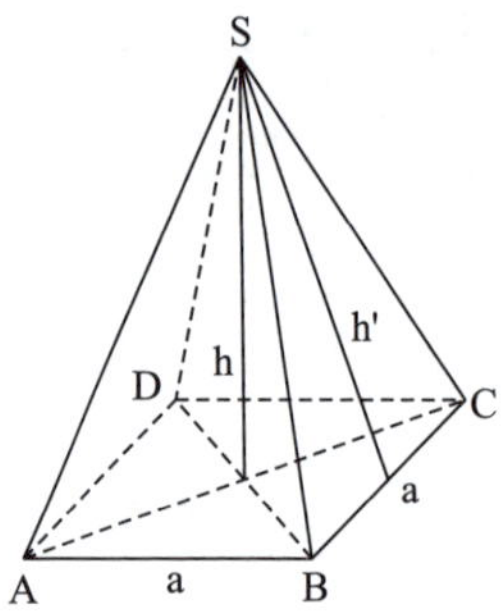

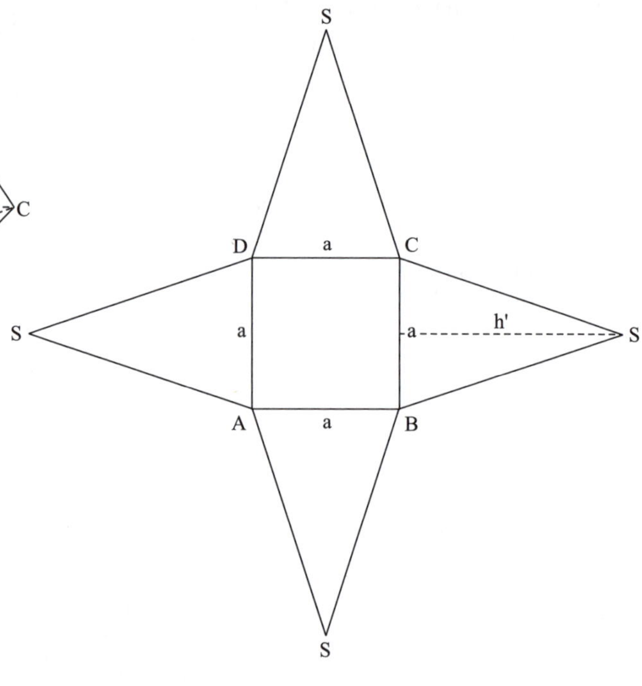

Wie man aus dem Netz dieser Pyramide erkennt, setzt sich die Oberfläche aus der quadratischen Grundfläche $G = a^2$ und den vier Dreiecksflächen als Mantelfläche $M = 4 \cdot A_D = 4 \cdot \frac{1}{2} \cdot a \cdot h'$ zusammen, d. h. es gilt:

$$O_{Pr} = G + M = a^2 + 4 \cdot \frac{1}{2} \cdot a \cdot h'$$

Beispiel

Bestimme die Oberfläche einer geraden quadratischen Pyramide mit der Grundflächenseite $a = 6$ cm und der Seitenflächenhöhe $h' = 5$ cm.

Lösung:

$$\begin{aligned} O_{Pyr} &= a^2 + 4 \cdot \frac{1}{2} \cdot a \cdot h' = 36\,\text{cm}^2 + 4 \cdot \frac{1}{2} \cdot 6 \cdot 5\,\text{cm}^2 \\ &= 36\,\text{cm}^2 + 60\,\text{cm}^2 = 96\,\text{cm}^2 \end{aligned}$$

Aufgaben

107. a) Zeichne das Netz und ein Schrägbild eines geraden Prismas mit der Höhe $h = 2{,}5$ cm, wenn die Grundfläche ein Quadrat mit der Kantenlänge 2 cm ist.
Bestimme dann den Oberflächeninhalt des Prismas.

b) Zeichne das Netz einer geraden quadratischen Pyramide mit der Seitenflächenhöhe $h' = 2$ cm und der Kante $a = 2$ cm des Grundflächenquadrats.
Bestimme dann den Oberflächeninhalt der Pyramide.

108. Ein gerades Prisma hat als Grundfläche ein regelmäßiges Sechseck mit der Kantenlänge 2 cm. Die Höhe beträgt 3 cm.
Zeichne das Netz des Prismas und bestimme den Inhalt der Mantelfläche.

109. Vervollständige:

a) Ein geometrischer Körper, der von zwei deckungsgleichen, parallelen Vielecken als Grundfläche und von Rechtecken als Seitenflächen begrenzt wird, heißt ein ______________________________.
Der Abstand der Grundflächen heißt ______________________________.
Die Summe der Flächeninhalte aller Seitenflächen heißt

______________________________.

b) Ein gerades Prisma mit einem Rechteck als Grundfläche heißt … Ein gerades Prisma mit Quadraten als Grund- und Seitenflächen heißt …

110. In welchem geraden Prisma sind
a) alle Begrenzungsflächen,
b) je zwei Begrenzungsflächen,
c) alle Mantelrechtecke
gleich groß?

111. Der Mathematiker Leonhard Euler (1707–1783) hat gezeigt, dass in jedem Körper, der von ebenen Flächen begrenzt wird, für die Anzahl k der Kanten, die Anzahl e der Ecken und die Anzahl f der Flächen gilt:
$e + f = k + 2$
a) Überprüfe die Formel für
(1) den Quader,
(2) ein dreiseitiges Prisma,
(3) ein fünfseitiges Prisma,
(4) ein n-seitiges Prisma,
(5) eine quadratische Pyramide.
b) Warum gibt es kein Prisma mit
(1) 13 Ecken,
(2) 25 Kanten,
(3) 15 Kanten, 10 Ecken und 8 Flächen?

112. In der nebenstehenden Skizze gilt:
$a = 3\frac{1}{2}$ cm, $b = 4,2$ cm, $c = 4,3$ cm und $h = 5,6$ cm.
Bestimme den Inhalt der Mantelfläche des Prismas.

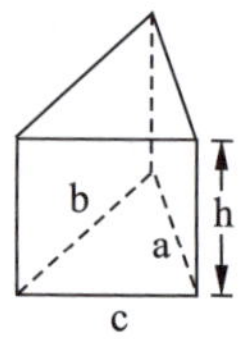

113. Ein gerades sechsseitiges Prisma mit lauter gleichen Kanten x hat eine Mantelfläche $M = 294\ cm^2$.
Berechne die Länge x.

114. Ein gerades Prisma hat den Grundflächenumfang $u = 40$ cm, die Höhe $h = 8,25$ cm und die Oberfläche $O = 458\ cm^2$.
a) Wie groß ist der Grundflächeninhalt?
b) Warum kann die Grundfläche kein Quadrat sein?

8 Volumenmessung

8.1 Maßeinheiten

Den **Rauminhalt** (das **Volumen**) eines räumlichen Körpers messen heißt, ihn mit einer **Raumeinheit (Volumeneinheit)** zu vergleichen.
Man verwendet als Einheiten Würfel, deren Seitenlängen Längeneinheiten sind, z. B. hat ein Würfel mit der Kantenlänge 1 m den Rauminhalt **$1\ m^3$ (Kubikmeter)**.
Man verwendet folgende Raumeinheiten:

Längeneinheit	Raumeinheit
1 mm	$1\ mm^3$ Kubikmillimeter
1 cm	$1\ cm^3$ Kubikzentimeter
1 dm	$1\ dm^3$ Kubikdezimeter
1 m	$1\ m^3$ Kubikmeter
[1 km	$1\ km^3$ Kubikkilometer]

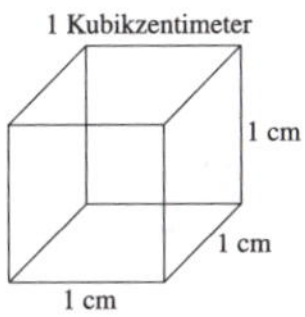

Beim Messen des Rauminhaltes von Flüssigkeiten (beim Messen eines Hohlraumes) verwendet man häufig die Maßeinheit **1 Liter ($1\ \ell$)**.
Es gilt: $1\ \ell = 1\ dm^3$; $1\ h\ell = 100\ \ell = 100\ dm^3$.
Die Umrechnungszahl von einer Raumeinheit in die andere beträgt von mm^3 bis m^3 jeweils **1 000**, d. h. $1\ m^3 = 1\,000\ dm^3$; $1\ cm^3 = 1\,000\ mm^3$.
Raummaße kann man auch in der **Kommaschreibweise** angeben.

Beispiele

1. Gib in der kleinsten auftretenden Einheit an:
   a) $3\ m^3\ \ 3\ dm^3 = $ **$3\,003\ dm^3$**
   b) $1\ dm^3\ \ 15\ cm^3\ \ 168\ mm^3 = $ **$1\,015\,168\ mm^3$**
   c) $1\ m^3\ \ 1\ mm^3 = $ **$1\,000\,000\,001\ mm^3$**

2. Gib mehrfach benannt an:
   a) $7\,184\,061\ cm^3 = $ **$7\ m^3\ \ 184\ dm^3\ \ 61\ cm^3$**
   b) $15\,688\ dm^3 = $ **$15\ m^3\ \ 688\ dm^3$**
   c) $415\,603\ cm^3 = $ **$415\ dm^3\ \ 603\ cm^3$**

3. Schreibe mit Komma in
   a) dm^3: $4\ dm^3\ \ 12\ cm^3 = $ **$4{,}012\ dm^3$**
   b) m^3: $18\ dm^3\ \ 8\ cm^3 = $ **$0{,}018008\ m^3$**
   c) cm^3: $1\ m^3\ \ 5\ dm^3\ \ 4\ mm^3 = $ **$1\,005\,000{,}004\ cm^3$**

4. Berechne in m^3:

$2{,}4\ dm^3 + 4\ m^3\ \ 16\ dm^3 + 28\ \ell + 7\ m^3\ \ 60\ cm^3 =$

$= 2\ dm^3\ \ 400\ cm^3 + 4\ m^3\ \ 16\ dm^3 + 28\ dm^3 + 7\ m^3\ \ 60\ cm^3 =$

$= (4\ m^3 + 7\ m^3) + (2\ dm^2 + 16\ dm^3 + 28\ dm^3) + (400\ cm^3 + 60\ cm^3) =$

$= 11\ m^3 + 46\ dm^3 + 460\ cm^3 =$ **$11\ m^3\ \ 46\ dm^3\ \ 460\ cm^3$**

oder

$= 2{,}4\ dm^3 + 4016\ dm^3 + 28\ dm^3 + 7000{,}060\ dm^3 =$

$= 11046{,}460\ dm^3 =$ **$11{,}046460\ m^3$**

Aufgaben

115. a) Gib in der kleinsten auftretenden Einheit an:
(1) $4\ m^3\ \ 3\ cm^3\ \ 16\ mm^3 =$
(2) $12\ dm^3\ \ 11\ cm^3\ \ 8\ mm^3 =$
(3) $8\ m^3\ \ 3\ \ell =$

b) Gib mehrfach benannt an:
(1) $8\,114\,003\ mm^3 =$
(2) $1\,234\,567\,890\ cm^3 =$
(3) $18\ h\ell\ \ 450\ cm^3 =$

c) Schreibe mit Komma in
(1) m^3: $12\ m^3\ \ 1\ cm^3 =$
(2) dm^3: $1\ m^3\ \ 11\ dm^3\ \ 111\ cm^3 =$
(3) m^3: $5\ dm^3\ \ 16\ cm^3 =$

116. Berechne:

a) $43{,}4291\ dm^3 - 18{,}32\ dm^3 =$

b) $3\frac{2}{9}\ dm^3 \cdot 27 + 4\frac{2}{3}\ dm^3 \cdot 9 =$

c) $8{,}4\ dm^3 + 2\ h\ell - 1{,}4\ \ell =$

d) $88\ dm^3\ \ 235\ cm^3 - 83\ dm^3\ \ 986\ cm^3 =$

e) $1\ m^3\ \ 495\ dm^3\ \ 66\ cm^3 : 346 =$

f) $523{,}08\ h\ell : 7{,}2\ cm^3 =$

8.2 Volumen von Quader und Würfel

Der Quader habe die Länge a, die Breite b und die Höhe c, die alle in der gleichen Längeneinheit gemessen sein sollen. Den **Rauminhalt des Quaders** erhält man durch folgende Überlegung: In einen Streifen längs der Seite a passen a Würfel, deren Seitenlänge so groß ist wie die Längeneinheit, in der a gemessen ist. b solcher Streifen ergeben eine Schicht, die die Grundfläche völlig bedeckt. c solcher Schichten füllen dann den Quader völlig aus.

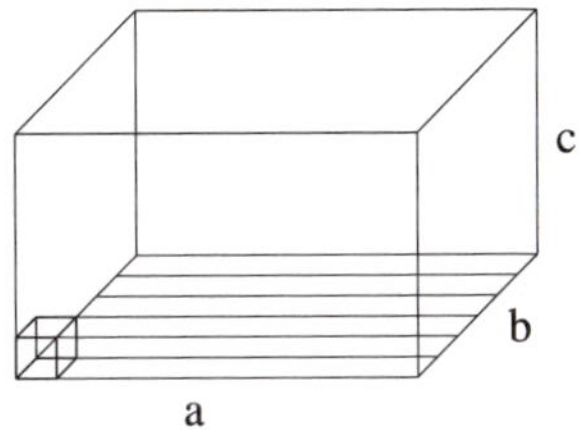

Damit erhält man als Berechnungsformel für den Rauminhalt (Volumen) V_Q eines Quaders: $\mathbf{V_Q = a \cdot b \cdot c}$

Anmerkungen:

1. Bezeichnet man die Seiten eines Quaders mit Länge ℓ, Breite b und Höhe h, so erhält man als Berechnungsformel $V_Q = \ell \cdot b \cdot h$.
2. Da $G = \ell \cdot b$ den Inhalt der Rechteckfläche (Grundfläche) angibt, auf der der Quader steht, schreibt man für den Rauminhalt eines Quaders auch: $V_Q = \ell \cdot b \cdot h = G \cdot h$ (Volumen = Grundfläche mal Höhe).
3. In der 5. Klasse wurde für die Oberfläche des Quaders berechnet:
   $O_Q = 2 \cdot a \cdot b + 2 \cdot a \cdot c + 2 \cdot b \cdot c$ bzw.
   $O_Q = 2 \cdot \ell \cdot b + 2 \cdot \ell \cdot h + 2 \cdot b \cdot h$

Beispiele

1. Ein Quader hat die Kantenlänge a = 8 cm, b = 7 cm, c = 5 cm.
   Berechne den Rauminhalt und die Oberfläche dieses Quaders.

   Lösung:

   $V_Q = a \cdot b \cdot c = 8 \cdot 7 \cdot 5\ \text{cm}^3 = \mathbf{280\ cm^3}$

   $O_Q = 2 \cdot 8 \cdot 7\ \text{cm}^2 + 2 \cdot 8 \cdot 5\ \text{cm}^2 + 2 \cdot 7 \cdot 5\ \text{cm}^2$
   $= 112\ \text{cm}^2 + 80\ \text{cm}^2 + 70\ \text{cm}^2 = \mathbf{262\ cm^2}$

2. Ein Quader mit der Grundfläche $G = 48\ \text{cm}^2$ hat einen Rauminhalt $V = 312\ \text{cm}^3$.
   Wie hoch ist der Quader?

   Lösung:

   $V_Q = G \cdot h \Rightarrow h = V_Q : G = (312 : 48)\ \text{cm} = \mathbf{6{,}5\ cm}$

   Der Quader ist **6,5 cm hoch.**

> Der **Würfel** ist ein Quader mit lauter gleichen Kanten a. Damit erhält man als Berechnungsformel für den Rauminhalt (Volumen) V_W eines Würfels:
> $\mathbf{V_W = a \cdot a \cdot a = a^3}$.

Anmerkungen:

1. Bezeichnet man die Seite eines Würfels mit s, so erhält man als Berechnungsformel für den Rauminhalt: $V_W = s^3$.
2. In der 5. Klasse wurde für die Oberfläche eines Würfels berechnet: $O_W = 6 \cdot a \cdot a = 6 \cdot a^2$ bzw. $O_W = 6 \cdot s \cdot s = 6 \cdot s^2$.

Beispiele

1. Ein Würfel hat eine Kantenlänge von 2 dm. Wie groß sind sein Rauminhalt und seine Oberfläche?

   Lösung:

   $V_W = a \cdot a \cdot a = 2 \cdot 2 \cdot 2\ dm^3 = \mathbf{8\ dm^3}$

   $O_W = 6 \cdot a \cdot a = 6 \cdot 2 \cdot 2\ dm^2 = \mathbf{24\ dm^2}$

2. Ein Würfel hat eine Oberfläche von 15 dm^2 36 cm^2. Welches Volumen besitzt der Würfel?

   Lösung:

   $O_W = 6 \cdot a^2 = 1536\ cm^2$

   $a^2 = 1536\ cm^2 : 6$

   $a^2 = 256\ cm^2$

   $a = 16\ cm$

   $V_W = a \cdot a \cdot a = 16 \cdot 16 \cdot 16\ cm^3 = \mathbf{4096\ cm^3}$

Ähnlich zu dem Volumen eines Quaders berechnet sich im Übrigen auch das **Volumen einer Pyramide**. In diesem Fall gilt jedoch nicht $V_Q = G \cdot h$, sondern:

> $$V_{Pyr} = \frac{1}{3} \cdot G \cdot h$$

Beispiel

Bestimme das Volumen einer geraden quadratischen Pyramide mit der Grundflächenseite a = 6 cm und der Raumhöhe h = 4 cm.

Lösung:

$$V_{Pyr} = \frac{1}{3} \cdot a^2 \cdot h = \frac{1}{3} \cdot 36 \cdot 4\ cm^3 = 48\ cm^3$$

Aufgaben

117. Das Volumen eines Quaders beträgt $6\frac{6}{7}$ m³.
Wie lang ist die dritte Kante, wenn die beiden anderen $1\frac{1}{7}$ m und $\frac{3}{7}$ m lang sind?

118. 1 cm³ Styropor wiegt 0,015 g.
Wie viel wiegt ein Styroporquader, der 0,8 m lang, 0,5 m breit und 1,6 m hoch ist?

119. Berechne das Volumen und die Oberfläche des nebenstehenden Körpers.

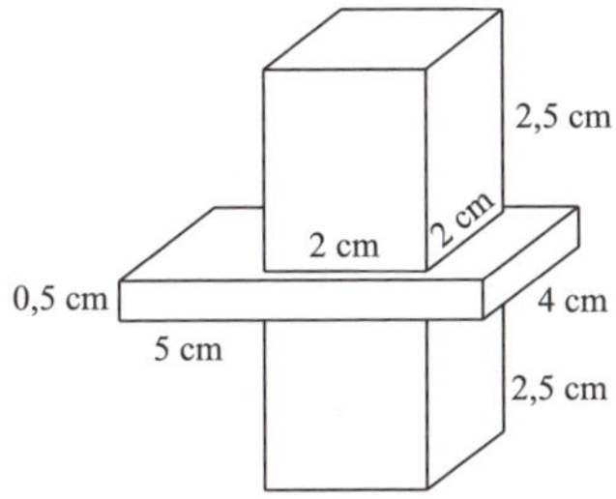

120. In einem quaderförmigen Schwimmbecken, das 12,5 m lang und halb so breit ist, steht das Wasser 1,2 m hoch.

a) Wie viele m³ Wasser sind im Becken?

b) In wie vielen Stunden kann das Becken durch ein Rohr entleert werden, wenn durch dieses pro Minute $2\frac{1}{2}$ *hl* Wasser abfließen?

121. Aus einem Holzbalken, dessen quadratische Grundfläche eine Länge von a = 24 cm besitzt und der 2,6 m lang ist, wird ein Loch mit dem Rauminhalt 167 cm³ herausgeschnitten.
Welches Gewicht besitzt der Balken, wenn 1 cm³ des Balkens 0,87 g wiegt? (Angabe des Ergebnisses in t auf 3 D)

122. Ein Schwimmbecken, das 12 m lang, 4,5 m breit und 1,8 m tief ist, soll innen neu gestrichen werden.

a) Wie groß ist die Fläche, die gestrichen werden muss?

b) 1 kg der Farbe reicht für eine Fläche von 4,5 m².
Wie viele 2,5 kg-Dosen Farbe müssen gekauft werden?

123. Ein quaderförmiger Brunnentrog mit den Innenmaßen $\ell = 1{,}30$ m, b = 6 dm und h = 20 cm wiegt leer 150 kg.

a) Wie viel wiegt er, wenn er voll mit Wasser gefüllt ist? (1 ℓ Wasser wiegt 1 kg!)

b) Der Trog ist jetzt nur zum Teil mit Wasser gefüllt, sodass sein Gesamtgewicht nur 189 kg beträgt.
Wie hoch steht das Wasser im Trog?

124. 1 cm^3 Fichtenholz wiegt 0,9 g.
Aus Fichtenholzleisten mit quadratischem Querschnitt (Kantenlänge a = 7 cm) wird ein Rahmen (siehe Skizze) gefertigt.
Wie viel wiegt der Rahmen (in kg auf 1 D)?

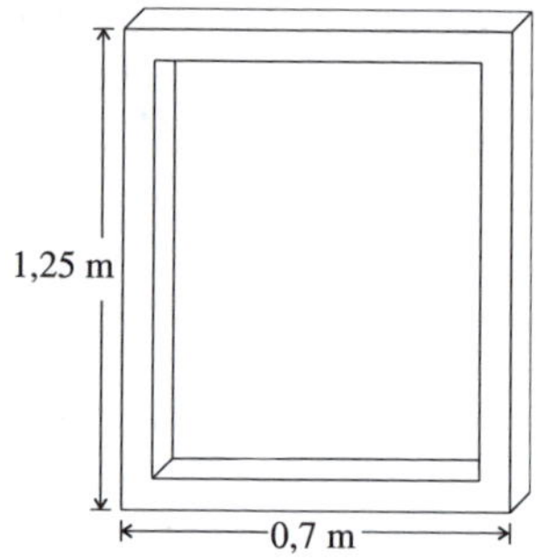

✷ **125. Dachformen**

In der Praxis des Hausbaues gibt es mannigfache Dachformen, die im Wesentlichen Varianten der im Folgenden genannten Dachformen sind. Da das **Pultdach** und das **Flachdach** (siehe Skizzen) nur Rechtecke bzw. eine Summe von Rechtecken darstellen, werden hier nur drei häufig auftretende Dachformen geometrisch betrachtet.

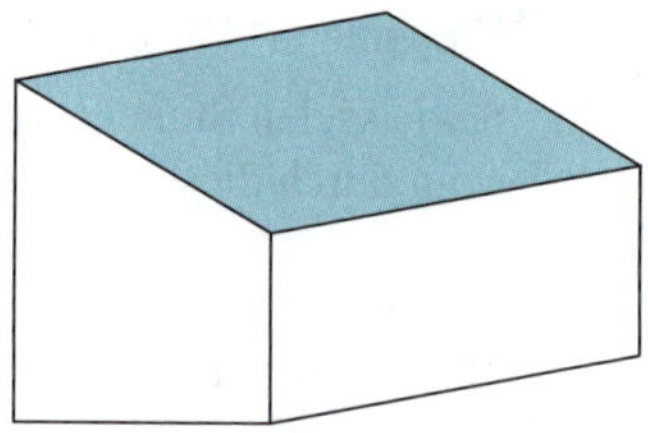

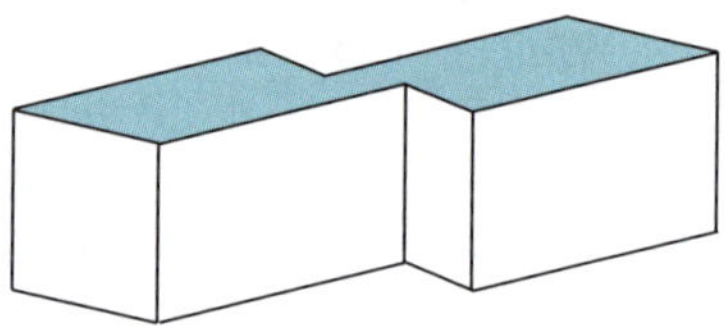

a) Das in nebenstehender Skizze dargestellte Haus besitzt ein **Satteldach**.

(1) Berechne mit den angegebenen Maßen den umbauten Raum des Hauses in m^3, wenn $\frac{3}{100}$ für Mauerwerk abzuziehen sind.

(2) Wie viele Quadratmeter Ziegel müssen zum Decken des Hauses mindestens gekauft werden?

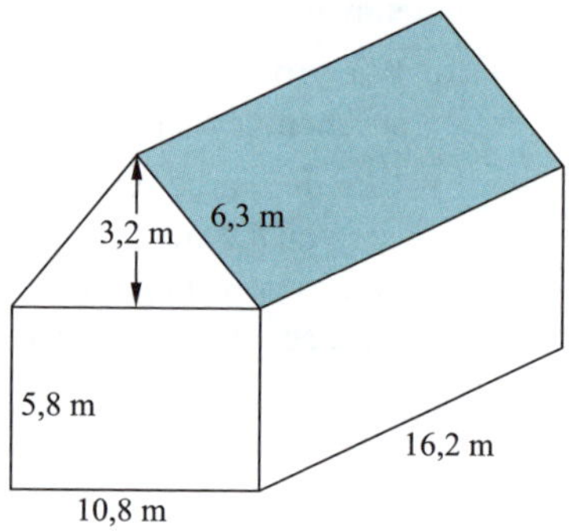

b) Das in nebenstehender Skizze dargestellte Haus besitzt ein **Walmdach.**
Bestimme mit den Maßen aus der Skizze, die das Dach von oben zeigt, die Dachfläche.

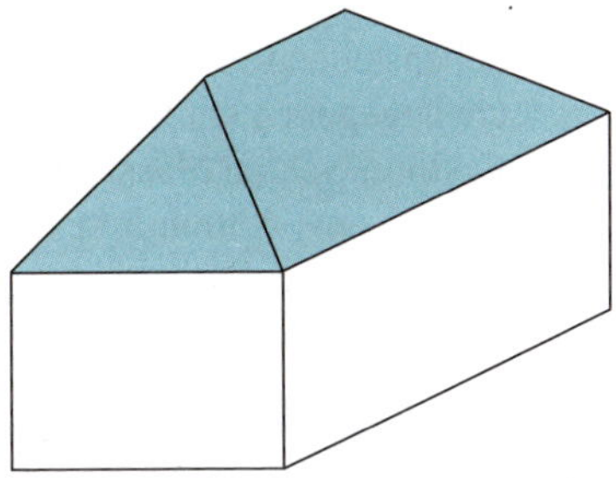

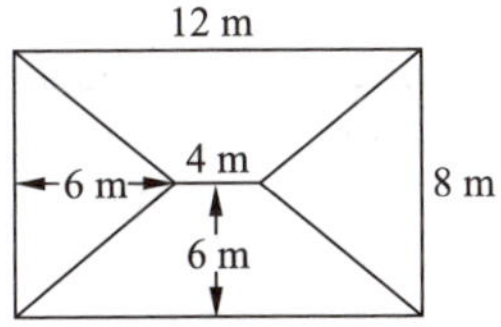

c) Das in der Skizze dargestellte Haus besitzt ein **Zeltdach (Pyramidendach)**.
Berechne mit den angegebenen Maßen den Flächeninhalt der Dachfläche.

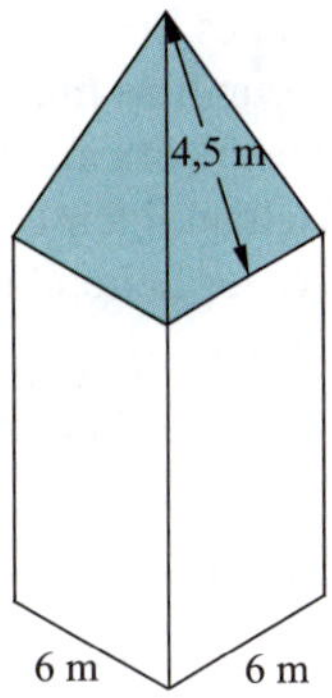

✷ **126.** Die Skizze zeigt einen Treppenkörper mit einem Loch aus Beton.
Bestimme die Masse (das Gewicht), wenn 1 cm^3 Beton 2,3 g wiegt.

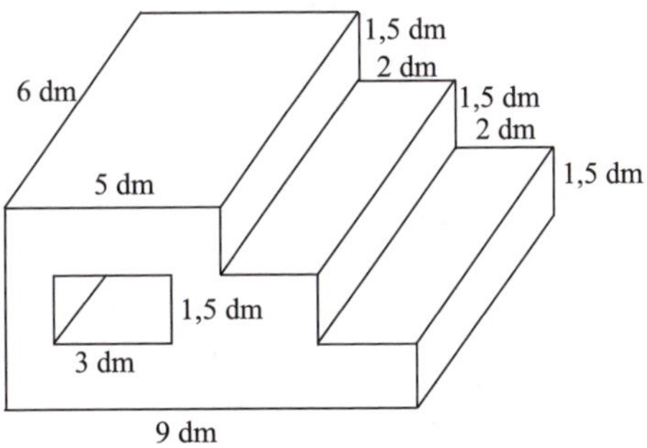

✷ **127.** Ein Formkörper aus Aluminium hat die nebenstehende Form, wobei die Maße in cm angegeben sind.
Bestimme seine Masse (sein Gewicht), wenn 1 cm^3 Aluminium 2,7 g wiegt.

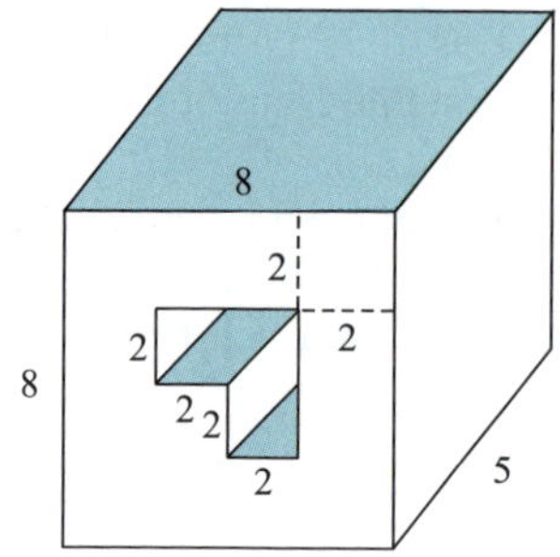

✷ **128.** Aus einer Abituraufgabe des Leistungskurses Mathematik 2003 in Bayern (verändert auf die Anforderungen der 6. Klasse):
Das abgebildete Zelt – geometrisch betrachtet ein gerades Prisma – hat einen rechteckigen Grundriss mit den Seitenlängen $\frac{3}{2}$a und a sowie einem aufgesetzten gleichschenkligen Dreieck mit der Höhe a und der Seitenlänge $\frac{5}{4}$a.

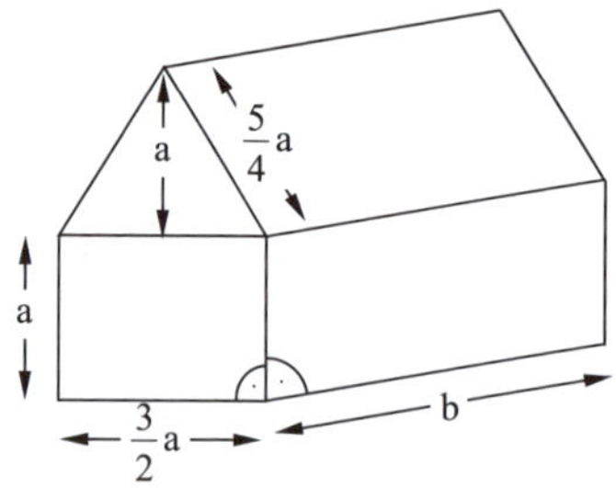

a) Zeige durch Berechnung, dass für den Rauminhalt V des Zelts und für den Flächeninhalt S der benötigten Zeltplane (ohne Boden und Laschen, das Zelt ist vollständig geschlossen) gilt:

$$V = \frac{9}{4} \cdot a^2 \cdot b; \quad S = \frac{9}{2} \cdot a^2 + \frac{9}{2} \cdot a \cdot b.$$

b) Zeige, dass durch die Wahl von a = 3 m und b = 6 m die Maßzahlen von V und S gleich sind.

8.3 Genauigkeit von Messungen

Weicht eine Zahlenangabe von einem genauen Wert nach oben oder nach unten ab, so heißt dieser Wert **Näherungswert**. Der Näherungswert ist umso besser, je kleiner der Betrag der Abweichung ist. Näherungswerte entstehen beim **Runden** oder beim **Messen**.

Herr Meister zeichnet einen Plan des Zimmers seines Sohnes Franz. Dazu misst er die Breite des Regals in dessen Zimmer. Er schreibt diese mit 2,4 m auf.
Vom Runden her wissen wir, dass die tatsächliche Breite b zwischen 2,35 m und 2,45 m liegt, d. h. es gilt: $2{,}35\ \text{m} \leq b < 2{,}45\ \text{m}$. Der größtmögliche Fehler beträgt also $0{,}05\ \text{m} = 5\ \text{cm}$.
Neben dem Regal steht noch ein Schrank. Er misst die Breite und schreibt $b' = 0{,}8$ m in den Plan, d. h. es gilt: $0{,}75\text{m} \leq b' < 0{,}85$ m.
Addiert man diese Breiten, so ergeben sich als kleinste Breite b_1 bzw. als größte Breite b_2: $b_1 = 2{,}35\ \text{m} + 0{,}75\ \text{m} = \mathbf{3{,}10\ m}$; $b_2 = 2{,}45\ \text{m} + 0{,}85\ \text{m} = \mathbf{3{,}30\ m}$.
Da die gemessenen Werte als Summe $b + b' = \mathbf{3{,}20\ m}$ ergeben, ist der größtmögliche Fehler, die Summe der größtmöglichen Fehler der einzelnen Längen, d. h. $\mathbf{0{,}1\ m = 0{,}05\ m + 0{,}05\ m}$.

> Werden Messwerte als gerundete Dezimalbrüche addiert (subtrahiert), dann ist der Fehler ihrer Summe (Differenz) höchstens gleich der Summe der Fehler der einzelnen Größen.
> Wenn die Messwerte (Dezimalbrüche) unterschiedliche Genauigkeit besitzen, dann wird der Wert der Summe (Differenz) auf die Stellenzahl des ungenauesten Messwerts gerundet.

Beispiele

Die angegebenen Größen sind Messwerte. Berechne den Termwert und gib den größtmöglichen Fehler an bzw. runde sinnvoll.

1. $6{,}43\ \text{m}^2 + 7{,}88\ \text{m}^2 = \mathbf{14{,}31\ m^2}$
   Größtmöglicher Fehler:
   $0{,}005\ \text{m}^2 + 0{,}005\ \text{m}^2 = 0{,}01\ \text{m}^2 = \mathbf{1\ dm^2}$
2. $18{,}493\ \text{kg} - 6{,}182\ \text{kg} = \mathbf{12{,}311\ kg}$
   Größtmöglicher Fehler:
   $0{,}0005\ \text{kg} + 0{,}0005\ \text{kg} = 0{,}001\ \text{kg} = \mathbf{1\ g}$
3. $6{,}375\ \text{km} - 0{,}12\ \text{km} - 2\ \text{km} = 4{,}255\ \text{km} \approx \mathbf{4\ kg}$
   Es wird auf km gerundet, da die ungenaueste Angabe „km“ sind.

Wenn man Messwerte z. B. zur Berechnung von Flächen- oder Rauminhalten multiplizieren muss, geht man wie folgt vor:

> Multipliziert (Dividiert) man Messwerte als gerundete Dezimalbrüche, dann wird das Ergebnis auf so viele (geltende) Ziffern gerundet, wie sie die Zahl mit der kleinsten Anzahl von (geltenden) Ziffern hat.

Beispiele

1. Die Angaben 418 cm^3, 0,418 dm^3 und 0,000418 m^3 haben die gleiche Genauigkeit. Sie besitzen die gleiche Anzahl geltender Ziffern, nämlich drei.
2. Berechne das Produkt der gerundeten Zahlen und runde das Ergebnis sinnvoll.
   a) $12{,}4 \cdot 0{,}0815 = 1{,}0106 \approx$ **1,01**, weil beide Faktoren drei geltende Ziffern besitzen.
   b) $0{,}0205 \cdot 0{,}018 = 0{,}000369 \approx$ **0,00037**, weil der Faktor 0,018 zwei geltende Ziffern besitzt.
3. Die Länge a und die Breite b eines Zimmers werden zu $a = 4{,}2$ m und $b = 3{,}08$ m gemessen. Wie groß ist die Fläche des Zimmers?

   Lösung:
   $A = a \cdot b = 4{,}2 \cdot 3{,}08\ m^2 = 12{,}936\ m^2 \approx$ **13 m²**, weil $a = 4{,}2$ m zwei geltende Ziffern besitzt.

Aufgaben

129. Wodurch unterscheiden sich die Messergebnisse 2,4 m und 2,40 m?

130. Berechne den Termwert und gib den größtmöglichen Fehler an, wenn es sich bei den Größen um Messwerte handelt.

a) $16{,}25\ \ell - 3{,}48\ \ell =$

b) $3{,}418\ m^3 - 2{,}957\ m^3 =$

c) $19{,}24\ m + 16{,}38\ m + 1{,}44\ m =$

d) $19{,}814\ kg + 3{,}444\ kg - 17{,}535\ kg =$

131. Frieder entnimmt der Beschreibung einer Wanderung für die einzelnen Wegstrecken die folgenden Messwerte: 1,3 km; 5 km; 2,1 km; 3,4 km. Wie lang ist die gesamte Wanderstrecke?

132. Berechne die Termwerte aus gerundeten Zahlen und gib das Ergebnis mit sinnvoller Genauigkeit an.

a) $0{,}0048 \cdot 6{,}42 =$

b) $0{,}64 : 16{,}64 =$

c) $(8{,}4 \cdot 4{,}2) : 2{,}25 =$

d) $(1{,}2^2 : 0{,}84) \cdot 4{,}222 =$

133. Die Eltern von Stefan wollen ein Haus bauen. Deshalb haben sie ein rechteckiges Grundstück erworben. Der Vater von Stefan misst eine Länge $a = 31{,}8$ m und eine Breite von 16,25 m.
Wie groß ist das Grundstück?

134. Bei einem Steinquader werden die Länge $a = 1{,}2$ m, die Breite $b = 65$ cm und die Höhe $c = 24$ cm gemessen.
Wie viel wiegt dieser Quader, wenn 1 cm^3 Stein 2,5 g wiegt?

Rechnen mit rationalen Zahlen

Auch um Musiknoten lesen zu können, muss man das Bruchrechnen beherrschen. In dieser Sonate ist z. B. ein $\frac{9}{8}$-Takt gegeben. Die erste Stimme hat den ganzen ersten Takt Pause und im zweiten Takt muss sie bis 6 zählen, bevor sie zum Einsatz kommt. Denn zu Beginn des zweiten Taktes sind zwei Pausen gegeben. Der Punkt hinter der Viertel-Pause verlängert diese um den halben Wert. Wir haben also zwei Pausen zu je $\frac{1}{4} + \frac{1}{2} \cdot \frac{1}{4} = \frac{2}{8} + \frac{1}{8} = \frac{3}{8}$.
Man könnte es auch so formulieren: Die Spieldauer der ersten Stimme im zweiten Takt wurde durch die Pausen um $-\frac{6}{8}$ der $\frac{9}{8}$ des Taktes verkürzt.

9 Rechenregeln und Berechnungen

9.1 Größenvergleich rationaler Zahlen

Wählt man zwei beliebige rationale Zahlen a, b auf der Zahlengeraden, so gilt:

Von zwei rationalen Zahlen a und b nennen wir diejenige größer (kleiner), die auf der Zahlengeraden weiter rechts (links) liegt.
b liegt rechts von a: $\mathbf{b > a}$ oder $\mathbf{a < b}$:

Beispiele

1. $-2{,}5 < 1{,}5$
2. $-4{,}5 > -5{,}8$
3. $2\frac{1}{2} < 3\frac{3}{8}$

Die Zahlen $-2\frac{1}{2}$ und $+2\frac{1}{2}$ haben von der Zahl 0 die gleiche Entfernung. Interessiert nur der Abstand einer Zahl von der Zahl 0, so spricht man vom Betrag dieser Zahl, d. h. $-2\frac{1}{2}$ und $+2\frac{1}{2}$, $-1{,}28$ und $+1{,}28$, …, $-a$ und $+a$ haben jeweils den gleichen Betrag.
Für den **Betrag** einer rationalen Zahl a schreibt man $\mathbf{|a|}$ (gelesen: **Betrag von a**).
Gegenzahlen haben den gleichen Betrag:

Beispiele

1. $|-6{,}18| = \mathbf{6{,}18}$
2. $|+3{,}405| = \mathbf{3{,}405}$
3. $|a| = \begin{cases} \mathbf{a} & \text{falls } a \geq 0 \\ \mathbf{-a} & \text{falls } a < 0, \end{cases}$

   d. h. der Betrag einer rationalen Zahl ist die Zahl selbst, wenn sie nicht negativ ist ($a \geq 0$). Der Betrag einer rationalen Zahl $a < 0$, d. h. einer negativen Zahl, ist ihre positive Gegenzahl $-a$.
4. $|a| = 9{,}2 \;\Rightarrow\; x = 9{,}2 \text{ oder } x = -9{,}2 \;\Rightarrow\; \mathbf{L = \{9{,}2; -9{,}2\}}$
5. $|a| < 3 \;\Rightarrow\; \mathbf{L = \{x \in \mathbb{Q} \mid -3 < x < 3\}}$

Aufgaben

135. Ordne der Größe nach in einer steigenden Ungleichungskette:

a) $\frac{5}{8}; -\frac{1}{2}; -\frac{3}{8}; -\frac{2}{5}; \frac{3}{5}; \frac{3}{8}$

b) $-2{,}3; -2\frac{2}{5}; -2\frac{7}{20}; -2\frac{1}{3}; -2\frac{3}{8}$

136. Bestimme jeweils den Betrag der Zahl:

a) $-6\frac{1}{4}$

b) 2,53

c) $a \wedge a \in \mathbb{Q}^+$

d) $a \wedge a \in \mathbb{Q}^-$

137. Welche Zahl liegt auf der Zahlengeraden in der Mitte zwischen den Zahlen

a) $-5\frac{1}{2}$ und 3,2

b) $-6{,}4$ und $1\frac{1}{10}$

9.2 Addition und Subtraktion

Addition

Da die Menge $\mathbb{Z}$ der ganzen Zahlen in der Menge $\mathbb{Q}$ der rationalen Zahlen enthalten ist, müssen nach dem **Permanenzprinzip** alle Rechenregeln aus der Menge $\mathbb{Z}$ auch in der Menge $\mathbb{Q}$ gelten. Folglich gilt für die **Addition**:

Für alle Zahlen $a, b \in \mathbb{Q}$ gilt:

- Bei **gleichen Vorzeichen** werden die Beträge addiert und die Summe erhält das gemeinsames Vorzeichen:
  $(+a)+(+b)=+(a+b)$
  $(-a)+(-b)=-(a+b)$
- Bei **verschiedenen Vorzeichen** subtrahiert man den kleineren Betrag vom größeren und gibt der Differenz das Vorzeichen der Zahl mit dem größeren Betrag:
  $(-a)+(+b)=-(a-b)$, falls $|a|>|b|$
  $(-a)+(+b)=+(b-a)$, falls $|a|<|b|$
  $(+a)+(-b)=-(b-a)$, falls $|a|<|b|$
  $(+a)+(-b)=+(a-b)$, falls $|a|>|b|$

Anmerkungen:

1. Ein Rechenzeichen und ein Vorzeichen werden immer durch eine Klammer getrennt.
2. Pluszeichen lässt man üblicherweise weg, d.h. es gilt: $+2{,}5 = 2{,}5$. Ferner lässt man zu Beginn einer Aufgabe die Klammern um eine Zahl weg. Beispielsweise schreibt man: $(+2{,}5) + (-1{,}8) = 2{,}5 + (-1{,}8) = 2{,}5 - 1{,}8 = 0{,}7$.
3. Vorzeichen und Rechenzeichen können durch ein Zeichen ersetzt werden. Es gilt:
   $+ + = +$
   $+ - = -$
   $- + = -$
   $- - = +$

Beispiele

1. $(+5{,}5) + (-6{,}8) = -\,(6{,}8 - 5{,}5) = \mathbf{-1{,}3}$
2. $\left(-2\frac{1}{2}\right) + \left(10\frac{1}{4}\right) = +\left(10\frac{1}{4} - 2\frac{1}{2}\right) = +7\frac{3}{4} = \mathbf{7\frac{3}{4}}$
3. $(-1{,}5) + (-6{,}5) = -(1{,}5 + 6{,}5) = \mathbf{-8}$
4. $(+6{,}8) + 4{,}9 = +(6{,}8 + 4{,}9) = +11{,}7 = \mathbf{11{,}7}$

Subtraktion

Die Subtraktion einer Zahl ist dasselbe wie die **Addition ihrer Gegenzahl.**
$a - b = a + (-b) = +(a - b)$, falls $|a| > |b|$
$a - b = a + (-b) = -(b - a)$, falls $|a| < |b|$

Beispiele

1. $\left(+2\frac{1}{2}\right) - \left(+1\frac{1}{4}\right) = 2\frac{1}{2} + \left(-1\frac{1}{4}\right) = +1\frac{1}{4} = \mathbf{1\frac{1}{4}}$
2. $(+8{,}4) - (-2{,}3) = (+8{,}4) + (+2{,}3) = +10{,}7 = \mathbf{10{,}7}$
3. $(-5{,}5) - (+2{,}4) = (-5{,}5) + (-2{,}4) = \mathbf{-7{,}9}$
4. $(-6{,}3) - (-5{,}9) = (-6{,}3) + (+5{,}9) = \mathbf{-0{,}4}$

Aufgaben

138. Berechne:

a) $(+16{,}5)+(-11{,}3)=$

b) $\left(+3\frac{1}{2}\right)+\left(+11\frac{1}{3}\right)=$

c) $(-102{,}5)+(+81{,}4)=$

d) $\left(-33\frac{1}{3}\right)+\left(+33\frac{1}{3}\right)=$

e) $(-66{,}9)+(-55{,}5)=$

f) $\left(-27\frac{1}{6}\right)+\left(+21\frac{1}{8}\right)=$

139. Berechne:

a) $-22{,}5+(-16{,}4)=$

b) $-52\frac{1}{2}-100\frac{1}{4}=$

c) $-38{,}4+38{,}4=$

d) $42\frac{1}{6}-\left(-36\frac{1}{3}\right)=$

e) $66{,}9-74{,}5=$

f) $28\frac{3}{5}-28\frac{3}{4}=$

9.3 Multiplikation und Division

Multiplikation

Wegen der Gültigkeit des Permanenzprinzips erhält man in der Menge $\mathbb{Q}$ der rationalen Zahlen für die Multiplikation:

- Bei gleichen Vorzeichen der Faktoren multiplizieren wir die Beträge und geben dem Produkt das positive Vorzeichen: $(+)\cdot(+)=+$; $(-)\cdot(-)=+$
- Bei verschiedenen Vorzeichen der Faktoren multiplizieren wir die Beträge und geben dem Produkt das negative Vorzeichen: $(+)\cdot(-)=-$; $(-)\cdot(+)=-$
- Der Wert eines Produktes ist null, wenn wenigstens ein Faktor den Wert null besitzt.
- $(-1)\cdot a=-a$

Beispiele

1. $\left(-2\frac{1}{2}\right)\cdot(-4)=+10=\mathbf{10}$
2. $\left(-6\frac{2}{3}\right)\cdot\left(+2\frac{1}{2}\right)=-\frac{20\cdot 5}{3\cdot 2}=-\frac{50}{3}=\mathbf{-16\frac{2}{3}}$

3. $-10\frac{1}{8} \cdot 4\frac{1}{9} = -\frac{81 \cdot 37}{8 \cdot 9} = -\frac{333}{8} = \mathbf{-41\frac{5}{8}}$

4. $-5{,}5 \cdot 0 = \mathbf{0}$

Division

- Bei gleichen Vorzeichen dividieren wir die Beträge und geben dem Quotienten das positive Vorzeichen: **(+) : (+) = +; (–) : (–) = +**
- Bei verschiedenen Vorzeichen dividieren wir die Beträge und geben dem Quotienten das negative Vorzeichen: **(+) : (–) = –; (–) : (+) = –**
- **Die Division durch null ist nicht erlaubt.**

Beispiele

1. $(-20{,}4) : 2 = \mathbf{-10{,}2}$
2. $\left(+3\frac{3}{8}\right) : \left(-4\frac{1}{2}\right) = -\frac{27 \cdot 2}{8 \cdot 9} = \mathbf{-\frac{3}{4}}$
3. $(-44{,}676) : (-12{,}41) = +3{,}6 = \mathbf{3{,}6}$
4. $\left(-20\frac{16}{25}\right) : \left(+2\frac{2}{5}\right) = -\frac{516 \cdot 5}{25 \cdot 12} = -\frac{43}{5} = \mathbf{-8\frac{3}{5}}$

Aufgaben

140. Berechne:

a) $\left(+5\frac{1}{2}\right) \cdot (-6) =$

b) $(+4{,}3) \cdot (-2{,}1) =$

c) $(-3{,}2) \cdot (-2{,}4) \cdot (-1{,}6) =$

d) $(-4{,}5) \cdot 0 \cdot (+8{,}8) =$

e) $\left(-1\frac{1}{2}\right)^2 =$

f) $\left(-2\frac{1}{4}\right)^3 =$

140. Berechne:

a) $(+816{,}43) : (-1) =$

b) $0 : \left(-333\frac{1}{3}\right) =$

c) $\left(-20\frac{5}{16}\right) : \left(+3\frac{1}{8}\right) =$

d) $44{,}28 : (-8{,}2) =$

e) $(-254{,}2) : (-12{,}4) =$

f) $19\frac{5}{6} : \left(-8\frac{1}{2}\right) =$

9.4 Verbindung der vier Grundrechenarten

Folgende Gesetzmäßigkeiten gelten in der Menge $\mathbb{Q}$ der rationalen Zahlen:

- **Kommutativgesetze**
  $a+b=b+a$
  $a \cdot b=b \cdot a$
- **Assoziativgesetze**
  $(a+b)+c=a+(b+c)$
  $(a \cdot b) \cdot c=a \cdot (b \cdot c)$
- **Distributivgesetze**
  $a \cdot (b+c)=a \cdot b+a \cdot c$
  $a \cdot (b-c)=a \cdot b-a \cdot c$
  $(a+b):c=a:c+b:c, \quad c \neq 0$
  $(a-b):c=a:c-b:c, \quad c \neq 0$
- **Punkt-vor-Strich-Regel**
  Punktrechnungen werden vor Strichrechnungen ausgeführt.
- **Alle Rechenarten sind unbeschränkt ausführbar.**
  Alle Subtraktionen und alle Divisionen (Ausnahme: Die Division durch die Zahl 0 ist nicht erlaubt!) sind ausführbar, d. h. es können die folgenden Grundgleichungen gelöst werden:

$a+x=b \Rightarrow x=b-a$	$a \cdot x=b \Rightarrow x=b:a \ (a \neq 0)$
$x+a=b \Rightarrow x=b-a$	$x \cdot a=b \Rightarrow x=b:a \ (a \neq 0)$
$a-x=b \Rightarrow x=a-b$	$a:x=b \Rightarrow x=a:b \ (b \neq 0)$
$x-a=b \Rightarrow x=a+b$	$x:a=b \Rightarrow x=a \cdot b \ (a \neq 0)$

Beispiele

1. Bestimme die Werte des Terms $T(x)=(x^2-2):(x-1)$ für $x=1,2$ und $x=\frac{1}{2}$.

   Lösung:

   $T(1,2)=(1,2^2-2):(1,2-1)=-0,56:0,2=\mathbf{-2,8}$

   $$T\left(\frac{1}{2}\right)=\left(\left(\frac{1}{2}\right)^2-2\right):\left(\frac{1}{2}-1\right)=-\frac{7}{4}:\left(-\frac{1}{2}\right)=\frac{7}{2}=\mathbf{3\frac{1}{2}}$$

2. Berechne auf zwei Arten:

   $(1,68-0,72):(-1,2)=0,96:(-1,2)=\mathbf{-0,8}$

   $(1,68-0,72):(-1,2)=1,68:(-1,2)-0,72:(-1,2)=-1,4+0,6=\mathbf{-0,8}$

3. Berechne:
$$\left(\frac{5}{6}+\frac{3}{4}\right)-\left(1\frac{1}{4}+2\frac{2}{3}\right)=1\frac{7}{12}-3\frac{11}{12}=-\left(3\frac{11}{12}-1\frac{7}{12}\right)=-2\frac{4}{12}=-2\frac{1}{3}$$

4. Löse die Gleichung in G = $\mathbb{Q}$:
$$\begin{aligned}(12{,}4-19{,}6)\cdot x &= 1{,}44:0{,}4\\ -7{,}2\cdot x &= 3{,}6\\ x &= 3{,}6:(-7{,}2)\\ x &= -\frac{1}{2} \quad\Rightarrow\quad \mathbf{L}=\left\{-\frac{1}{2}\right\}\end{aligned}$$

5. Bestimme diejenige Zahl, deren Doppeltes um $\frac{1}{3}$ kleiner ist als die Zahl selbst.

Lösung:
$$\begin{aligned}2\cdot x &= x-\frac{1}{3}\\ x+x &= x-\frac{1}{3}\\ x &= -\frac{1}{3}\end{aligned}$$
Die gesuchte Zahl heißt $-\frac{1}{3}$.

Aufgaben

142. Gegeben ist der Term
$$T(x)=\frac{3x+15}{2x-5}.$$

a) Bestimme die Termwerte $T\left(-\frac{1}{2}\right)$ und T(–2,5).

b) Für welche Zahl x ergibt sich kein Ergebnis?

143. Berechne auf zwei verschiedene Arten:

a) $-\frac{3}{5}\cdot\left(\frac{5}{3}-\frac{13}{6}\right)=$

b) $\left(-\frac{1}{2}-\frac{1}{3}\right):\left(-\frac{1}{6}\right)=$

144. Berechne:

a) $\left(3-\frac{2}{5}\cdot\frac{1}{4}\right)\cdot\left(-3\frac{1}{3}\right)=$

b) $(0{,}8-2{,}8\cdot 0{,}75):(0{,}5-1{,}8)=$

c) $\left(-4:5-\frac{1}{2}\right):\left(1-\frac{1}{10}\right)=$

d) $\left(\frac{1}{2}-\frac{1}{3}\cdot\frac{5}{2}\right)\cdot\left(2-\frac{4}{5}:\frac{1}{10}\right)=$

e) $\frac{3}{4}\cdot 1\frac{1}{3}-2\frac{1}{6}\cdot 1\frac{1}{2}=$

f) $(3{,}875-1{,}5\cdot 6{,}75):(-0{,}5)=$

145. Bestimme $x \in \mathbb{Q}$:

a) $\frac{3}{2} \cdot x = -4\frac{1}{2} \cdot \frac{1}{3}$

b) $\frac{2}{3} - \frac{5}{2} \cdot x = -\frac{4}{9}$

c) $\frac{1}{5} \cdot x + \frac{4}{5} > -\frac{1}{6}$

d) $-\frac{4}{5} \cdot x = \frac{3}{10} : \left(-\frac{6}{5}\right)$

e) $4 - \frac{1}{3} \cdot x < 6\frac{1}{2}$

f) $\frac{1}{5} \cdot x - \frac{4}{3} > 0$

146. Stelle einen Term auf und berechne:

a) Addiere $-\frac{3}{2}$ zum Produkt aus $\frac{5}{4}$ und der Gegenzahl von $\frac{4}{3}$.

b) Dividiere die Summe der Zahlen $-\frac{3}{4}$ und $3\frac{1}{2}$ durch die Differenz derselben Zahlen.

c) Subtrahiere von der Differenz der Zahlen $8\frac{1}{4}$ und $3\frac{1}{11}$ das Produkt dieser Zahlen.

d) Multipliziere die Summe der Zahlen $4\frac{1}{4}$ und $-13\frac{1}{2}$ mit der Differenz der Zahlen $2\frac{1}{8}$ und $4\frac{1}{2}$.

147. Löse mithilfe einer Gleichung.

a) Welche Zahl muss man von –78,86 subtrahieren, um –22,14 zu erhalten?

b) Wenn man eine Zahl um 26,35 vermindert, erhält man –12,45.
Wie heißt die Zahl?

c) Wenn man eine Zahl halbiert, dann wird sie um $\frac{1}{2}$ größer.
Wie heißt die Zahl?

d) Welche Zahl ist um 7 kleiner als ihre Gegenzahl?

148. Für drei rationale Zahlen a, b, c gilt: $a < b < c$.
Welche Anordnung ergibt sich für die Gegenzahlen?

149. Es gibt magische Quadrate, in denen die Produkte der Zahlen in jeder Zeile, Spalte oder Diagonale denselben Wert ergeben. Ergänze nach dieser Vorschrift das nebenstehende Quadrat.

4		1
	$-\frac{1}{2}$	
$\frac{1}{4}$		

→ Zur weiteren Übung kannst du nun Schulaufgabe 4 auf Seite 148 lösen.

Prozentrechnung und Diagramme

Prozentangaben findest du überall!

Wenn du im Supermarkt bist, kannst du sie auf Tetrapackungen von Säften oder Milch entdecken. Wichtig sind sie auch bei Angaben über den Tagesbedarf von Vitaminen oder bei Zinsen, die die Bank dir für dein erspartes Geld gibt. Für Autofahrer sind sie hilfreich, damit man sich darauf einstellen kann, wie steil es bergauf oder bergab geht.

10 Prozent- und Zinsrechnung

10.1 Der Prozentbegriff

Vergleiche (z. B. durch relative Häufigkeiten) sind oft nur dann möglich, wenn man sich auf dieselbe Vergleichszahl bezieht, d. h. als Brüche mit dem gleichen Nenner schreibt.

- Ist der Nenner **100**, so spricht man von **Prozent (%)**:

  $1\,\% = \frac{1}{100}$; $p\,\% = \frac{p}{100}$: gelesen: p Prozent
- Ist der Nenner **1 000**, so spricht man von **Promille (‰)**

  $1\,‰ = \frac{1}{1000}$; $p\,‰ = \frac{p}{1000}$: gelesen: p Promille

Beispiele

1. Gib als gekürzten Bruch und als Dezimalbruch an:

   a) $5\,\% = \frac{5}{100} = \mathbf{\frac{1}{20}} = \mathbf{0{,}05}$

   b) $38\,\% = \frac{38}{100} = \mathbf{\frac{19}{50}} = \mathbf{0{,}38}$

   c) $33\frac{1}{3}\,\% = \frac{\frac{100}{3}}{100} = \mathbf{\frac{1}{3}} = \mathbf{0{,}\overline{3}}$

   d) $12\frac{1}{2}\,\% = \frac{\frac{25}{2}}{100} = \mathbf{\frac{1}{8}} = \mathbf{0{,}125}$

   e) $50\,\% = \frac{50}{100} = \mathbf{\frac{1}{2}} = \mathbf{0{,}5}$

   f) $2\,‰ = \frac{2}{1000} = \mathbf{\frac{1}{500}} = \mathbf{0{,}002}$

   g) $10\,‰ = \frac{10}{1000} = \frac{1}{100} = \mathbf{0{,}01} = \mathbf{1\,\%}$

   h) $1\frac{2}{3}\,‰ = \frac{\frac{5}{3}}{1000} = \mathbf{\frac{1}{600}} = \mathbf{0{,}001\overline{6}}$

2. Verwandle in Prozent:

a) $\frac{7}{20} = \frac{35}{100} =$ **35 %**

b) $\frac{2}{3} = \frac{66\frac{2}{3}}{100} =$ **$66\frac{2}{3}$ %**

c) $\frac{2}{3} = 2:3 = 0,\bar{6} \approx$ **66,67 %**

d) $\frac{3}{8} = 3:8 = 0,375 \approx$ **37,5 %**

3. Vergleiche:
In einem Lostopf 1 befinden sich unter 120 Losen noch 24 Gewinnlose, in einem Lostopf 2 unter 200 Losen noch 38 Gewinnlose.
Welcher Lostopf ist günstiger für einen Gewinn?

Lösung:

Lostopf 1: $\frac{24}{120} = \frac{1}{5} = \frac{20}{100} =$ **20 %** Gewinnlose

Lostopf 2: $\frac{38}{200} = \frac{19}{100} =$ **19 %** Gewinnlose

Lostopf 1 ist günstiger.

ufgaben

150. Gib in Prozent (Promille) bzw. als Bruchteil an.

a) $\frac{4}{25} =$ %

b) $\frac{1}{400} =$ %

c) $\frac{6}{125} =$ ‰

d) $\frac{3}{16} =$ ‰

e) $41\frac{2}{3}$ % =

f) 6,25 % =

151. Berechne den Prozentwert.

a) 14 % von 280 € =

b) $\frac{1}{2}$ % von 88 t =

c) 120 % von 16 km =

d) 73 % von 46 h =

152. Wie viel % des ursprünglichen Grundwertes sind:

a) 20 % von 50 % =

b) 50 % von 5 % =

c) 20 % von 20 % =

d) 40 % von 160 % =

10.2 Prozentrechnung

Das Rechnen mit Brüchen wird jetzt auf die speziellen Brüche mit dem Nenner 100, d. h. auf Prozente übertragen. Es gilt daher:

- **Bezeichnungen**
  3 % von 400 € sind 12 €.
  3 % heißt der **Prozentsatz p %**.
  400 € heißt der **Grundwert G**. 12 € heißt der **Prozentwert W**.
- **Berechnung des Prozentwertes**
  Sind Grundwert G und Prozentsatz p % gegeben, so berechnet man den Prozentwert W als Bruchteil des Grundwertes:

  $$\mathbf{W = p\ \%\ von\ G = \frac{p}{100} \cdot G}$$

Beispiel

Ein MP3-CD-Player kostet 360 €.
Um wie viel mehr kostet er nach 7 %iger Preiserhöhung?

Lösung:

$$7\ \%\ \text{von}\ 360\ € = \frac{7}{100}\ \text{von}\ 360\ € = \frac{7}{100} \cdot 360\ € =$$

$$= \frac{7 \cdot 360}{100}\ € = \mathbf{25{,}20\ €}$$

Er kostet **25,20 €** mehr.

Aufgabe **153.** Laura will eine Rechnung über 1 280 € bezahlen. Sie erhält bei Barzahlung einen Preisnachlass von 3,5 %.
Welchen Betrag erspart sich Laura durch Barzahlung?

Berechnung des Prozentsatzes

Sind Grundwert G und Prozentwert W gegeben, so berechnet man den Prozentsatz p % als Bruchteil p des Prozentwertes vom Grundwert aus. Der Bruchteil wird als Prozentwert geschrieben, d. h. der Bruchteil wird mit 100 % multipliziert.

$$p\ \% = \frac{W}{G} \cdot 100\ \% \quad \left(p = \frac{W}{G}\right)$$

Beispiele

1. Auf einen Rechnungsbetrag von 300 € erhält man einen Rabatt von 12 €. Wie viel % beträgt der Nachlass?

   Lösung:

   $$p = \frac{12}{300} = \frac{4}{100} = 0{,}04 = \mathbf{4\ \%}$$

2. Wie viel % sind 3 kg von 14 kg?

   Lösung:

   $$p = \frac{3}{14} = 0{,}2142857... \approx \mathbf{21{,}43\ \%}$$

ufgaben

154. Wie viel % sind

a) 312,5 kg von 0,5 t

b) 60 cm von 0,9 m

c) 100 Cent von 1 €

d) 30 s von 5 min?

155. Die Belegschaft eines Betriebes besteht aus 36 Angestellten und 270 Arbeitern.
Welchen Prozentsatz machen die Angestellten innerhalb der Belegschaft aus?

156. Kai hat 25 € und Kathrin 15 €. Kai gibt Kathrin 5 € seines Geldes, sodass beide gleich viel besitzen.

a) Wie viel % seines Geldes hat Kai abgegeben?

b) Um wie viel % hat Kathrins Geld zugenommen?

Berechnung des Grundwertes

Sind Prozentsatz p % und Prozentwert W gegeben, so berechnet sich der Grundwert G (100 %) aus der Gleichung $\frac{p}{100} \cdot G = W$, d. h.

$$G = W : \frac{p}{100} = W \cdot \frac{100}{p}$$

Beispiel

4 % einer Strecke x sind 920 m.
Wie lang ist die Strecke?

Lösung:

$$\frac{4}{100} \cdot x = 920$$

$$x = 920 : \frac{4}{100} (= 920 : 0{,}04)$$

$$x = \frac{920 \cdot 100}{4} = \mathbf{23000}$$

Die Strecke beträgt **23 000 m = 23 km**.

Aufgaben

157. Eine Geldsumme wurde um 12 % erhöht. Jetzt sind dies 9 408 €. Wie hoch war die ursprüngliche Geldsumme?

158. Eine Gemüsehändlerin setzt den Preis für ein Kilogramm Kürbis um 5 % herunter. Es kostet jetzt 1,90 €. Wie viel kostete es vor der Preissenkung?

159. Herr und Frau Meyer mussten beim Kauf eines Grundstücks 7 % Grunderwerbssteuer an das Finanzamt zahlen. Das waren 1 232 €. Welchen Wert hat das Grundstück?

160. Messfehler

Bei Messungen können Fehler auftreten. Der absolute Fehler ist die Differenz zwischen dem gemessenen Wert und dem genauen Wert. Den relativen Fehler erhält man, wenn man den absoluten Fehler auf den genauen Wert (auf den Messwert) bezieht.
Julian wird bei einer rasanten Fahrt mit seiner Vespa von der Polizei mit $54\,\frac{\text{km}}{\text{h}}$ „geblitzt“. Der wahre Geschwindigkeitswert liegt bei $52\,\frac{\text{km}}{\text{h}}$.
Wie groß sind der absolute und der relative Fehler des Messgerätes der Polizei (1 D)?

161. Versicherung

Bei Versicherungen gibt die **Versicherungssumme** den Höchstbetrag an, der in einem Schadensfall erstattet wird. Der Jahresbeitrag, den man dafür bezahlen muss, heißt **Prämie**, die sich aus dem **Prämiensatz** (Angabe in % oder ‰) ergeben. Bei **Unterversicherung** erstattet das Versicherungsunternehmen nur den abgesicherten Anteil des Schadens.

a) Die Jahresprämie für eine Hausratsversicherung über 120 000 € beträgt 3,5 ‰.
Berechne die jährlich zu zahlende Versicherungsprämie.

b) Durch einen Brand wurden $\frac{2}{3}$ der Möbel einer Wohnung zerstört. Bei der Schadensermittlung durch die Hausratversicherung zeigte sich, dass eine Unterversicherung vorlag, sodass nur $\frac{6}{7}$ der Möbel durch die Versicherungssumme von 112 000 € abgesichert waren.
Welche Entschädigungssumme wurde von der Hausratsversicherung erstattet?

162. Mischungsaufgaben

a) Zum Herstellen eines Fruchtsaft-Cocktails werden 200 $m\ell$ Orangensaft (Fruchtgehalt 100 %) mit 300 $m\ell$ Kirschnektar (Fruchtgehalt 50 %) gemischt.
Wie viel Prozent Kirschfrucht enthält das Mischgetränk?

b) In einem Liter Fruchtsaftkonzentrat befindet sich 80 % Fruchtanteil. Laut Gebrauchsanweisung sollen noch vier Liter reines Wasser hinzugefügt werden.
Wie viel Prozent Fruchtanteil enthält das Getränk jetzt?

c) Eine Dose Kondensmilch enthält 200 g Milch mit einem Fettgehalt von 10 %.
Wie viel Gramm Wasser sind hinzu zu geben, um Milch mit 4 % Fettgehalt zu bekommen?

d) Für eine Quarkspeise vermischt Maximilian 250 g Sahnequark mit einem Fettanteil von 40 % mit 500 g Quark mit einem Fettanteil von 20 %.
Wie hoch ist der Prozentsatz des Fettanteils der Mischung?

163. Prozentuale Steigung

Wenn eine Straße [AC] eine Steigung von 10 % besitzt, dann hat sie auf 100 m waagrechte Strecke [AB] einen Höhenunterschied von 10 m überwunden (siehe Skizze).

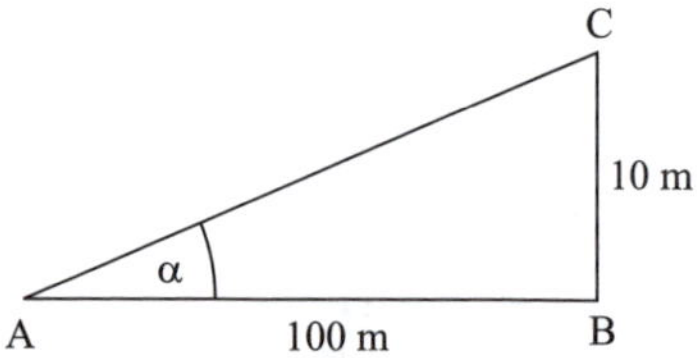

a) Bestimme durch Zeichnung den jeweiligen Neigungswinkel α für die Steigungen 10 %, 50 % sowie 100 % und überprüfe, ob der Neigungswinkel α und die Steigung in Prozenten in gleichem Maße zunehmen.

b) Wie groß ist die Steigung für einen Winkel $\alpha = 30°$?

164. Relative Häufigkeit und Prozentsatz

a) In einer Reparaturwerkstatt für Computer wird die Reparaturzeit in Zeiteinheiten abgerechnet. Geräte, die eine Reparaturzeit von mehr als fünf Zeiteinheiten benötigen, werden nicht mehr repariert. Bei den letzten 200 Reparaturen ergaben sich die folgenden Reparaturzeiten:

Zeiteinheiten	1	2	3	4	5
Anzahl der Geräte	86	68	25	16	5

Bestimme die relativen Häufigkeiten der Reparaturzeiten in Prozent.

b) In einem Büro werden die Zeiteinheiten pro Telefonanruf notiert. Bei den letzten 500 Gesprächen wurde die folgende Verteilung festgestellt:

Anzahl der Einheiten	1	2	3	4	5	6	mehr als 6
Anzahl der Gespräche	102	151	92	44	36	30	45

Bestimme die relativen Häufigkeiten für die Anzahl der Einheiten in Prozent.

10.3 Zinsrechnung

Zinsrechnung ist die Anwendung der Prozentrechnung in der Geldwirtschaft. Das Geld von dem die **Zinsen** berechnet werden, wird **Kapital** genannt. Der Prozentsatz heißt **Zinssatz**.

- **Zinsen nach einem Jahr:**

  Kapital · Zinssatz = Jahreszinsen

  $$K \cdot \frac{p}{100} = Z$$

- **Zinsen nach t Tagen:**

  $$\text{Kapital} \cdot \text{Zinssatz} \cdot \frac{\text{Anzahl der Tage}}{360\ \text{Tage}} = \text{Zinsen nach t Tagen}$$

  $$K \cdot \frac{p}{100} \cdot \frac{t}{360} = Z$$

Für ein Jahr werden 360 Tage, für einen Monat 30 Tage gerechnet.

Beispiele

1. Herr Krämer leiht von der Bank 48 000 € zu einem Zinssatz von 8,5 %. Wie hoch sind seine Schuldzinsen nach einem Jahr?

   Lösung:

   $$48000\,€ \cdot \frac{8,5}{100} = \frac{48000 \cdot 8,5}{100}\,€ = 480 \cdot 8,5\,€ = \mathbf{4080\,€}$$

   Nach einem Jahr muss er **4 080 €** an Zinsen zahlen.

2. Familie Reich hat auf ihrem Sparkonto 60 000 €.
   Welche Zinsen werden ihr bei einem Zinssatz von 4,5 % nach 75 Tagen gutgeschrieben?

   Lösung:

   $$60000\,€ \cdot \frac{4,5}{100} \cdot \frac{75}{360} = \frac{60000 \cdot 4,5 \cdot 75}{100 \cdot 360}\,€ = \frac{600 \cdot 1 \cdot 75}{1 \cdot 80}\,€ =$$
   $$= \frac{15 \cdot 75}{2}\,€ = \mathbf{562,50\,€}$$

   Nach 75 Tagen werden ihr **562,50 €** gutgeschrieben.

Aufgaben

165. Welchen Zins erbringen

a) 72 000 € bei 7 % in 50 Tagen,

b) 6 600 € bei 5 % in $3\frac{1}{2}$ Monaten,

c) 720 € bei $4\frac{1}{2}$ % in 15 Monaten?

166. Bei welchem Zinssatz bringen

a) 48 000 € in 30 Tagen 460 €,

b) 120 000 € in 135 Tagen 1 800 €,

c) 100 € in 240 Tagen 4 €?

167. In welcher Zeit bringen

a) 5 400 € bei 6 % einen Zins von 63 €,

b) 12 000 € bei 4,5 % einen Zins von 1 080 €,

c) 240 000 € bei 7,5 % einen Zins von 400 €?

168. Welches Kapital bringt

a) bei 6 % in 120 Tagen 320 € Zins,

b) bei 4,8 % in 5 Monaten 640 € Zins,

c) bei 9,6 % in 420 Tagen 3 500 € Zins?

169. Welches Kapital müsste man besitzen, um bei $4\frac{1}{2}$ %iger Verzinsung aus den Zinsen eine monatliche Einnahme von 450 € zu erhalten?

170. Rechne jeweils aus, suche den zum Ergebnis gehörenden Buchstaben und trage diesen in die Lösungszeile ein. Du erhältst als Ergebnis einen Begriff aus der Zinsrechnung.

a) Wie viel % sind 20 € von 25 €?

b) Um wie viel % verkleinert sich eine Zahl, wenn man sie halbiert?

c) Um wie viel % sind 2 m länger als 1 m?

d) Wie viel % sind 50 % von 20 %?

e) Wie viel % sind 10 ‰?

f) Ein Kapital steigt in drei Jahren durch jährliche Verzinsung auf das 1,331fache seines Wertes.
Zu welchem Prozentsatz war es angelegt?

g) Der Preis einer Ware sinkt von 360 € auf 288 €.
Auf wie viel Prozent des ursprünglichen Preises ist er gesunken?

h) Ein Kapital ist in Aktien angelegt und verdoppelt sich in zwei Jahren im Wert.
Zu wie viel % hätte es bei zweijähriger Verzinsung angelegt sein müssen?

i) Karl besitzt einen Geldbetrag. Oma schenkt ihm nochmals den gleichen Betrag.
Um wie viel % hat sein ursprünglicher Geldbetrag zugenommen?

j) Ein Kapital von 8 240 € steigt in einem halben Jahr durch Verzinsung auf 8 652 €.
Zu welchem Zinssatz war es angelegt?

Buchstabenauswahl:

1 %	50 %	100 %	10 %	80 %
E	I	N	S	Z

Lösungswort:

✸ 171. Zinseszins

Lässt man den Jahreszins am Ende eines Jahres auf dem Sparkonto, dann erhöht sich das Guthaben um diesen Betrag und bringt selbst wieder Zins. Deshalb spricht man von Zinseszins.
Bestimme den Betrag, auf den ein Guthaben von 1 000 € bei einem Zinssatz von 4 % durch Zinseszins nach 1, 2, 3 bzw. 4 Jahren angestiegen ist.

→ Zur weiteren Übung kannst du nun Schulaufgabe 5 auf Seite 149 lösen.

11 Zuordnungen und Diagramme

Eine **Zuordnung** zwischen zwei Größen oder zwei Zahlenmengen kann beschrieben werden durch eine **Zuordnungstabelle**, durch ein **Zuordnungsschaubild (Diagramm)** oder durch eine **Zuordnungsvorschrift**.
In jedem Falle werden **Paare** von Größen oder Zahlen gebildet.

Beispiele

1. Die Firma Freiland verkauft in Säcken abgefüllte Kartoffeln zu folgenden Preisen:

Gewicht in kg	3	10	25	50
Preis in €	3	9	20	35

Gib ein Zuordnungsschaubild an und errechne für jede Verpackung den Preis für 1 kg Kartoffeln.

Lösung:
Die Tabelle ordnet der Größe Gewicht in kg die Größe Preis in € zu. Dadurch entsteht die Paarmenge $\{(3|3), (10|9), (25|20), (50|35)\}$. Zeichnet man zwei zueinander parallele Zahlenstrahlen und verbindet die zusammengehörigen Punkte durch Pfeile, so entsteht als Schaubild ein **Pfeildiagramm**. Man kann aber auch die Punkte in ein **Gitternetz (Rechts-Hochwert-System)** eintragen.

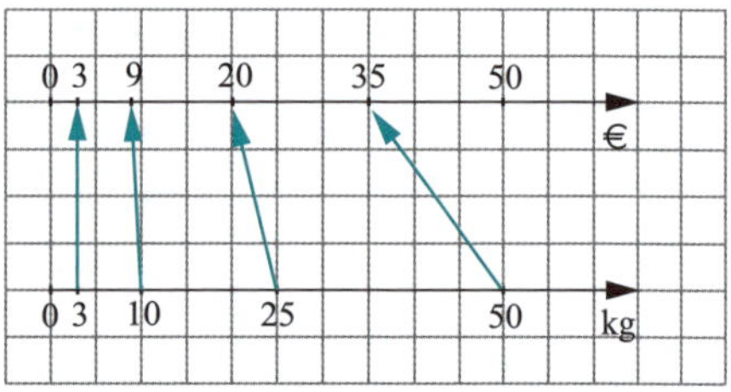

Preis für 1 kg: 1. Paar: 3 € : 3 = 1,00 €
2. Paar: 9 € : 10 = 0,90 €
3. Paar: 20 € : 25 = 0,80 €
4. Paar: 35 € : 50 = 0,70 €

2. Auf jede Zahl $x \in \{1; 3; 5; 6\}$ wird die Rechenoperation „+2“ angewendet. Beschreibe diese Zuordnung.

Zuordnungstabelle:

Zahl x	1	3	5	6
Zahl x + 2	3	5	7	8

Zuordnungsschaubild:

Pfeildiagramm

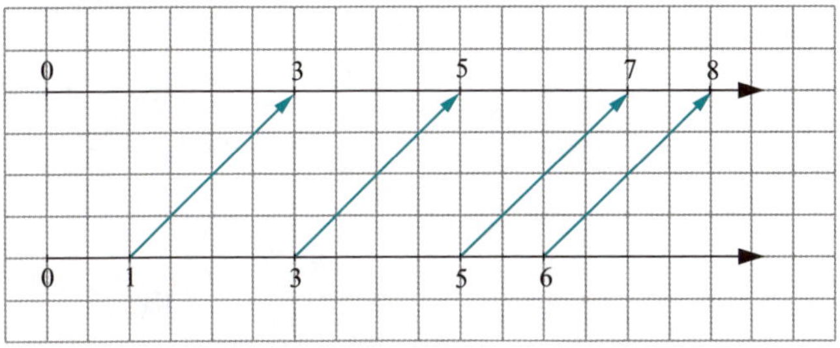

Rechts-Hochwert-System (Gitternetz; Koordinatensystem)

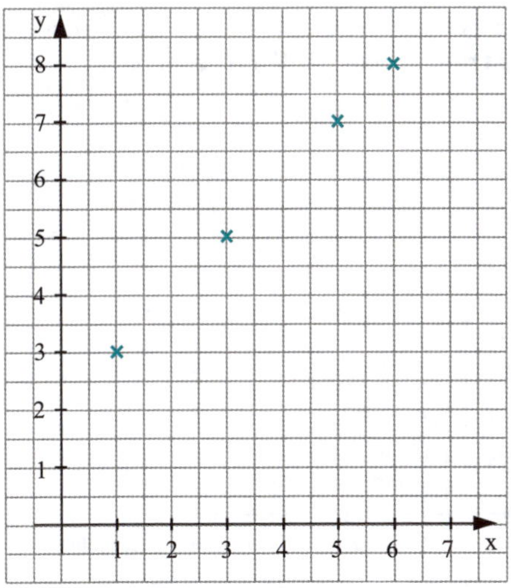

Zuordnungsvorschrift:

$x \mapsto x + 2$ mit $x \in \{1; 3; 5; 6\}$

Paarmenge:

$\{(1|3), (3|5), (5|7), (6|8)\}$

3. Bei einer Fahrt mit dem Taxi muss man einen Grundpreis von 3 € bezahlen. Für jeden gefahrenen Kilometer erhöht sich der Fahrpreis um 2 €.
Gib die Zuordnung „Anzahl der gefahrenen Kilometer $x \mapsto$ Fahrpreis" an und zeichne sie in ein Gitternetz.
Wie teuer kommt eine Fahrt von 8 km?

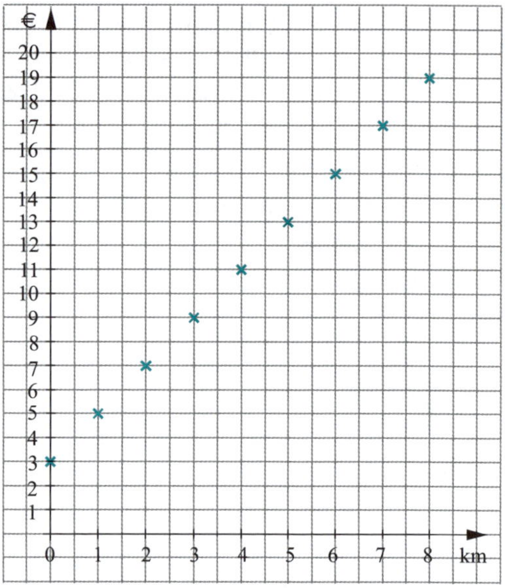

Lösung:
Zuordnung:
$x \mapsto 3 + 2 \cdot x$
Fahrt von 8 km:
Preis =
= 3 € + 2 € · 8 =
= 3 € + 16 € =
= **19 €**

4. Im folgenden Diagramm ist angegeben, mit welcher Häufigkeit (in %) die Schüler einer Klasse im letzten Monat ein Kino besuchten.

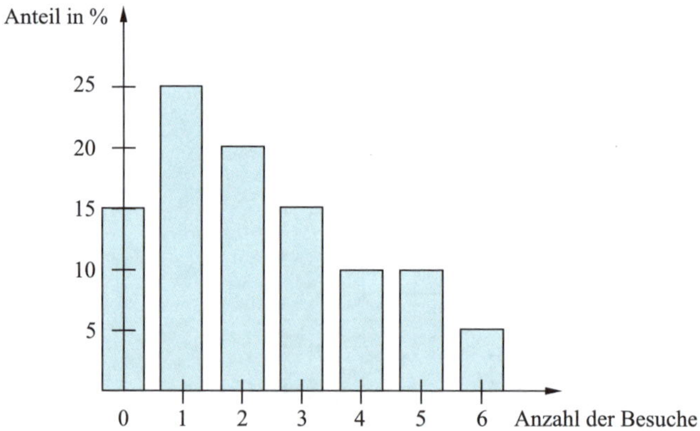

Entnimm eine tabellarische Verteilung der Besuche aus dem Diagramm.

Lösung:

Anzahl der Besuche	0	1	2	3	4	5	6
Häufigkeit in %	15	25	20	15	10	10	5

Aufgaben

172. Zeichne jeweils die Zuordnung als Pfeildiagramm und im Gitternetz.

a) $x \mapsto x+1$ $x \in \{0; 2; 4; 6\}$

b) $x \mapsto 2 \cdot x - 1$ $x \in \{-3; -1; 1; 3\}$

c) $x \mapsto 5 - x$ $x \in \{0; 1; 2; 3; 4; 5\}$

173. Die jeweilige Paarmenge wurde durch eine Zuordnung mit einer ganz bestimmten Zuordnungsvorschrift erzeugt.
Stelle die Paarmenge in einem Gitternetz dar und gib die Zuordnungsvorschrift an.

a) $\{(1|4), (2|5), (4|7), (6|9)\}$

b) $\{(1|8), (2|6), (3|4), (4|2), (5|0)\}$

174. Bei einer statistischen Untersuchung in einer Kleinstadt wurde die Anzahl der Zimmer pro Wohnung erfasst. Es ergab sich das folgende Diagramm:

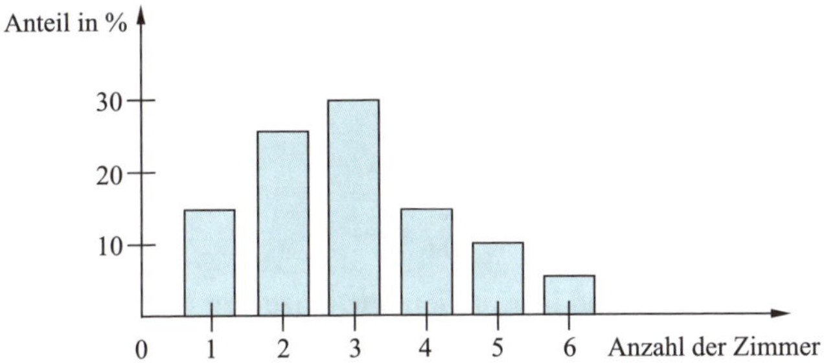

Wie groß ist der Prozentsatz der Wohnungen mit

a) vier Zimmern,

b) mehr als drei Zimmern,

c) höchstens zwei Zimmern?

175. Die folgenden Diagramme zeigen den Umsatz von Firmen in den letzten sechs Jahren in Millionen Euro.

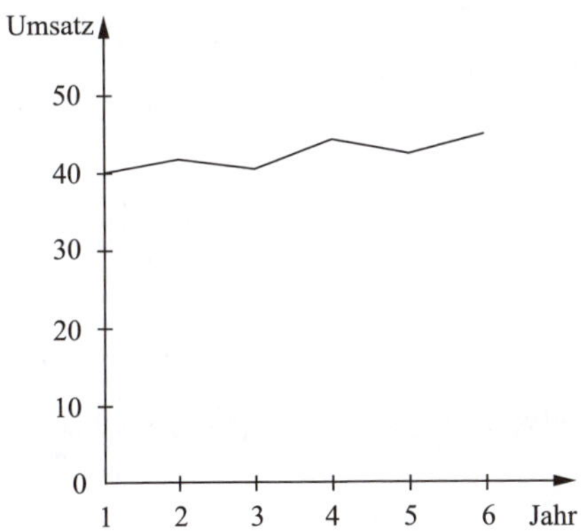

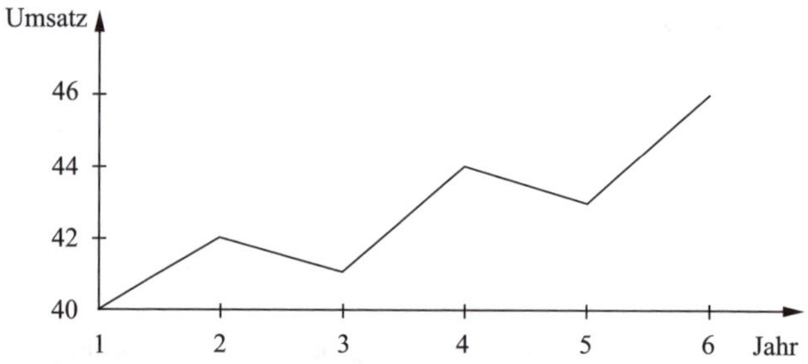

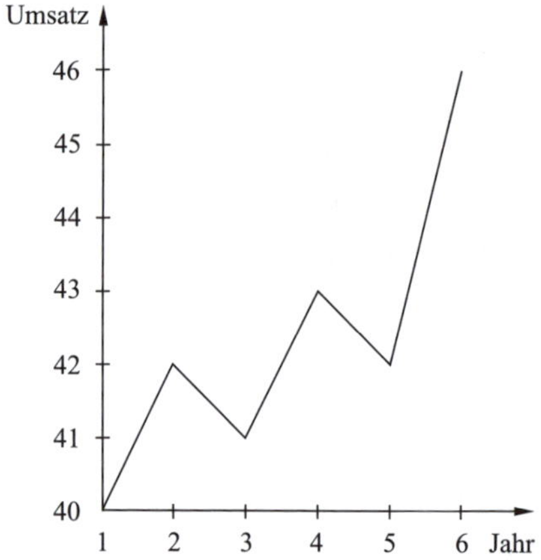

Vergleiche die Umsätze und interpretiere die einzelnen Darstellungen.

176. Die Säulendiagramme zeigen die Mitgliederentwicklung zweier Vereine in den letzten 6 Jahren, nachdem sie beide davor 500 Mitglieder besaßen.

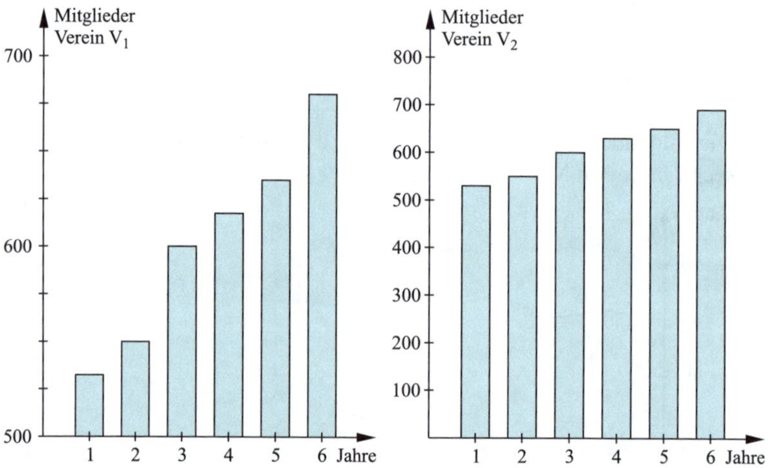

Bei welchem Verein ging die Entwicklung der Mitgliederzahlen „rasanter"?

177. a) Im folgenden Säulendiagramm sind die monatlichen Niederschläge für die Stadt Freising in mm dargestellt.

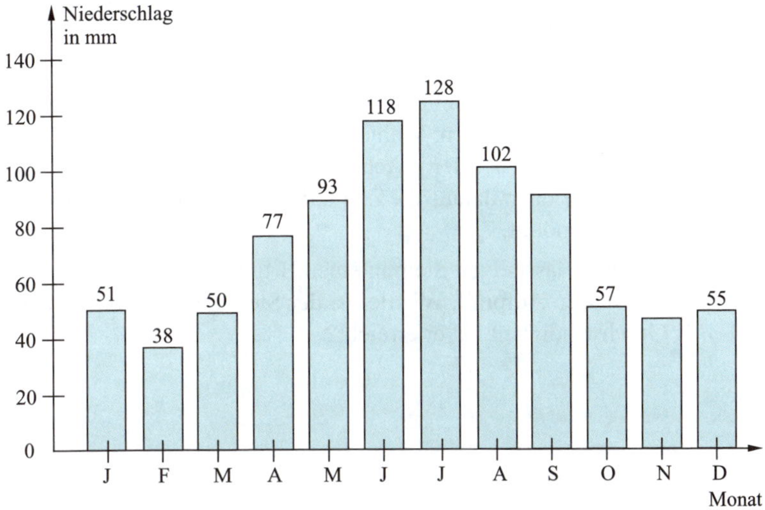

(1) Lies die fehlenden Niederschlagswerte ab und gib die Anzahl der Monate im Jahr an, in denen es weniger als 70 mm regnet.

(2) Bestimme die mittlere Niederschlagsmenge pro Monat auf zwei Dezimalen.

b) (1) Bei der Bürgermeisterwahl in einer Gemeinde siegte der Kandidat Amos mit $\frac{2}{3}$ der abgegebenen Stimmen.
Wie viel % betrug sein Stimmenanteil?

(2) Auf Kandidat Berthold entfielen 12,5 % der Stimmen.
Stelle seinen Anteil in einem Kreisdiagramm dar.

(3) Der Anteil von Clemens würde in dem Kreisdiagramm von Teilaufgabe (2) einen Ausschnitt mit 30° ergeben.
Wie viel % der Stimmen erhielt Clemens?

(4) Wie hoch war der prozentuale Anteil des Kandidaten Dermann und wie groß wäre der zugehörige Winkel im Kreisdiagramm, wenn er den Rest der abgegebenen Stimmen erhielt?

✷ 178. Freier Fall

Wenn ein Körper t Sekunden frei fällt, dann durchfällt er in dieser Zeit eine Strecke h in Metern, die näherungsweise nach der folgenden Formel berechnet werden kann:

$h = 5 \cdot t^2$

a) Stelle eine Wertetabelle für $t \in \{1, 2, \ldots, 10\}$ auf und zeichne den zugehörigen Graphen. Wähle dazu auf der x-Achse (Rechtsachse) 1 cm $\hat{=}$ 1 s und auf der y-Achse (Hochachse) 1 cm $\hat{=}$ 100 m. Bestimme dann daraus die Zeit t, die ein Körper zum Durchfallen von 100 m benötigt.

b) Friedrich lässt einen Stein in einen Brunnenschacht fallen. Nach 2,4 s hört er den Aufprall. Wie tief ist der Stein gefallen und welche mittlere Geschwindigkeit hat er erreicht?

Proportionalität und Schlussrechnungen

Matthias springt 3 m weit.

Wenn Anna, Simon und Pascal gleichzeitig springen, dann kommen sie $3 \cdot 3$ m = 9 m weit. Stimmt das so?
Wie das mit dem Dreisatz richtig „funktioniert“, erfährst du in diesem Kapitel.

12 Proportionalität

12.1 Direkte Proportionalität

Eine Zuordnung heißt **direkt proportional** oder eine **direkte Proportionalität**, wenn dem
2, 3, ..., k-fachen der einen Größe (Zahl) das
2, 3, ..., k-fachen der anderen Größe (Zahl) entspricht.
Statt des Begriffes „direkt proportional" verwendet man häufig **„proportional"**.

Beispiele

1. **Direkt** proportionale Größen sind:
   Lohn – Arbeitszeit (bei gleichem Stundenlohn)
   Volumen – Gewicht (bei gleichem Stoff)
   Weg – Zeit (bei gleicher Geschwindigkeit)
2. **Nicht direkt** proportional sind:
   Alter – Körpergröße
   Alter – Gewicht
   Geschwindigkeit – Zeit
   Autogröße – Autopreis

Die **Zuordnungsvorschrift** einer direkten Proportionalität hat die Form $\mathbf{x \mapsto m \cdot x}$ mit einer festen Zahl m. Die Zahl m heißt **Proportionalitätsfaktor**.
Das **Schaubild** einer direkten Proportionalität ist eine Menge von Punkten, die im Gitternetz auf einer Halbgeraden mit dem Nullpunkt als Anfangspunkt liegen.

Beispiel

1 kg Äpfel kostet 1,20 €. Was kosten 2 kg, 3 kg, 4 kg, 6 kg? Gib die Zuordnungsvorschrift und die Zuordnungstabelle an. Zeichne dann das Schaubild im Gitternetz.

Lösung:
Die Zuordnungsvorschrift lautet: $\mathbf{x \mapsto 1{,}2 \cdot x}$

Menge in kg	1	2	3	4	6
Preis in €	1,20	2,40	3,60	4,80	7,20

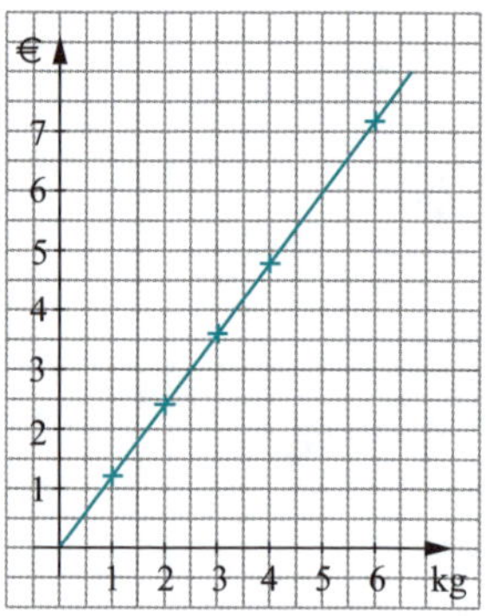

Aufgabe 179. Ein Flugzeug fliegt mit gleichbleibender Geschwindigkeit und legt dabei in zwei Stunden 900 km zurück.
Gib die Zuordnungsvorschrift der zugehörigen Proportionalität an und berechne den Weg, den das Flugzeug in 20 min bzw. 1 h 25 min zurücklegt.

Zwei Zahlenpaare $(x_1 | y_1)$ und $(x_2 | y_2)$ heißen **quotientengleich**, wenn $\frac{y_1}{x_1} = \frac{y_2}{x_2}$ gilt.

Die Zahlenpaare bei der **direkten Proportionalität** sind quotientengleich.
Der Quotient ist gleich dem Proportionalitätsfaktor m.
Folgerungen:
- Da eine Halbgerade durch den Nullpunkt und durch einen weiteren Punkt festgelegt ist, genügt für die Angabe einer Proportionalität bereits ein Zahlenpaar.
- Zahlenpaare gehören zu einer Proportionalität, wenn sie quotientengleich sind.

Beispiele

1. Bei einer Proportionalität gilt: $2 \mapsto 3$
   Gib die Zuordnungsvorschrift an und zeichne ein Schaubild im Gitternetz. Da alle Zahlenpaare quotientengleich sind, gilt $m = \frac{3}{2} = 1{,}5$.

   Lösung:
   Zuordnungsvorschrift: $\mathbf{x \mapsto 1{,}5 \cdot x}$

   Alle Zahlenpaare der direkten Proportionalität liegen auf dieser Halbgeraden.

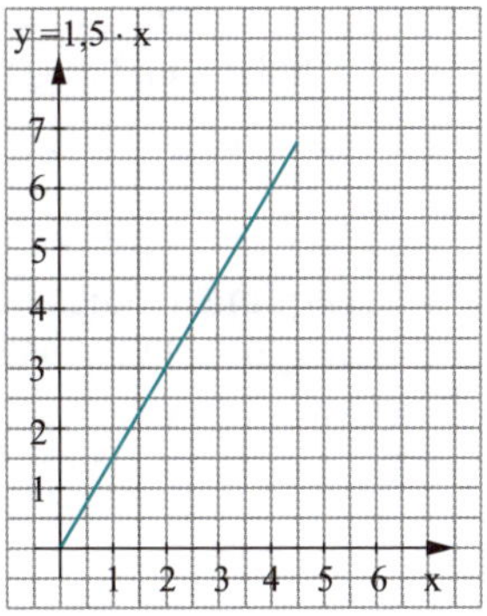

2. Überprüfe, ob die Zahlenpaare zu einer direkten Proportionalität gehören.
   a) (2 | 5) und (5 | 12,5)

   Lösung:

   Wegen $\frac{5}{2} = 2{,}5$ und $\frac{12{,}5}{5} = 2{,}5$ sind die Zahlenpaare quotientengleich, d. h. sie gehören zur Proportionalität mit der Zuordnung $\mathbf{x \mapsto 2{,}5 \cdot x}$.

   b) (5 | 3) und (6 | 4)

   Lösung:

   Wegen $\frac{3}{5} = 0{,}6$ und $\frac{4}{6} = \frac{2}{3} = 0{,}\overline{6}$ sind die Zahlenpaare **nicht** quotientengleich und gehören damit zu keiner Proportionalität.

3. Die drei Zahlenpaare (5 | 3), (a | 1) und (4 | b) gehören zu einer direkten Proportionalität.
   Bestimme die Werte a und b.

   Lösung:

   Aus dem 1. Zahlenpaar folgt: $m = \frac{3}{5}$, d. h. für die Zuordnung gilt:

   $\mathbf{x \mapsto \frac{3}{5} \cdot x}$.

   Damit gilt: $\frac{3}{5} \cdot a = 1 \Rightarrow a = \mathbf{\frac{5}{3}}$ $\qquad \frac{3}{5} \cdot 4 = b \Rightarrow b = \mathbf{\frac{12}{5}}$

Aufgaben

180. Die folgenden Paare gehören zu einer Proportionalität.
Bestimme die Werte a, b, c, d.

a) (2 | 12) und (a | 9) b) (8 | 2) und (12 | b)

c) (3 | 3) und (c | 7) d) (7,5 | d) und (4 | 2,4)

181. David experimentiert gerne. Er stellt einen Topf mit Eiswasser auf eine Kochplatte und misst zu folgenden Zeiten t die Temperatur T:

t in s	0	21	50	77	90
T in °C	0	6	14	22	26

Überprüfe, ob die angegebenen Wertepaare annähernd zu einer direkten Proportionalität gehören.

12.2 Schlussrechnungen zur direkten Proportionalität

Sind in einer Sachaufgabe zwei Größen direkt proportional, so erhält man die gesuchte Größe mithilfe des **Dreisatzes** oder **quotientengleicher Größenpaare**.

Beispiele

1. 12 kg Zucker kosten 8,40 €.
   Wie viel kosten 7 kg?

   Lösung:

   Dreisatz:

12 kg kosten 8,40 €	**Bedingungssatz**
1 kg kostet $8{,}40\ € : 12 = \frac{8{,}40}{12}\ €$	Schluss auf die **Einheit**
7 kg kosten $\frac{8{,}40}{12} \cdot 7\ € = 4{,}90\ €$	Schluss auf die **Mehrheit**

   Der Name Dreisatz kommt von den drei Sätzen „Bedingungssatz – Schluss auf die Einheit – Schluss auf die Mehrheit“, der Name Schlussrechnung daher, weil auf die Einheit bzw. auf die Mehrheit geschlossen wird.

   Quotientengleiche Größenpaare:

   $$\frac{8{,}40}{12} = \frac{x}{7} \Rightarrow x = \frac{8{,}40\ € \cdot 7}{12} = 4{,}90\ €$$

2. 12 kg Fleisch kosten 80 €.
   Wie viel kosten 18 kg Fleisch?

   Lösung:

   Dreisatz:

   12 kg kosten 80 €
   6 kg kosten 80 € : 2 = 40 €
   18 kg kosten 40 € · 3 = 120 €

   Beachte: Haben die Maßzahlen der Größen des Bedingungssatzes und des Fragesatzes einen gemeinsamen Teiler, so kann statt des Schlusses auf die Einheit auf diesen Teiler geschlossen werden.

   Quotientengleiche Größenpaare:

   $$\frac{80\ €}{12} = \frac{x}{18} \Rightarrow x = \frac{80\ € \cdot 18}{12} = \mathbf{120\ €}$$

Aufgaben

182. Eine Maschine fertigt 6 Formteile in einer Zeit von 39 Minuten.
Wie lange braucht sie für 22 Formteile?

183. Zwei Geschäftsleute A und B haben gemeinsam in ein lukratives Geschäft investiert, A um 6 000 € mehr als B. Bei der Gewinnausschüttung erhält A einen Gewinn von 5 670 € und B einen von 5 130 € ausbezahlt.
Wie groß sind die Kapitaleinlagen von A und B und wie hoch ist die zugehörige Verzinsung?

184. An die 16 gleich bezahlten Arbeiter auf einer Baustelle wurde für 28 Arbeitstage ein Bruttoarbeitslohn von 78 848 € gezahlt.
Wie hoch ist die Bruttolohnsumme der 18 ebenso bezahlten Arbeiter für 24 Arbeitstage auf einer anderen Baustelle?

185. In einer Wäscherei werden von 8 gleichen Waschmaschinen am Tag bei einer täglichen Betriebsdauer von 6 h 1968 kg Wäsche gewaschen.
Wie viele Kilogramm Wäsche können von 12 solchen Maschinen am Tag bei einer täglichen Betriebsdauer von 8 h gewaschen werden?

186. Ein Wasserbecken mit einem Inhalt von 588 $h\ell$ kann von 12 gleichartigen Pumpen in 7 h leer gepumpt werden.
Wie lange brauchen 5 solcher Pumpen für 210 $h\ell$?

12.3 Indirekte Proportionalität

Eine Zuordnung heißt **indirekt proportional** oder **indirekte Proportionalität**, wenn dem 2, 3, ..., k-fachen der einen Größe (Zahl) der 2, 3, ..., k-te Teil der anderen Größen entspricht.
Die indirekte Proportionalität heißt auch **umgekehrte Proportionalität**.

Beispiel

Indirekt proportionale Größen sind:

Zeit	–	Geschwindigkeit	(bei gleichem Weg)
Anzahl der Arbeiter	–	Dauer der Arbeit	(bei gleicher Arbeit)
Länge	–	Breite des Rechtecks	(bei gleichem Flächeninhalt)
Abfüllmenge	–	Anzahl der Portionen	(bei gleicher Gesamtmenge)

Die **Zuordnungsvorschrift** einer indirekten Proportionalität hat die Form $x \mapsto \frac{a}{x}$ mit einer festen Zahl a.

Das **Schaubild** einer indirekten Proportionalität ist eine Menge von Punkten, die im Gitternetz auf einer **Hyperbel** liegen.

Beispiel

Gegeben ist die Zuordnung $x \mapsto \frac{4}{x}$.

Gib die Zuordnungstabelle für $x \in \{1; 2; 3; 4; 5; 6\}$ an und zeichne das Schaubild.

Lösung:

Zuordnungstabelle:

x	1	2	3	4	5	6
$\frac{4}{x}$	4	2	$\frac{4}{3}$	1	$\frac{4}{5}$	$\frac{2}{3}$

Schaubild im Gitternetz:

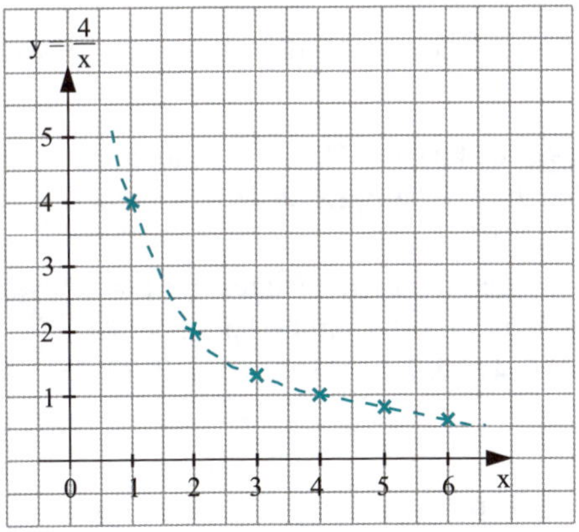

Zwei Zahlenpaare $(x_1 | y_1)$ und $(x_2 | y_2)$ heißen **produktgleich**, wenn $x_1 \cdot y_1 = x_2 \cdot y_2$ gilt. Die Zahlenpaare bei der indirekten Proportionalität sind produktgleich. Der Produktwert ist die Zahl a in der Vorschrift $\mathbf{x} \mapsto \frac{a}{x}$.
Folgerung: Eine indirekte Proportionalität ist bereits bekannt, wenn der Wert a bekannt ist.

Beispiele

1. Bei einer indirekten Proportionalität gilt: $2 \mapsto 3$.
   Bestimme die Zuordnungsvorschrift und zeichne ein Schaubild im Gitternetz.
   Lösung:
   Alle Zahlenpaare sind produktgleich d. h. $a = 2 \cdot 3 = 6$.
   Zuordnungsvorschrift: $x \mapsto \frac{6}{x}$.
   Alle Zahlenpaare der indirekten Proportionalität liegen auf der nebenstehenden Hyperbel.

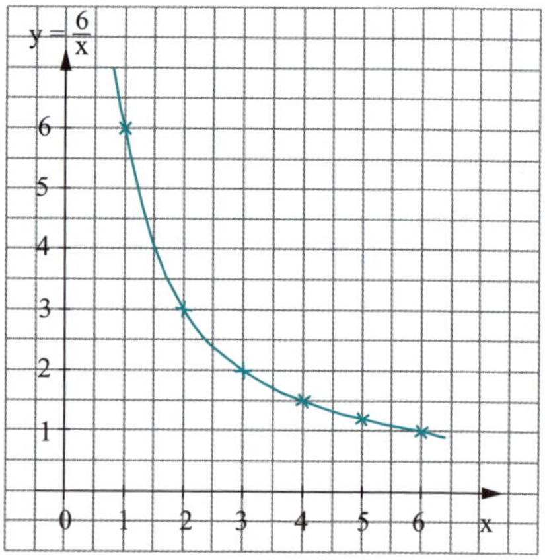

2. a) Überprüfe, ob die Zahlenpaare zur gleichen indirekten Proportionalität gehören. (3 | 4), (6 | 2), (2,4 | 5).
   Lösung:
   Wegen $3 \cdot 4 = 6 \cdot 2 = 2{,}4 \cdot 5 = 12$ gehören alle drei Paare zur indirekten Proportionalität $\mathbf{x} \mapsto \frac{12}{x}$

   b) Die drei Zahlenpaare (2 | 9), (c | 4,5) und (12,5 | d) gehören zur gleichen indirekten Proportionalität. Bestimme die Werte c und d.
   Lösung:
   Die Zahlenpaare gehören wegen des ersten Paares mit $a = 2 \cdot 9 = 18$ zur indirekten Proportionalität $x \mapsto \frac{18}{x}$. Damit erhält man:
   $c \cdot 4{,}5 = 18 \Rightarrow c = 18 : 4{,}5 = 4$; $12{,}5 \cdot d = 18 \Rightarrow d = 18 : 12{,}5 = 1{,}44$

Aufgabe **187.** Ein Rechteck ist 9 m lang und 4 m breit.
Wie breit muss jeweils ein flächengleiches Rechteck sein, wenn für die Länge ℓ gilt: $\ell \in \{3\text{ m}; 6\text{ m}; 12\text{ m}; 18\text{ m}\}$.

12.4 Schlussrechnungen zur indirekten Proportionalität

Sind in einer Sachaufgabe zwei Größen **indirekt proportional**, so erhält man die gesuchte Größe mithilfe des **Dreisatzes** oder **produktgleicher Größenpaare**.

Beispiel

Beim Bau eines Sportplatzes werden drei gleichartige Planierraupen verwendet. Sie können die gesamte Fläche an 12 Arbeitstagen fertig stellen.
Wie lange würde der Einsatz bei nur zwei solcher Raupen dauern?

Lösung:

Dreisatz:

3 Raupen benötigen 12 Tage	**Bedingungssatz**
1 Raupe benötigt 12 Tage $\cdot 3 = 36$ Tage	**Schluss auf die Einheit**
2 Raupen benötigen $\frac{36}{2}$ Tage $= 18$ Tage	**Schluss auf die Mehrheit**.

Produktgleiche Größenpaare:

$$3 \cdot 12 \text{ Tage} = 2 \cdot x \Rightarrow x = \frac{3 \cdot 12}{2} \text{ Tage} = \mathbf{18\ Tage}$$

Aufgaben

188. In einer Schweinemastanlage reicht das vorhandene Futter für 270 Schweine 15 Tage lang.
Wie lange würde es bei gleicher Fütterung für 450 Schweine reichen?

189. 18 Arbeiter können eine gerodete Waldfläche in 40 Tagen neu bepflanzen.
Nach 10 Tagen werden drei Arbeiter krank.
Wie lange dauert die Arbeit dann noch?

190. Ein Auto benötigt mit einer konstanten Geschwindigkeit von $25 \frac{m}{s}$ für eine bestimmte Strecke eine Zeit von 1 min 4 s.
Welche Zeit würde es für die gleiche Strecke brauchen, wenn die Geschwindigkeit auf $32 \frac{m}{s}$ erhöht würde?

191. Ein Heizölvorrat reicht 200 Tage bei einem täglichen Verbrauch von 18 ℓ.
Wie lange reicht der Ölvorrat bei einem Verbrauch von 24 ℓ pro Tag?

192. Zwei gleiche Zuflüsse füllen ein Becken mit 1 500 hℓ in 9 min.
In welcher Zeit würden drei solche Zuflüsse ein Becken von 1 200 hℓ füllen?

193. Trage die Begriffe der untenstehenden Bedeutung in die hellen Felder ein. Der umrandete Bereich ergibt das Lösungswort.

1 Quotientengleiche Größenpaare sind … proportional
2 Name für Schlussrechnung
3 Graph der indirekten Proportionalität
4 Abschnitt, in dem Zinsen gezahlt werden
5 Schema zur Darstellung von Größenpaaren
6 Graph der direkten Proportionalität
7 Maß der Blutalkoholkonzentration

194. Bilde aus den unten stehenden Silben Wörter bzw. Ausdrücke mit der angegebenen Bedeutung

a) ______________________________

Rechenart bei Dreisatz

b) ______________________________

Zins auf Zinsen

c) ______________________________

Indirekt proportionale Größenpaare

d) ______________________________

Beschreibung des Zusammenhangs zweier Größen

e) ______________________________

Man muss es besitzen, um Zinsen zu erhalten

f) ______________________________

Eine bestimmte Berechnungsformel

g) ______________________________

Er ist wichtig bei einer Geldanlage

DUKT – FOR – GLEICH – KA – MEL – NUNG – NUNGS – ORD – PI – PRO – PRO – RECH – SATZ – SCHLUSS – SCHRIFT – SES – TAL – VOR – ZENT – ZIN – ZINS – ZINS – ZU

Vermischte Aufgaben zur Schlussrechnungen

195. Ein Trinkwasservorrat eines Schiffes ist für 80 Personen und 42 Tagen berechnet.

a) Wie lange reicht dieser Vorrat, wenn nur 56 Männer und Frauen an Bord sind?

b) Für wie viele Leute reicht der Vorrat 96 Tage?

c) Wie lange reicht der Vorrat, wenn nach 30 Tagen noch 16 Männer und Frauen zu den ursprünglichen 80 Personen hinzukommen?

196. Eine Badewanne fasst 582 ℓ. Sie wird durch einen ganz geöffneten Wasserhahn in $8\frac{3}{4}$ Minuten gefüllt.

a) Nach welcher Zeit sind 97 ℓ in der Badewanne?

b) Wie viele Liter fasst ein Eimer, der von diesem Wasserhahn in 7 s gefüllt wird?

197. In einem Betrieb verbrauchen 40 Lampen bei einer täglichen Brenndauer von 4,5 h für 81 € Strom.
Wie viel kostet der tägliche Verbrauch, wenn zur Einsparung von Energie nur noch 27 Lampen täglich 4 h brennen?

198. Acht gleichartige Automaten erzeugen in 45 min 4 536 Stanzteile.
Wie viele solche Maschinen müssen zusätzlich betrieben werden, wenn in 35 min 5 292 solche Stanzteile hergestellt werden sollen?

199. Fünf Maler können das Innere einer Ausstellungshalle in 14 Arbeitstagen streichen. Nach zwei Tagen Arbeit stellt man fest, dass in der Halle Messestände zwei Tage früher als vorgesehen aufgebaut werden müssen.
Wie viele Maler müssen nun neu eingestellt werden, damit die Arbeiten fristgerecht ausgeführt werden können?

200. In einem Handwerksbetrieb kann ein Auftrag in 18 Tagen erledigt werden, wenn 9 Arbeiterinnen täglich 8 h arbeiten. Nach 6 Tagen erkranken 3 Arbeiterinnen, die übrigen arbeiten täglich 9 h.
Nach wie vielen Tagen insgesamt ist dann die Arbeit erledigt?

→ Zur weiteren Übung kannst du nun Schulaufgabe 6 auf Seite 151 lösen.

Schulaufgaben

Die folgenden Aufgaben wurden als Schulaufgaben gestellt. Die Bearbeitungszeit sollte nicht mehr als 45 Minuten betragen. Lies die Aufgaben zuerst genau durch! Sieh dir die Lösung erst dann an, wenn du die Aufgaben fertig gelöst hat oder nicht weiterkommst!
Die Anstrengungen, die man mit einem Bergaufstieg auf sich nimmt, werden durch den atemberaubenden Blick vom hohen Gipfel belohnt. Auch du wirst mit mathematischer Weitsicht belohnt werden, wenn du weiter übst.

Schulaufgabe 1

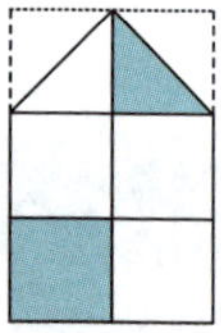

1. a) Vervollständige:

(1) … von 400 kg = 280 kg

(2) $\frac{5}{6}$ von … = 120 m

b) Gib den Bruchteil an, den die schraffierte Fläche im Vergleich zur gesamten Hausfront ausmacht.

2. a) Welche Zahl liegt genau in der Mitte zwischen den Zahlen $3\frac{4}{7}$ und $4\frac{1}{3}$?

b) Welche natürlichen Zahlen x erfüllen jeweils die Aussage?

(1) $\frac{x}{72} = \frac{4}{3}$

(2) $\frac{x}{6} < 1\frac{1}{3}$

3. a) Bestimme die Zahl $x \in \mathbb{Q}$:

$\frac{7}{15} \cdot x - 28 = 91$

b) $\frac{3}{40}$ der Schülerinnen und Schüler einer Schule wurden am Ende eines Schuljahres nicht versetzt. Das waren 45 Schülerinnen und Schüler. Wie viele Schüler hatte die Schule?

4. a) Kürze vollständig:

$\frac{65 \cdot 42 \cdot 112}{64 \cdot 98 \cdot 39} =$

b) In einer Schulklasse sind 20 Jungen und 13 Mädchen. 24 der Schüler sind evangelisch, der Rest katholisch.
Welcher Bruchteil der Schüler sind Jungen, welcher Bruchteil der Schüler sind katholisch?

5. a) Ordne in einer steigenden Ungleichungskette. Bringe dazu die Brüche auf gleiche Zähler oder Nenner:

$\frac{1}{3}; \frac{3}{8}; \frac{5}{16}; \frac{7}{24}$

b) Ersetze Zähler und Nenner durch benachbarte Zahlen, sodass der Bruch dann durch Kürzen einfacher wird.
Gib auch diesen gekürzten Bruch an:
$\frac{81}{101} \approx$

6. Im Bereich einer Polizeidirektion gab es im Vorjahr 3300 Unfälle mit Personenkraftwagen. Von diesen wurden $\frac{2}{25}$ unter Alkoholeinfluss verursacht. Bei $\frac{1}{3}$ dieser Unfälle waren Führerscheinneulinge schuldhaft beteiligt.
a) Wie viele Verkehrsunfälle wurden unter Alkoholeinfluss verursacht?
b) Wie viele Verkehrsunfälle wurden von Führerscheinneulingen unter Alkoholeinfluss verursacht?

Schulaufgabe 2

1. a) Schreibe als gemischte Zahl bzw. als unechten Bruch:
(1) $\frac{126}{25} =$
(2) $\frac{726}{43} =$
(3) $11\frac{1}{11} =$
(4) $7\frac{11}{17} =$

b) Welchen Wert haben für $a \in \mathbb{N}$:
(1) $\frac{a}{1} =$
(2) $\frac{0}{a} =$
(3) $\frac{a}{0} =$

2. a) Bestimme $x \in \mathbb{Q}_0^+$ so, dass gilt:

$$\frac{5}{7} \cdot x + 13 = 88$$

b) Bestimme $x \in \mathbb{N}$ so, dass gilt:

(1) $\frac{8+x}{30} = \frac{3}{5}$

(2) $\left(\frac{3}{5} \cdot x\right)^2 - 2 = 79$

3. a) Kürze vollständig:

$$\frac{36 \cdot 56 \cdot 95}{133 \cdot 80 \cdot 54} =$$

b) Ein Gewinn von 480 € wird wie folgt aufgeteilt:
Peter erhält 144 €, Patrick erhält 96 € und Elisabeth den Rest.
Welchen Bruchteil erhält jeder?

4. a) Welche Dezimalzahlen sind auf dem Zahlenstrahl markiert?

(1)
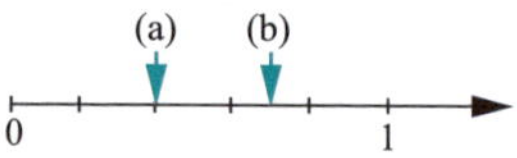

(2)
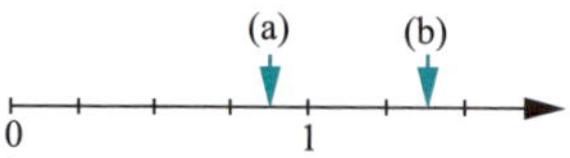

b) Gib in der Intervallschreibweise alle Zahlen a an, die gerundet den Wert 5,0 ergeben.

c) Gib eine Zahl x an, die größer als 4,06 ist, sich aber von 4,06 um weniger als 0,001 unterscheidet.

5. a) Ordne in einer steigenden Ungleichungskette:

$2\frac{1}{8}$; 2,25; 2,12; 2,121; $\frac{11}{5}$

b) Wie groß erscheint ein 0,005 mm breites Haar unter einem Mikroskop mit 500-facher Vergrößerung?

c) Unter dem Mikroskop aus b sieht man zwei Fäden in 2,4 cm Abstand. Wie groß ist ihr Abstand in Wirklichkeit?

d) Runde auf die in Klammern angegebene Genauigkeit:

(1) 3,9635 (2 D)

(2) 3,9635 (1 D)

6. a) Die letzte Mathematikextemporale in der Klasse 6 a hatte die folgende Notenverteilung:
3-mal Note 1, 12-mal Note 2, 6-mal Note 3, 2-mal Note 4
Gib die relativen Häufigkeiten der Einzelnoten an und berechne den Notendurchschnitt auf zwei Dezimalen genau.

b) Die Klasse 6 b hatte in der gleichen Extemporale den Notendurchschnitt von 2,24 genau.
Hat diese Klasse 25 oder 26 Schüler?

Schulaufgabe 3

1. a) Wie heißt der Kehrbruch des Kehrbruches eines Stammbruches?

b) Gibt es in $\mathbb{Q}_0^+$ Zahlen, die mit ihrem Kehrbruch übereinstimmen?

c) Entscheide ohne Division durch Angabe des Erkennungsmerkmals, ob folgende Brüche eine endliche oder eine periodische Dezimalbruchdarstellung besitzen.
Gib dann diese Darstellung an.

(1) $\frac{21}{28}$

(2) $\frac{21}{45}$

(3) $\frac{13}{80}$

2. a) Zeige durch Rechnung: $3{,}5^2 + 4{,}5^2 - 5{,}5^2 = 1{,}5^2$

b) Berechne: $\left(7\frac{1}{3} - 1\frac{7}{8} \cdot 3\frac{5}{9}\right) : \left(2\frac{1}{10} : \frac{14}{25} - 2\frac{1}{4}\right) =$

3. Berechne:

a) $\dfrac{\left(4\frac{1}{2}\right)^2 : 6\frac{3}{4}}{4\frac{1}{4} : 2\frac{1}{8} - 1\frac{3}{4}} =$

b) $1{,}72 - [(6{,}4 - 7{,}1 + 3{,}5) : 1{,}25 - 2] \cdot 3 =$

4. Bestimme $x \in \mathbb{Q}_0^+$:

a) $2\frac{1}{2} : x = 1\frac{7}{18}$

b) $x^2 - 1 = 2\frac{6}{25}$

c) $x - 0{,}6x - 0{,}1x = 21$

5. a) Welche Zahl muss man durch die Summe der Zahlen 1,5 und 1,2 dividieren, um 9,45 zu erhalten?

b) Dividiere die Summe der Zahlen $3\frac{1}{3}$ und $2\frac{1}{6}$ durch die Differenz dieser Zahlen und addiere zum Ergebnis das Quadrat der Zahl $1\frac{1}{7}$.

c) Verwandle den Bruch $\frac{7}{12}$ in einen Dezimalbruch.

d) Verwandle den periodischen Dezimalbruch $3{,}\overline{7}$ in einen gewöhnlichen Bruch.

6. Eine Händlerin nimmt aus einem vollen Fass mit Wein zuerst $\frac{4}{9}$ des Inhalts heraus, dann noch 5 Liter. Jetzt ist das Fass noch halb voll.
Wie viele Liter Wein waren in dem vollen Fass?

Schulaufgabe 4

1. a) Sylvia bastelt einen Turm, indem sie drei Würfel zusammenklebt. Der größte Würfel hat eine Kantenlänge von 4 cm, der mittlere von 2 cm und der kleinste von 1 cm. In der nebenstehenden Skizze sieht man den Turm von der Seite.

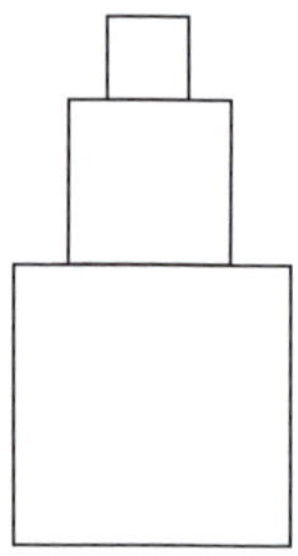

(1) Skizziere den Turm so, wie Sylvia ihn von oben sieht.

(2) Berechne das Volumen des Turms sowie die gesamte Fläche, die man beim fertigen Turm anstreichen kann, wenn auch die Standfläche angestrichen wird.

b) Verwandle in die angegebenen Einheiten:

(1) $245\ cm^3$ in dm^3

(2) $33\ mm^3$ in ℓ

(3) $2{,}9\ m^3$ in cm^3

2. a) Berechne: $10{,}873 - 2{,}04 - 5{,}602 + 1{,}1 =$

   b) Rechne mit Vorteil: $0{,}732 \cdot 9{,}007 + 1{,}268 \cdot 9{,}007 =$

   c) Ein Würfel hat eine Oberfläche $O_W = 2{,}16\ m^2$. Berechne sein Volumen.

   d) Ein Quader hat die Kantenlängen a, b, c.
   Welche Höhe hat ein Quader mit gleichem Volumen, wenn seine Länge und seine Breite jeweils nur halb so groß sind?

3. Bestimme jeweils $x \in \mathbb{Q}$:

   a) $x^2 = 0{,}0036$

   b) $x^2 - 1 = 0$

   c) $x \cdot (12{,}3 - 74{,}8) = 156{,}25 \cdot 0{,}2$

4. Berechne und gib das Ergebnis als Dezimalzahl an:

   a) $39{,}252 : 0{,}12 =$

   b) $\dfrac{1{,}9 \cdot 0{,}075 \cdot 3{,}9}{0{,}15 \cdot 1{,}3 \cdot 9{,}5} - 8{,}125 : 6{,}5 =$

   c) $(0{,}54 \cdot 1{,}2 + 0{,}352) \cdot 2{,}5 - [(2{,}5 \cdot 3{,}4 - 1{,}8 \cdot 3{,}5) : 11] =$

5. Durch welche Zahl muss man die Summe der Zahlen 65,734 und 9,53 dividieren, um die Differenz der Zahlen 2,01 und 5,85 zu erhalten?

6. Ein quaderförmiges Fischbecken mit den Maßen 4,80 m, 7,50 m und 14,60 m wird aus einer Quelle in 10 Stunden gefüllt.
   Wie viele Liter Wasser liefert die Quelle in einer Sekunde?

Schulaufgabe 5

1. a) Schreibe in %:

   (1) $\dfrac{1}{3} =$

   (2) $\dfrac{7}{8} =$

   (3) $\dfrac{5}{4} =$

b) Berechne:

(1) 0,5 % von 6 km (in m)

(2) 140 % von 14 kg (in kg)

(3) Wie viel % sind $8\frac{1}{2}$ kg von 178,5 kg (2 D)?

(4) Wie viel % sind $7\frac{1}{2}$ % von 60 %?

2. Ein Kapital von 32 000 € brachte bei einem Zinssatz von 4,5 % Zinsen in Höhe von 800 €.
Wie viele Tage war das Kapital angelegt?

3. Ein Großhändler kauft ein Mofa für 500 €. Beim Weiterverkauf an den Einzelhändler schlägt er 20 % auf den Einkaufspreis auf. Der Einzelhändler verkauft das Mofa um 40 % teurer als er es erhielt.

a) Für welchen Betrag in € hat der Einzelhändler das Mofa verkauft?

b) Um wie viel Prozent war das Mofa beim Verkauf des Einzelhändlers teurer im Vergleich zum Einkaufspreis des Großhändlers?

4. Bei einer Bürgermeisterwahl traten die Kandidaten A und B gegeneinander an. Auf den Kandidaten A entfielen 870, auf B 1 130 Stimmen. Es gab keine ungültigen Stimmen und keine Enthaltungen.

a) Wie viel Prozent der abgegebenen Stimmen fielen auf den Kandidaten B?

b) Wie viele Wahlberechtigte gab es, wenn die Wahlbeteiligung nur bei 64 % lag?

5. a) Ein Kaufmann gibt beim Ausverkauf 40 % Ermäßigung, sodass ein Paar Schuhe noch 57 € kosten.
Wie hoch war der Preis vorher?

b) Von den 560 Schülern einer Schule sind 364 Jungen.
Wie hoch ist der Prozentsatz der Mädchen?

6. Der Preis für einen Bauplatz stieg vor drei Jahren um 5 %. Jetzt hat die Besitzerin den Preis nochmals um 20 % angehoben und bietet den Bauplatz für 78 120 € an.
Wie hoch war der ursprüngliche Preis des Bauplatzes?

Schulaufgabe 6

1. a) Die Zahlenpaare sind differenzengleich.
Bestimme die fehlenden Werte in $(6|8)$, $(a_1|7)$, $(6|a_2)$; $(13{,}5|a_3)$.

b) Die Zahlenpaare gehören zu einer indirekten Proportionalität.
Bestimme die fehlenden Werte in $(6|2)$, $(b_1|4)$, $(2{,}4|b_2)$, $(36|b_3)$.

c) Eine Zuordnung ist durch diesen Graphen gegeben.
Gib die zugehörige Zuordnungsvorschrift an!

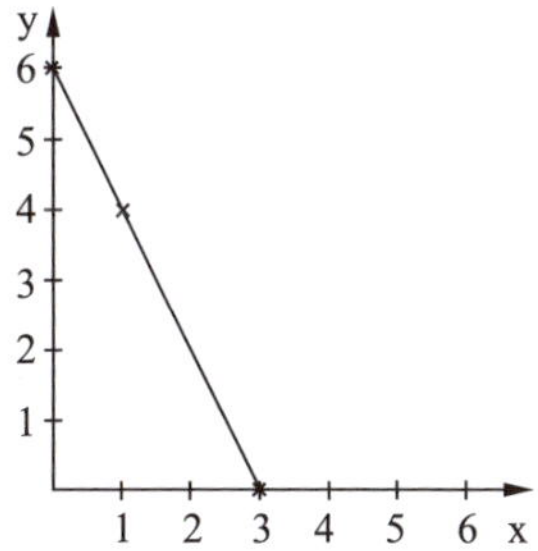

2. Ein Rechteck ist 24 cm lang und 12 cm breit. Die Länge wird um 10 % vermindert.
Um wie viel % muss die Breite vergrößert werden, wenn

a) der Umfang,

b) der Flächeninhalt gleich bleiben soll?

3. Ein Steinquader ist 2,2 m lang, 12 dm breit und 12 cm hoch.
Welches Gewicht (in t auf 3 D) hat er, wenn 1 cm^3 Stein 2,8 g wiegt?

4. a) Zu 4 Liter einer 5 %igen Salzlösung wird noch 1 Liter Wasser gegossen. Wie hoch ist jetzt der Prozentsatz der Salzlösung?

b) Zur Herstellung eines Fruchtsaft-Cocktails werden 800 $m\ell$ Orangennektar (Fruchtgehalt 50 %) und 200 $m\ell$ Zitronensaft (Fruchtgehalt 100 %) gemixt.
Berechne, wie viel Prozent Orangenfrucht das Mischgetränk enthält.

5. Ein Heizölvorrat reicht bei einer durchschnittlichen täglichen Brenndauer von 17 Stunden für 90 Tage.

a) Wie lange reicht der Vorrat bei einer Brenndauer von 15 Stunden pro Tag?

b) Bei welcher täglichen Brenndauer reicht der Vorrat nur 85 Tage?

6. Eine Siedlung von 6 Häusern kann von einer Firma mit 33 Arbeitern in 18 Tagen im Rohbau erstellt werden. Nach acht Tagen werden drei Arbeiter krank. Wie lange dauert jetzt die Arbeit insgesamt?

Lösungen

Aufschlüsseln erlaubt!
Hier kannst du deine Ergebnisse überprüfen.

Lösungen zu den Übungsaufgaben

1. a) $\frac{4}{50}$ € = 400 Cent : 50 = **8 Cent**

b) $\frac{13}{25}$ a = 1 300 m^2 : 25 = **52 m^2**

c) $\frac{113}{125}$ kg = 113 000 g : 125 = **904 g**

d) $\frac{50}{50}$ km = 50 000 m : 50 = **1 000 m**

e) $\frac{7}{20}$ t = 7 000 kg : 20 = **350 kg**

f) $\frac{6}{25}$ hℓ = 600 ℓ : 25 = **24 ℓ**

2. a) $\frac{4}{5}$ von 35 m = (35 m : 5) · 4 = 7 m · 4 = **28 m**

b) $\frac{18}{17}$ von 119 ℓ = (119 ℓ : 17) · 18 = **126 ℓ**

c) $\frac{5}{4}$ von 36 € = (36 € : 4) · 5 = 9 € · 5 = **45 €**

d) $\frac{17}{18}$ von 126 kg = (126 kg : 18) · 17 = 7 kg · 17 = **119 kg**

3. a) $\frac{10\text{ m}}{1000\text{ m}} = \mathbf{\frac{1}{100}}$

b) $\frac{5\text{ min}}{60\text{ min}} = \mathbf{\frac{1}{12}}$

c) $\frac{125\text{ kg}}{1000\text{ kg}} = \mathbf{\frac{1}{8}}$

d) $\frac{80\text{ Cent}}{100\text{ Cent}} = \frac{8}{10} = \mathbf{\frac{4}{5}}$

4. a) $\frac{6}{7}$ von $x = 66\ \text{m}$

$\frac{1}{7}$ von $x = 66\ \text{m} : 6$

$\frac{1}{7}$ von $x = 11\ \text{m}$

$x = 11\ \text{m} \cdot 7$

$x = \mathbf{77\ m}$

b) $\frac{11}{10}$ von $x = 220\ €$

$\frac{1}{10}$ von $x = 220\ € : 11$

$\frac{1}{10}$ von $x = 20\ €$

$x = 20\ € \cdot 10$

$x = \mathbf{200\ €}$

c) $\frac{5}{9}$ von $x = 60\ \text{kg}$

$\frac{1}{9}$ von $x = 60\ \text{kg} : 5$

$\frac{1}{9}$ von $x = 12\ \text{kg}$

$x = 12\ \text{kg} \cdot 9$

$x = \mathbf{108\ kg}$

d) $\frac{3}{11}$ von $x = 57\ \ell$

$\frac{1}{11}$ von $x = 57\ \ell : 3$

$\frac{1}{11}$ von $x = 19\ \ell$

$x = 19\ \ell \cdot 11$

$x = \mathbf{209}\ \ell$

5. $\frac{7}{6}$ von $x = 35\,\text{cm}$

$\frac{1}{6}$ von $x = 35\,\text{cm} : 7$

$\frac{1}{6}$ von $x = 5\,\text{cm}$

$x = 5\,\text{cm} \cdot 6$

$x = \mathbf{30\,cm}$

Die ursprüngliche Strecke war **30 cm** lang.

6. a) $\frac{6}{12} = \mathbf{\frac{1}{2}}$

b) $\mathbf{\frac{1}{5}}$

7. a) $\mathbf{3\frac{1}{7}}$

b) $\mathbf{-26\frac{2}{3}}$

c) $\mathbf{12\frac{12}{13}}$

d) **0**

8. a) $\mathbb{Q}_0^+ \cap \mathbb{Q}_0^- = \{0\}$

b) $\mathbb{Q}^+ \cup \mathbb{Q}_0^- = \mathbb{Q}$

c) $\mathbb{N} \cap \mathbb{Q} = \mathbb{N}$

d) $\mathbb{Z} \cup \mathbb{Q} = \mathbb{Q}$

9. a) $\mathbf{\frac{3}{8}}$ (drei der acht Sektoren)

b) $\mathbf{\frac{5}{9}}$ (fünf der neun Quadrate)

c) $\mathbf{\frac{1}{4}}$ (eines der vier flächengleichen Dreiecke)

d) $\mathbf{\frac{2}{3}}$ (zwei der drei Türen)

10. a)

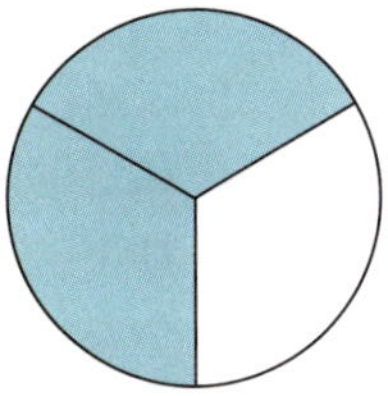

$\frac{2}{3}$

b)

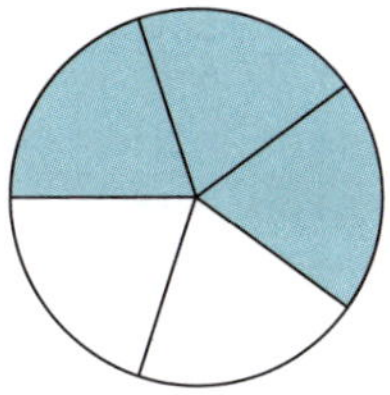

$\frac{3}{5}$

c)

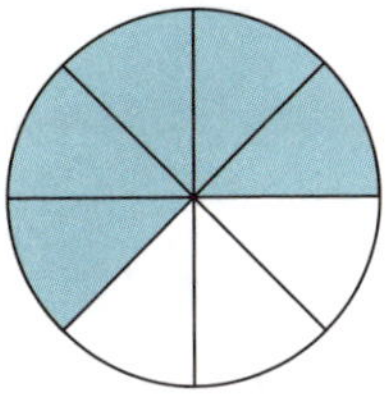

$\frac{5}{8}$

d)

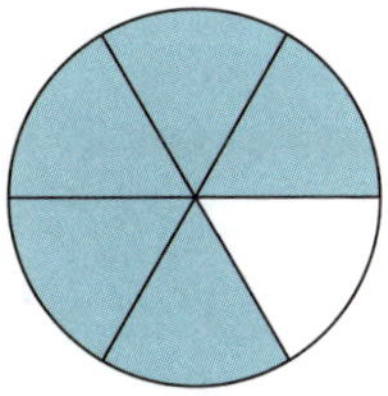

$\frac{5}{6}$

11. a) $\mathbf{\frac{3}{5}}$ und $\mathbf{\frac{9}{10}}$

b) $\mathbf{-\frac{5}{8}}$ und $\mathbf{\frac{5}{8}}$

12. a)

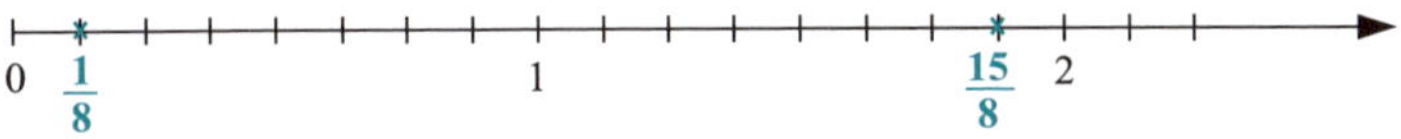

b)

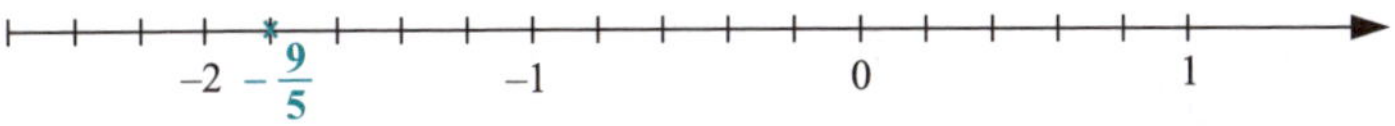

c)

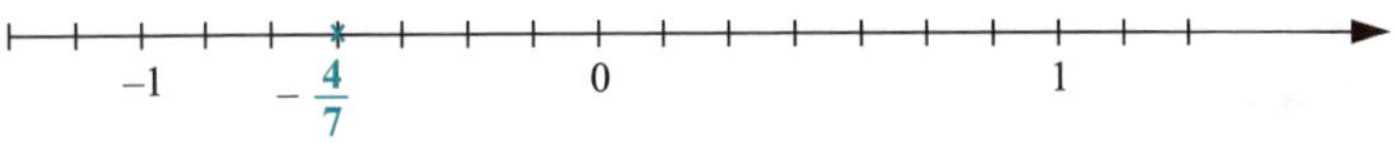

d)

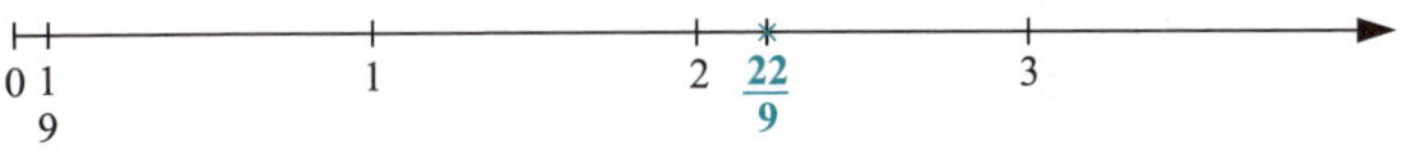

13. a) $\frac{192}{12} = 192:12 = \mathbf{16}$

b) $\frac{442}{17} = 442:17 = \mathbf{26}$

c) $\frac{441}{21} = 441:21 = \mathbf{21}$

d) $\frac{861}{7} = 861:7 = \mathbf{123}$

14. a) $\frac{44}{13} = \mathbf{3\,\frac{5}{13}}$

b) $\frac{28}{5} = \mathbf{5\,\frac{3}{5}}$

c) $\frac{611}{12} = \mathbf{50\,\frac{11}{12}}$

d) $99:25 = \frac{99}{25} = \mathbf{3\,\frac{24}{25}}$

15. a) $2\,\frac{1}{5} = \frac{10}{5} + \frac{1}{5} = \mathbf{\frac{11}{5}}$

b) $16\,\frac{1}{3} = \frac{48}{3} + \frac{1}{3} = \mathbf{\frac{49}{3}}$

c) $25\,\frac{3}{16} = \frac{400}{16} + \frac{3}{16} = \mathbf{\frac{403}{16}}$

d) $11\,\frac{10}{11} = \frac{121}{11} + \frac{10}{11} = \mathbf{\frac{131}{11}}$

16. a) $13 \cdot x = 112$

$x = 112:13$

$x = \frac{112}{13} = \mathbf{8\,\frac{8}{13}}$

b) $55 \cdot x = 61$

$x = 61:55$

$x = \frac{61}{55} = \mathbf{1\,\frac{6}{55}}$

c) $x \cdot 13 = 94$

$x = 94:13$

$x = \frac{94}{13} = \mathbf{7\,\frac{3}{13}}$

d) $x \cdot 7 = 50$

$x = 50:7$

$x = \frac{50}{7} = \mathbf{7\,\frac{1}{7}}$

e) $x \cdot 11 = -23$

$x = -23 : 11$

$x = -\frac{23}{11} = \mathbf{-2\,\frac{1}{11}}$

f) $-17 \cdot x = 42$

$x = 42 : (-17)$

$x = -\frac{42}{17} = \mathbf{-2\,\frac{8}{17}}$

17. a) $a = 6\,431\,835$

$2 \nmid a$,	weil a ungerade
$3 \mid a$,	weil $QS(a) = 30$ und $3 \mid 30$
$4 \nmid a$,	weil $2 \nmid a$
$5 \mid a$,	weil letzte Ziffer 5 ist
$6 \nmid a$,	weil $2 \nmid a$
$8 \nmid a$,	weil $8 \nmid 835$ oder: weil $2 \nmid a$
$9 \nmid a$,	weil $QS(a) = 30$ und $9 \nmid 30$
$12 \nmid a$,	weil $4 \nmid a$

b) $a = 4\,483\,120$

$2 \mid a$,	weil a gerade
$3 \nmid a$,	weil $QS(a) = 22$ und $3 \nmid 22$
$4 \mid a$,	weil $4 \mid 20$
$5 \mid a$,	weil letzte Ziffer eine 0 ist
$6 \nmid a$,	weil $3 \nmid a$
$8 \mid a$,	weil $8 \mid 120$
$9 \nmid a$,	weil $QS(a) = 22$ und $9 \nmid 22$
$12 \nmid a$,	weil $3 \nmid a$

18. a) $a = 353$

$2 \nmid a$,	weil a ungerade
$3 \nmid a$,	weil $QS(a) = 11$ und $3 \nmid 11$
$5 \nmid a$,	weil letzte Ziffer nicht 0 oder 5
$7 \nmid a$,	weil $a : 7$ nicht aufgeht
$11 \nmid a$,	weil $a : 11$ nicht aufgeht
$13 \nmid a$,	weil $a : 13$ nicht aufgeht
$17 \nmid a$,	weil $a : 17$ nicht aufgeht

Wegen $17^2 < a < 19^2 \Rightarrow$ **353 ist eine Primzahl**

b) $a = 437$

$2 \nmid a$,	weil a ungerade
$3 \nmid a$,	weil $QS(a) = 14$ und $3 \nmid 14$
$5 \nmid a$,	weil letzte Ziffer nicht 0 oder 5

$7 \nmid a$, weil a : 7 nicht aufgeht
$11 \nmid a$, weil a : 11 nicht aufgeht
$13 \nmid a$, weil a : 13 nicht aufgeht
$17 \nmid a$, weil a : 17 nicht aufgeht
$19 \mid a$, weil $437 : 19 = 23 \Rightarrow$ **437 ist keine Primzahl**

19. a) $x = 16 = 2 \cdot 2 \cdot 2 \cdot 2 = 2^4$
$\Rightarrow \mathbf{T_{16} = \{1, 2, 4, 8, 16\}}$

b) $x = 671 = 11 \cdot 61$

$$\begin{array}{r|l} 671 & 11 \\ 61 & 61 \end{array} \Rightarrow \mathbf{T_{671} = \{1, 11, 61, 671\}}$$

c) $x = 147 = 3 \cdot 7 \cdot 7 = 3 \cdot 7^2$

$$\begin{array}{r|l} 147 & 3 \\ 49 & 7 \\ 7 & 7 \end{array} \Rightarrow \mathbf{T_{147} = \{1, 3, 7, 21, 49, 147\}}$$

d) $x = 432 = 2 \cdot 2 \cdot 2 \cdot 2 \cdot 3 \cdot 3 \cdot 3 = 2^4 \cdot 3^3$

$$\begin{array}{r|l} 432 & 2 \\ 216 & 2 \\ 108 & 2 \\ 54 & 2 \\ 27 & 3 \\ 9 & 3 \\ 3 & 3 \end{array} \Rightarrow \mathbf{T_{432} = \{1, 2, 3, 4, 6, 8, 9, 12, 16, 18, 24, 27, 36, 48, 54, 72, 108, 144, 216, 432\}}$$

e) $x = 4\,199 = 13 \cdot 17 \cdot 19 \Rightarrow \mathbf{T_{4\,199} = \{1, 13, 17, 19, 221, 247, 323, 4\,199\}}$

20. a)

$$\begin{array}{r|l} 420 & 2 \\ 210 & 2 \\ 105 & 3 \\ 35 & 5 \\ 7 & 7 \end{array} \qquad \begin{array}{r|l} 252 & 2 \\ 126 & 2 \\ 63 & 3 \\ 21 & 3 \\ 7 & 7 \end{array}$$

$$\begin{array}{l} 420 = 2 \cdot 2 \cdot 3 \cdot 5 \cdot 7 \\ \underline{252 = 2 \cdot 2 \cdot 3 \cdot 3 \cdot 7} \\ \text{ggT} = 2 \cdot 2 \cdot 3 \cdot 7 = \mathbf{84} \end{array}$$

b) $\begin{array}{r|l} 348 & 2 \\ 174 & 2 \\ 87 & 3 \\ 29 & 29 \end{array}$ $\qquad$ $\begin{array}{r|l} 492 & 2 \\ 246 & 2 \\ 123 & 3 \\ 41 & 41 \end{array}$

$$\begin{array}{l} 348 = 2 \cdot 2 \cdot 3 \cdot 29 \\ \underline{492 = 2 \cdot 2 \cdot 3 \quad \cdot 41} \\ \text{ggT} = 2 \cdot 2 \cdot 3 \qquad = \mathbf{12} \end{array}$$

c) $\begin{array}{r|l} 840 & 2 \\ 420 & 2 \\ 210 & 2 \\ 105 & 3 \\ 35 & 5 \\ 7 & 7 \end{array}$ $\qquad$ $\begin{array}{r|l} 3080 & 2 \\ 1540 & 2 \\ 770 & 2 \\ 385 & 5 \\ 77 & 7 \\ 11 & 11 \end{array}$

$$\begin{array}{l} 840 = 2 \cdot 2 \cdot 2 \cdot 3 \cdot 5 \cdot 7 \\ \underline{3080 = 2 \cdot 2 \cdot 2 \quad \cdot 5 \cdot 7 \cdot 11} \\ \text{ggT} = 2 \cdot 2 \cdot 2 \quad \cdot 5 \cdot 7 \qquad = \mathbf{280} \end{array}$$

d) $\begin{array}{r|l} 858 & 2 \\ 429 & 3 \\ 143 & 11 \\ 13 & 13 \end{array}$ $\qquad$ $\begin{array}{r|l} 198 & 2 \\ 99 & 3 \\ 33 & 3 \\ 11 & 11 \end{array}$

$$\begin{array}{l} 858 = 2 \cdot 3 \quad \cdot 11 \cdot 13 \\ \underline{198 = 2 \cdot 3 \cdot 3 \cdot 11} \\ \text{ggT} = 2 \cdot 3 \quad \cdot 11 \qquad = \mathbf{66} \end{array}$$

e)
$$\begin{array}{l} 70 = 2 \qquad \cdot 5 \cdot 7 \\ 126 = 2 \cdot 3 \cdot 3 \quad \cdot 7 \\ \underline{154 = 2 \qquad \cdot 7 \cdot 11} \\ \text{ggT} = 2 \qquad \cdot 7 \qquad = \mathbf{14} \end{array}$$

21. a) $\text{kgV}(32; 160) = \mathbf{160}$, da $32 \mid 160$.

b)
$$\begin{array}{l} 84 = 2 \cdot 2 \cdot 3 \cdot 7 \\ \underline{102 = 2 \quad \cdot 3 \quad \cdot 17} \\ \text{kgV} = 2 \cdot 2 \cdot 3 \cdot 7 \cdot 17 = \mathbf{1\,428} \end{array}$$

c)
$$\begin{array}{l} 104 = 2 \cdot 2 \cdot 2 \qquad \cdot 13 \\ \underline{234 = 2 \qquad \cdot 3 \cdot 3 \cdot 13} \\ \text{kgV} = 2 \cdot 2 \cdot 2 \cdot 3 \cdot 3 \cdot 13 = \mathbf{936} \end{array}$$

d)

1375	5
275	5
55	5
11	11

2475	3
825	3
275	5
55	5
11	11

$$\begin{aligned} 1\,375 &= 5\cdot 5\cdot 5\cdot 11 \\ 2\,475 &= 3\cdot 3\cdot 5\cdot 5 \cdot 11 \\ \hline \text{kgV} &= 3\cdot 3\cdot 5\cdot 5\cdot 5\cdot 11 = \mathbf{12\,375} \end{aligned}$$

22. a)

376	2
188	2
94	2
47	47

564	2
282	2
141	3
47	47

$$\begin{aligned} 376 &= 2\cdot 2\cdot 2 \cdot 47 \\ 564 &= 2\cdot 2 \cdot 3\cdot 47 \\ \hline \text{ggT} &= 2\cdot 2 \cdot 47 = \mathbf{188} \\ \text{kgV} &= 2\cdot 2\cdot 2\cdot 3\cdot 47 = \mathbf{1\,128} \end{aligned}$$

b) Wegen $585 = 5 \cdot 117$ gilt
ggT(585; 117) = **117** und kgV(585; 117) = **585**

c)
$$\begin{aligned} 245 &= 5\cdot 7\cdot 7 \\ 216 &= 2\cdot 2\cdot 2\cdot 3\cdot 3\cdot 3 \\ \hline \end{aligned}$$
ggT = **1** (245 und 216 sind teilerfremd)
kgV = 245 · 216 = **52 920**

d)
$$\begin{aligned} 230 &= 2\cdot 5 \cdot 23 \\ 391 &= 17\cdot 23 \\ \hline \text{ggT} &= \mathbf{23} \\ \text{kgV} &= 2\cdot 5\cdot 17\cdot 23 = \mathbf{3\,910} \end{aligned}$$

23. a) (1) **2, 5** oder **8**, weil die QS der Zahl durch 3 teilbar sein muss.
(2) **3**, weil die QS der Zahl durch 9 teilbar sein muss.

b) (1) Die QS der Zahl ist **nicht** durch **9 teilbar**, also ist die Zahl **nicht** durch **72 teilbar**.
(2) Die Zahl müsste **gerade** sein.

c) Die kleinste Zahl ist $4 \cdot 5 \cdot 9 = 180 \Rightarrow$
T = {1, 2, 3, 4, 5, 6, 9, 10, 12, 15, 18, 20, 30, 36, 45, 60, 90, 180}

d) $598\,762 = 9 \cdot x + QS(598\,762)$
$598\,762 = 9 \cdot x + 37$
$598\,725 = 9 \cdot x$
$x = 598\,725 : 9$
$x = \mathbf{66\,525}$

e) $\mathbf{L = \{4, 8, 16, 32, 64\}}$

f) $kgV(x; y) = (156 \cdot 240) : 12 = 156 \cdot 20 = \mathbf{3\,120}$

24. a) **TEILER**

b) **PRIMZAHL**

c) **PRIMFAKTORZERLEGUNG**

d) **QUERSUMME**

e) **KLEINSTES GEMEINSAMES VIELFACHES**

f) **TEILBARKEITSREGEL**

g) **SIEB DES ERATOSTHENES**

h) **TEILERFREMD**

25. a) $\frac{5}{9} \underset{16}{=} \frac{5 \cdot 16}{9 \cdot 16} = \mathbf{\frac{80}{144}}$

b) $\frac{8}{3} \underset{111}{=} \frac{8 \cdot 111}{3 \cdot 111} = \mathbf{\frac{888}{333}}$

c) $\frac{17}{21} \underset{14}{=} \frac{17 \cdot 14}{21 \cdot 14} = \mathbf{\frac{238}{294}}$

d) $4\frac{1}{3} = \frac{13}{3} \underset{12}{=} \frac{13 \cdot 12}{3 \cdot 12} = \mathbf{\frac{156}{36}}$

26. a) $\frac{2}{5} = \frac{40}{100} = \mathbf{40\ \%}$

b) $\frac{3}{4} = \frac{75}{100} = \mathbf{75\ \%}$

c) $\frac{7}{20} = \frac{35}{100} = \mathbf{35\ \%}$

d) $\frac{7}{10} = \frac{70}{100} = \mathbf{70\ \%}$

27. a) $\frac{12}{24} \underset{4}{=} \mathbf{\frac{3}{6}}$

b) $\frac{32}{104} \underset{8}{=} \mathbf{\frac{4}{13}}$

c) $\frac{91}{117} \underset{13}{=} \mathbf{\frac{7}{9}}$

d) $\frac{221}{289} \underset{17}{=} \mathbf{\frac{13}{17}}$

28. a) $\frac{96}{180} \underset{12}{=} \mathbf{\frac{8}{15}}$

b) $\frac{90 \cdot 16}{15 \cdot 48} = \frac{6 \cdot 1}{1 \cdot 3} = \frac{2}{1} = \mathbf{2}$

c) $\frac{78 \cdot 9 \cdot 143}{39 \cdot 33 \cdot 156} = \frac{2 \cdot 3 \cdot 11}{1 \cdot 11 \cdot 12} = \frac{1 \cdot 1 \cdot 1}{1 \cdot 1 \cdot 2} = \mathbf{\frac{1}{2}}$

d) $\frac{57 \cdot 20 \cdot 32 \cdot 225}{36 \cdot 38 \cdot 75 \cdot 50} = \frac{3 \cdot 2 \cdot 8 \cdot 3}{9 \cdot 2 \cdot 1 \cdot 5} = \frac{1 \cdot 1 \cdot 8 \cdot 1}{1 \cdot 1 \cdot 1 \cdot 5} = \frac{8}{5} = \mathbf{1\frac{3}{5}}$

29. Gesamt: 153 Mio + 357 Mio = 510 Mio

Festes Land: $\frac{153}{510} = \mathbf{\frac{3}{10}}$

Mit Wasser bedeckt: $\frac{357}{510} = \mathbf{\frac{7}{10}}$

30. a) $\frac{26}{53} \approx \frac{26}{52} = \mathbf{\frac{1}{2}}$

b) $\frac{43}{85} \approx \frac{43}{86} = \mathbf{\frac{1}{2}}$

c) $\frac{107}{288} \approx \frac{108}{288} \underset{36}{=} \mathbf{\frac{3}{8}}$

d) $\frac{41}{209} \approx \frac{42}{210} = \mathbf{\frac{1}{5}}$

e) $\frac{51}{349} \approx \frac{50}{350} = \mathbf{\frac{1}{7}}$

f) $\frac{121}{181} \approx \frac{120}{180} = \mathbf{\frac{2}{3}}$

g) $\frac{209}{279} \approx \frac{210}{280} = \mathbf{\frac{3}{4}}$

h) $\frac{899}{1001} \approx \frac{900}{1000} = \mathbf{\frac{9}{10}}$

31. a) kgV(32; 160) = **160**, da 32 | 160.

b)
$$\begin{array}{lcccccc} 104 = 2 & \cdot\, 2 & \cdot\, 2 & & & \cdot\, 13 \\ 234 = 2 & & & \cdot\, 3 & \cdot\, 3 & \cdot\, 13 \\ \hline \text{kgV} = 2 & \cdot\, 2 & \cdot\, 2 & \cdot\, 3 & \cdot\, 3 & \cdot\, 13 = \mathbf{936} \end{array}$$

c)
$$\begin{array}{r|l} 1375 & 5 \\ 275 & 5 \\ 55 & 5 \\ 11 & 11 \\ & \end{array} \qquad \begin{array}{r|l} 2475 & 3 \\ 825 & 3 \\ 275 & 5 \\ 55 & 5 \\ 11 & 11 \end{array}$$

$$\begin{array}{lcccccc} 1375 = & & & 5 & \cdot\, 5 & \cdot\, 5 & \cdot\, 11 \\ 2475 = 3 & \cdot\, 3 & & \cdot\, 5 & \cdot\, 5 & & \cdot\, 11 \\ \hline \text{kgV} = 3 & \cdot\, 3 & & \cdot\, 5 & \cdot\, 5 & \cdot\, 5 & \cdot\, 11 = \mathbf{12375} \end{array}$$

d)
$$\begin{array}{lcccccccc} 30 = 2 & & & & \cdot\, 3 & & \cdot\, 5 & \\ 45 = & & & & 3 & \cdot\, 3 & & \\ 75 = & & & & 3 & & \cdot\, 5 & \cdot\, 5 \\ 80 = 2 & \cdot\, 2 & \cdot\, 2 & \cdot\, 2 & & & 5 & \\ \hline \text{kgV} = 2 & \cdot\, 2 & \cdot\, 2 & \cdot\, 2 & \cdot\, 3 & \cdot\, 3 & \cdot\, 5 & \cdot\, 5 = \mathbf{3600} \end{array}$$

32. a) $\frac{11}{30} = \frac{88}{240}$, $\frac{7}{16} = \frac{105}{240}$ $\Rightarrow \mathbf{\frac{11}{30} < \frac{7}{16}}$

b) $\frac{9}{13} = \frac{81}{117}$, $\frac{5}{9} = \frac{65}{117}$ $\Rightarrow \mathbf{\frac{9}{13} > \frac{5}{9}}$

c) $\frac{7}{15} = \frac{49}{105}$, $\frac{11}{21} = \frac{55}{105}$ $\Rightarrow \mathbf{\frac{7}{15} < \frac{11}{21}}$

d) $\frac{7}{12}=\frac{21}{36}$
$\frac{11}{18}=\frac{22}{36}$ $\Rightarrow$ $\mathbf{\frac{7}{12}<\frac{11}{18}}$

33. a) $\frac{2}{3}=\frac{70}{105};\frac{3}{5}=\frac{63}{105};\frac{4}{7}=\frac{60}{105}$

$\Rightarrow$ $\mathbf{\frac{2}{3}>\frac{3}{5}>\frac{4}{7}}$

b) $\frac{6}{11}=\frac{60}{110};\frac{1}{2}=\frac{55}{110};\frac{3}{5}=\frac{66}{110};\frac{7}{10}=\frac{77}{110}$

$\Rightarrow$ $\mathbf{\frac{7}{10}>\frac{3}{5}>\frac{6}{11}>\frac{1}{2}}$

c) $\frac{2}{7}=\frac{12}{42};\frac{3}{6}=\frac{21}{42};\frac{8}{21}=\frac{16}{42};\frac{1}{3}=\frac{14}{42};\frac{3}{14}=\frac{9}{42}$

$\Rightarrow$ $\mathbf{\frac{3}{6}>\frac{8}{21}>\frac{1}{3}>\frac{2}{7}>\frac{3}{14}}$

d) $\frac{11}{18}=\frac{110}{180};\frac{13}{20}=\frac{117}{180};\frac{8}{15}=\frac{96}{180};\frac{5}{12}=\frac{75}{180};\frac{19}{36}=\frac{95}{180}$

$\Rightarrow$ $\mathbf{\frac{13}{20}>\frac{11}{18}>\frac{8}{15}>\frac{19}{36}>\frac{5}{12}}$

34. a) $\frac{1}{3}<x<\frac{2}{3}$

$\frac{3}{9}<x<\frac{6}{9}$

z. B. $x=\mathbf{\frac{4}{9}}$; $x=\mathbf{\frac{5}{9}}$

b) $\frac{4}{9}<x<\frac{5}{9}$

$\frac{16}{36}<x<\frac{20}{36}$

z. B. $x=\mathbf{\frac{17}{36}}$; $x=\mathbf{\frac{19}{36}}$

c) $\frac{3}{8} > x > \frac{3}{10}$

$\frac{15}{40} > x > \frac{12}{40}$

z. B. $x = \frac{13}{40}$; $x = \frac{14}{40}$

d) $\frac{1}{5} < \frac{1}{x} < \frac{1}{2}$

$\frac{5}{1} > x > \frac{2}{1}$

$5 > x > 2$

z. B. $x = 3$; $x = 4$

35. a) $\frac{2}{5}$ und $\frac{4}{5}$: Mittlere Zahl: $\frac{3}{5}$

b) $\frac{3}{5} = \frac{6}{10}$ und $\frac{4}{5} = \frac{8}{10}$: Mittlere Zahl: $\frac{7}{10}$

c) $\frac{5}{12} = \frac{5}{12}$ und $\frac{3}{4} = \frac{9}{12}$: Mittlere Zahl: $\frac{7}{12}$

d) $\frac{1}{2} = \frac{14}{28}$ und $\frac{5}{7} = \frac{20}{28}$: Mittlere Zahl: $\frac{17}{28}$

36. a) $\frac{3}{8}$ von $32 = (32:8) \cdot 3 = 4 \cdot 3 = 12$

In der Klasse sind **12 Jungen**.

b) $\frac{2}{3}$ von $12 = (12:3) \cdot 2 = 4 \cdot 2 = 8$

In der Klasse sind **8 auswärtige Jungen**.

c) $\frac{8}{32} = \frac{1}{4}$

$\frac{1}{4}$ **der Klasse** sind auswärtige Jungen.

37. a) $144{,}89 = 144\frac{89}{100}$

b) $61{,}4005 = 61\frac{4005}{10000}$

c) $0{,}0001 = \frac{\mathbf{1}}{\mathbf{10\,000}}$

d) $44{,}1 = \mathbf{44\frac{1}{10}}$

38. A: **8,32**
B: **8,335**
C: **8,3675**

39. a) 28,05 € = **28 € 5 Cent**

b) 13,028 kg = **13 kg 28 g**

c) 1,0438 ha = **1 ha 4 a 38 m²**

d) 4,04 m² = **4 m² 4 dm²**

e) $8{,}25\ \text{h} = 8\ \text{h}\ \frac{25}{100}\ \text{h}$ = **8 h 15 min**

f) 14,03 m = **14 m 3 cm**

g) 0,0315 t = 0,031500 t = **31 kg 500 g**

h) 0,011 ha = 0,0110 ha = **1 a 10 m²**

40. a) 6 ha 4 a 8 m² = **604,08 a**

b) 104 m 3 cm = **0,10403 km**

c) 1 t 5 kg 10 g = **1,005010 t**

d) 1 km² 1 dm² = **1 000 000,01 m²**

e) $132\ \text{min} = 2\frac{12}{60}\ \text{h}$ = **2,2 h**

f) 1 586 Cent = **15,86 €**

g) 1 km² 7 ha 3 a = **107,03 ha**

h) $1\ \text{h}\ 18\ \text{min}\ 48\ \text{s} = 78\frac{48}{60}\ \text{min}$ = **78,8 min**

41. a) $0{,}0217 = \frac{\mathbf{217}}{\mathbf{10\,000}}$

b) $2{,}347 = \mathbf{2\frac{347}{1000}}$

c) $0{,}3100 = \mathbf{\frac{31}{100}}$

d) $17{,}17 = \mathbf{17\frac{17}{100}}$

42. a) $\frac{9}{20} = \mathbf{0{,}45}$

b) $\frac{3}{8} = \mathbf{0{,}375}$

c) $\frac{7}{40} = \mathbf{0{,}175}$

d) $\frac{9}{16} = \mathbf{0{,}5625}$

43. a) $2{,}62$

$\frac{21}{8} = 2{,}625$

$2\frac{3}{50} = 2{,}06$

$1{,}701$

$1\frac{8}{5} = 2{,}6$

$\Rightarrow$ $\mathbf{1{,}701 < 2\frac{3}{50} < 1\frac{8}{5} < 2{,}62 < \frac{21}{8}}$

b) $\frac{3}{8} = 0{,}375$

$\Rightarrow$ **0,38 ist größer.**

Die Zahl **0,3775** liegt in der Mitte zwischen den Zahlen.

44. a) $16{,}9888 \approx \mathbf{17{,}0}$

b) $37{,}4949 \approx \mathbf{37{,}49}$

c) $28{,}3663 \approx \mathbf{28{,}366}$

d) $0{,}00495 \approx \mathbf{0{,}0050}$

45. a) 4,25: $\{x \mid 4{,}245 \leq x < 4{,}255\}$

b) 19,613: $\{x \mid 19{,}6125 \leq x < 19{,}6135\}$

c) 8,1: $\{x \mid 8{,}05 \leq x < 8{,}15\}$

d) 6: $\{x \mid 5{,}5 \leq x < 6{,}5\}$

e) 27,49 s: $\{x \mid 27{,}485\ s \leq x < 27{,}495\ s\}$

46.

Augenzahl	1	2	3	4	5	6
absolute Häufigkeit	3	2	4	3	5	3

47.

Verkehrsmittel	Pkw	Lkw	Bus	Fahrrad	Motorrad
absolute Häufigkeit	27	16	3	19	5

48.

Blutgruppe	AB	A	B	0
absolute Häufigkeit	102	894	208	796
relative Häufigkeit	$\frac{102}{2000} =$ 0,051	$\frac{894}{2000} =$ 0,447	$\frac{208}{2000} =$ 0,104	$\frac{796}{2000} =$ 0,398

49. a)

Note	1	2	3	4	5	6
absolute Häufigkeit	3	4	8	7	2	1
relative Häufigkeit	$\frac{3}{25} =$ 0,12	$\frac{4}{25} =$ 0,16	$\frac{8}{25} =$ 0,32	$\frac{7}{25} =$ 0,28	$\frac{2}{25} =$ 0,08	$\frac{1}{25} =$ 0,04

b) (1) **0,12**
(2) **0,60**
(3) **0,40**
(4) **0,84**

50. a) $\frac{50}{100} = \mathbf{0{,}5}$

b) $\frac{11}{100} = \mathbf{0{,}11}$

c) $\frac{5}{100} = \mathbf{0{,}05}$, weil es fünf Zahlen gibt, die durch $2 \cdot 9 = 18$ teilbar sind.

d) $\frac{56}{100} = \mathbf{0{,}56} = 0{,}5 + 0{,}11 - 0{,}05$ (siehe Lösungen zu Teilaufgabe a–c)

e) $\frac{51}{100} = \mathbf{0{,}51}$, weil es 45 Zahlen gibt, die durch 2, aber nicht durch 9, und sechs Zahlen gibt, die durch 9, aber nicht durch 2 teilbar sind.

f) $\frac{44}{100} = \mathbf{0{,}44}$

g) $\frac{45}{100} = \mathbf{0{,}45}$

51. Wiesen: $46° \mathrel{\hat{=}} \mathbf{\frac{46}{360}}$ Wald: $120° \mathrel{\hat{=}} \mathbf{\frac{120}{360}} = \mathbf{\frac{1}{3}}$ Äcker: $90° \mathrel{\hat{=}} \mathbf{\frac{90}{360}} = \mathbf{\frac{1}{4}}$

Häuser: $70° \mathrel{\hat{=}} \mathbf{\frac{70}{360}}$ Sonstiges: $34° \mathrel{\hat{=}} \mathbf{\frac{34}{360}}$

52. Es wird sich um ein Zufallsexperiment handeln, bei dem die relative Trefferhäufigkeit bei 0,5 liegt, z. B. **beim Wurf einer Münze**.

53. Aus der Aufgabenstellung erhält man die in der Vierfeldertafel unterstrichenen relativen Häufigkeiten.
$h_n(I) = 0{,}3$; $h_n(S) = 0{,}2$; $h_n(I \cap S) = 0{,}06$
Die restlichen relativen Häufigkeiten sind ergänzt.

	S	$\overline{S}$	
I	$\underline{0{,}06}$	0,24	$\underline{0{,}3}$
$\overline{I}$	0,14	0,56	0,7
	$\underline{0{,}2}$	0,8	1

Gesucht sind die folgenden relativen Häufigkeiten:

a) $h_n(S \cap \overline{I}) = \mathbf{0{,}14}$

b) $h_n(I \cap \overline{S}) = \mathbf{0{,}24}$

c) $h_n(\overline{I} \cap \overline{S}) = \mathbf{0{,}56}$

d) $h_n(S \cap \overline{I}) + h_n(I \cap \overline{S}) = 0{,}14 + 0{,}24 = \mathbf{0{,}38}$

e) $h_n(I \cap \bar{S}) + h_n(S \cap \bar{I}) + h_n(\bar{I} \cap \bar{S}) = 0{,}24 + 0{,}14 + 0{,}56 = \mathbf{0{,}94}$
$= 1 - h_n(I \cap S)$

f) $h_n(I \cap \bar{S}) + h_n(S \cap \bar{I}) + h_n(I \cap S) = 0{,}24 + 0{,}14 + 0{,}06 = \mathbf{0{,}44}$
$= 1 - h_n(\bar{I} \cap \bar{S})$

54. Aus der Aufgabenstellung erhält man die in der Vierfeldertafel unterstrichenen relativen Häufigkeiten.
$h_n(B) = 0{,}08$; $h_n(A \cap B) = 0{,}02$; $h_n(A \cap \bar{B}) = 0{,}12 - 0{,}08 = 0{,}04$
Die restlichen relativen Häufigkeiten sind ergänzt.

	B	$\bar{B}$	
A	<u>0,02</u>	0,04	0,06
$\bar{A}$	0,06	<u>0,88</u>	0,94
	<u>0,08</u>	0,92	1

Gesucht ist die relative Häufigkeit
$h_n(A \cap \bar{B}) + h_n(\bar{A} \cap B) = 0{,}04 + 0{,}06 = \mathbf{0{,}10}$.

55. Aus der Aufgabenstellung erhält man die in der Vierfeldertafel unterstrichenen relativen Häufigkeiten.
$h_n(G) = 0{,}30$; $h_n(G \cap I) = 0{,}05$; $h_n(\bar{G} \cap \bar{I}) = 0{,}40$
Die restlichen relativen Häufigkeiten sind ergänzt.

	I	$\bar{I}$	
G	<u>0,05</u>	0,25	<u>0,30</u>
$\bar{G}$	0,30	<u>0,40</u>	0,70
	0,35	0,65	1

Gesucht ist die relative Häufigkeit $h_n(I \cap \bar{G}) = \mathbf{0{,}30}$.

56. a) $3\frac{5}{12} + 5\frac{7}{12} = 8\frac{12}{12} = \mathbf{9}$

b) $8\frac{1}{2} + 9\frac{3}{4} = 8\frac{2}{4} + 9\frac{3}{4} = 17\frac{5}{4} = \mathbf{18\frac{1}{4}}$

c) $1\frac{11}{12} + \frac{3}{4} + \frac{1}{2} = 1\frac{11}{12} + \frac{9}{12} + \frac{6}{12} = 1\frac{26}{12} = 3\frac{2}{12} = \mathbf{3\frac{1}{6}}$

d) $8\frac{1}{5} + 2\frac{9}{20} + \frac{3}{10} = 8\frac{4}{20} + 2\frac{9}{20} + \frac{6}{20} = \mathbf{10\frac{19}{20}}$

57. a) $\frac{2}{3}+\frac{4}{5}+\frac{4}{3}=\left(\frac{2}{3}+\frac{4}{3}\right)+\frac{4}{5}=2+\frac{4}{5}=\mathbf{2\frac{4}{5}}$

b) $5\frac{3}{4}+12\frac{1}{3}+6\frac{1}{4}=\left(5\frac{3}{4}+6\frac{1}{4}\right)+12\frac{1}{3}=12+12\frac{1}{3}=\mathbf{24\frac{1}{3}}$

c) $3\frac{1}{7}+2\frac{5}{9}+5\frac{6}{7}+8\frac{5}{9}=\left(3\frac{1}{7}+5\frac{6}{7}\right)+\left(2\frac{5}{9}+8\frac{5}{9}\right)=9+10\frac{10}{9}=9+11\frac{1}{9}$

$=\mathbf{20\frac{1}{9}}$

d) $2\frac{1}{3}+1\frac{1}{4}+1\frac{5}{6}+\frac{3}{4}=\left(2\frac{2}{6}+1\frac{5}{6}\right)+\left(1\frac{1}{4}+\frac{3}{4}\right)=3\frac{7}{6}+2=4\frac{1}{6}+2=\mathbf{6\frac{1}{6}}$

58. a) $6\frac{1}{5}-2\frac{4}{5}=5\frac{6}{5}-2\frac{4}{5}=\mathbf{3\frac{2}{5}}$

b) $8\frac{1}{2}-5\frac{2}{3}=8\frac{3}{6}-5\frac{4}{6}=7\frac{9}{6}-5\frac{4}{6}=\mathbf{2\frac{5}{6}}$

c) $20\frac{1}{4}-19\frac{5}{6}=20\frac{3}{12}-19\frac{10}{12}=19\frac{15}{12}-19\frac{10}{12}=\mathbf{\frac{5}{12}}$

d) $17\frac{11}{12}-12\frac{7}{8}=17\frac{22}{24}-12\frac{21}{24}=\mathbf{5\frac{1}{24}}$

59. a) $12\frac{1}{6}+3\frac{5}{8}-2\frac{7}{12}=12\frac{4}{24}+3\frac{15}{24}-2\frac{14}{24}=15\frac{19}{24}-2\frac{14}{24}=\mathbf{13\frac{5}{24}}$

b) $\left(8\frac{1}{3}+2\frac{1}{4}\right)-\left(1\frac{3}{4}+4\frac{5}{6}\right)=\left(8\frac{4}{12}+2\frac{3}{12}\right)-\left(1\frac{9}{12}+4\frac{10}{12}\right)=$

$=10\frac{7}{12}-5\frac{19}{12}=9\frac{19}{12}-5\frac{19}{12}=\mathbf{4}$

c) $3\frac{1}{3}-\frac{3}{4}+2\frac{5}{6}-4\frac{1}{4}=\left(3\frac{4}{12}+2\frac{10}{12}\right)-\left(\frac{9}{12}+4\frac{3}{12}\right)=5\frac{14}{12}-5=$

$=\frac{14}{12}=1\frac{2}{12}=\mathbf{1\frac{1}{6}}$

d) $18\frac{1}{2}-14\frac{2}{3}+16\frac{1}{4}-11\frac{3}{7}=\left(18\frac{2}{4}+16\frac{1}{4}\right)-\left(14\frac{14}{21}+11\frac{9}{21}\right)=34\frac{3}{4}-25\frac{23}{21}=$

$=34\frac{3}{4}-26\frac{2}{21}=34\frac{63}{84}-26\frac{8}{84}=\mathbf{8\frac{55}{84}}$

60. a)

$8\frac{3}{8}$

$4\frac{3}{4}$ | $\mathbf{3\frac{5}{8}}$

$\mathbf{3\frac{1}{2}}$ | $\mathbf{1\frac{1}{4}}$ | $2\frac{3}{8}$

b)

$19\frac{3}{4}$

$\mathbf{10\frac{7}{12}}$ | $9\frac{1}{6}$

$5\frac{2}{3}$ | $\mathbf{4\frac{11}{12}}$ | $\mathbf{4\frac{1}{4}}$

$2\frac{1}{6}$ | $\mathbf{3\frac{1}{2}}$ | $\mathbf{1\frac{5}{12}}$ | $\mathbf{2\frac{5}{6}}$

61. a) $7{,}349+4{,}08+9{,}9+2{,}94=7{,}349+4{,}080+9{,}900+2{,}940=\mathbf{24{,}269}$

b) $10{,}45321-0{,}953=10{,}45321-0{,}95300=\mathbf{9{,}50021}$

c) $7{,}3+\frac{1}{2}+6{,}44+1\frac{5}{8}=7{,}300+0{,}500+6{,}440+1{,}625=\mathbf{15{,}865}$

d) $(88{,}43-5{,}1)-(77{,}44-22{,}388)=(88{,}43-5{,}10)-(77{,}440-22{,}388)=$
$=83{,}33-55{,}052=83{,}330-55{,}052=\mathbf{28{,}278}$

e) $581{,}66-(22{,}761+86{,}52)-(98{,}9-93{,}645)=$
$=581{,}66-(22{,}761+86{,}520)-(98{,}900-93{,}645)=$
$=581{,}66-109{,}281-5{,}255=$
$=581{,}660-(109{,}281+5{,}255)=$
$=581{,}660-114{,}536=\mathbf{467{,}124}$

f) $70{,}365-[(36{,}501-0{,}11)-(212{,}2-198{,}76)]=$
$=70{,}365-[(36{,}501-0{,}110)-(212{,}200-198{,}760)]=$
$=70{,}365-[36{,}391-13{,}440]=$
$=70{,}365-22{,}951=\mathbf{47{,}414}$

g) Das Geld reicht natürlich. Peter muss **3,77 €** bezahlen und bekommt **1,23 €** zurück.

62. a) $2\frac{2}{3}\cdot\frac{9}{16}=\frac{8}{3}\cdot\frac{9}{16}=\frac{8\cdot 9}{3\cdot 16}=\frac{1\cdot 3}{1\cdot 2}=\frac{3}{2}=\mathbf{1\frac{1}{2}}$

b) $3\frac{2}{5}\cdot 2\frac{2}{34}=\frac{17}{5}\cdot\frac{70}{34}=\frac{17\cdot 70}{5\cdot 34}=\frac{1\cdot 14}{1\cdot 2}=\mathbf{7}$

c) $9\frac{7}{25}\cdot 2\frac{3}{29}=\frac{232}{25}\cdot\frac{61}{29}=\frac{232\cdot 61}{25\cdot 29}=\frac{8\cdot 61}{25\cdot 1}=\frac{488}{25}=\mathbf{19\frac{13}{25}}$

d) $9\frac{9}{11}\cdot 11\frac{11}{12}\cdot\frac{3}{26}=\frac{108\cdot 143\cdot 3}{11\cdot 12\cdot 26}=\frac{9\cdot 13\cdot 3}{1\cdot 1\cdot 26}=\frac{9\cdot 1\cdot 3}{2}=\frac{27}{2}=\mathbf{13\frac{1}{2}}$

63. a) $\frac{99}{111}:33=\frac{99}{111\cdot 33}=\frac{3}{111\cdot 1}=\mathbf{\frac{1}{37}}$

b) $2\frac{9}{20}:1\frac{3}{4}=\frac{49}{20}:\frac{7}{4}=\frac{49\cdot 4}{20\cdot 7}=\frac{7\cdot 1}{5\cdot 1}=\frac{7}{5}=\mathbf{1\frac{2}{5}}$

c) $\left(1\frac{1}{2}:\frac{3}{5}\right)\cdot 1\frac{2}{5}=\left(\frac{3}{2}\cdot\frac{5}{3}\right)\cdot\frac{7}{5}=\frac{3\cdot 5\cdot 7}{2\cdot 3\cdot 5}=\frac{7}{2}=\mathbf{3\frac{1}{2}}$

d) $\left(17\frac{1}{7}\cdot 1\frac{9}{26}\right):2\frac{3}{16}=\left(\frac{120}{7}\cdot\frac{35}{26}\right):\frac{35}{16}=\frac{120\cdot 35\cdot 16}{7\cdot 26\cdot 35}=\frac{120\cdot 1\cdot 8}{7\cdot 13\cdot 1}=$

$=\frac{960}{91}=\mathbf{10\frac{50}{91}}$

64. a) $\dfrac{1+\frac{1}{2}}{2+\frac{1}{1}}=\dfrac{\frac{3}{2}}{3}=\mathbf{\frac{1}{2}}$

b) $\dfrac{2+\frac{1}{3}}{3+\frac{1}{2}}=\dfrac{\frac{7}{3}}{\frac{7}{2}}=\mathbf{\frac{2}{3}}$

c) $\dfrac{3+\frac{1}{4}}{4+\frac{1}{3}}=\dfrac{\frac{13}{4}}{\frac{13}{3}}=\mathbf{\frac{3}{4}}$

Die drei nächsten Brüche:

d) $\mathbf{\dfrac{4+\frac{1}{5}}{5+\frac{1}{4}}=\frac{4}{5}}$

e) $\dfrac{5+\frac{1}{6}}{6+\frac{1}{5}} = \dfrac{5}{6}$

f) $\dfrac{6+\frac{1}{7}}{7+\frac{1}{6}} = \dfrac{6}{7}$

65. Summe: $\frac{4}{9}+\frac{5}{18}+\frac{7}{36}+\frac{1}{36}=\frac{16+10+7+1}{36}=\frac{34}{36}$

$\frac{4}{9}=\frac{16}{36}$	$\frac{3}{36}=\frac{1}{12}$	$\frac{2}{36}=\frac{1}{18}$	$\frac{13}{36}$
$\frac{5}{36}$	$\frac{5}{18}=\frac{10}{36}$	$\frac{11}{36}$	$\frac{2}{9}=\frac{8}{36}$
$\frac{1}{4}=\frac{9}{36}$	$\frac{6}{36}=\frac{1}{6}$	$\frac{7}{36}$	$\frac{12}{36}=\frac{1}{3}$
$\frac{4}{36}=\frac{1}{9}$	$\frac{5}{12}=\frac{15}{36}$	$\frac{7}{18}=\frac{14}{36}$	$\frac{1}{36}$

66. a) Es wird in Stunden gerechnet.
$180:90+180:120=2+1{,}5=3{,}5$
Das Auto benötigt **3,5 h = 3 h 30 min**.

b) Es wird in $\frac{\text{km}}{\text{h}}$ gerechnet.
$360:3{,}5=102{,}85\approx 102{,}9$
Die mittlere Geschwindigkeit beträgt **102,9** $\frac{\text{km}}{\text{h}}$.

67. a) (1) $u_K = 2\cdot r\cdot\pi$ und $\pi\approx\frac{22}{7}$

$$44 = 2\cdot r\cdot\frac{22}{7}$$

$$44=\frac{44}{7}\cdot r \;\Rightarrow\; r = 7\text{ cm}$$

(2) $A = r^2 \cdot \pi$ und $\pi \approx \frac{22}{7}$

$A = 30^2 \cdot \frac{22}{7}\,\text{cm}^2 \approx \mathbf{2828{,}57\ cm^2}$

(3) $u_K = 2 \cdot r \cdot \pi$ und $\pi \approx \frac{22}{7}$

$u_K = 2 \cdot 6380 \cdot \frac{22}{7}\,\text{km} = 40102{,}86\ \text{km} \approx \mathbf{40103\ km}$

b) $A_{Abfall} = 40 \cdot 36\ \text{cm}^2 - 17{,}5^2 \cdot \frac{22}{7}\,\text{cm}^2$

$= 1440\ \text{cm}^2 - 962{,}5\ \text{cm}^2 = \mathbf{477{,}5\ cm^2}$

Es fallen **477,5 cm²** Abfall an.

c) $s = 125 \cdot 2 \cdot 28 \cdot \frac{22}{7}\,\text{cm} = 22000\ \text{cm} = \mathbf{220\ m}$

Das Vorderrad legt eine Strecke von **220 m** zurück.

68. a)
$$\begin{array}{r}
\underline{28{,}143 \cdot 17{,}01} \\
28143 \\
1970010 \\
\underline{28143} \\
\mathbf{478{,}71243}
\end{array}$$

b)
$$\begin{array}{r}
\underline{44{,}44 \cdot 0{,}044} \\
17776 \\
\underline{17776} \\
\mathbf{1{,}95536}
\end{array}$$

c)
$$\begin{array}{r}
\underline{169{,}1 \cdot 13{,}45} \\
1691 \\
5073 \\
6764 \\
\underline{8455} \\
\mathbf{2274{,}395}
\end{array}$$

d)
$$\begin{array}{r}
\underline{9{,}99 \cdot 0{,}111} \\
999 \\
999 \\
\underline{999} \\
\mathbf{1{,}10889}
\end{array}$$

e) $618{,}3416 \cdot 0{,}0058 \approx 6{,}18 \cdot 0{,}58 \approx 6{,}2 \cdot 0{,}6 \approx$ **3,66**

f) $1200 \cdot 1{,}95583 = 2346{,}996 =$ **2347 DM**
Er hat **2347 DM** umgetauscht.

69. a) $897{,}6 : 17 =$ **52,8**

```
897,6 : 17 = 52,8
85
 47
 34
 136
 136
   0
```

b) $721{,}204 : 16{,}28 =$
$72120{,}4 : 1628 =$ **44,3**

```
72120,4 : 1628 = 44,3
6512
 7000
 6512
  4884
  4884
     0
```

c) $91{,}118 : 0{,}145 =$
$91118 : 145 =$ **628,4**

```
91118 : 145 = 628,4
870
 411
 290
 1218
 1160
   580
   580
     0
```

d) $102{,}96 : 1{,}584 =$
$102960 : 1584 =$ **65**

```
102960 : 1584 = 65
9504
 7920
 7920
    0
```

70.

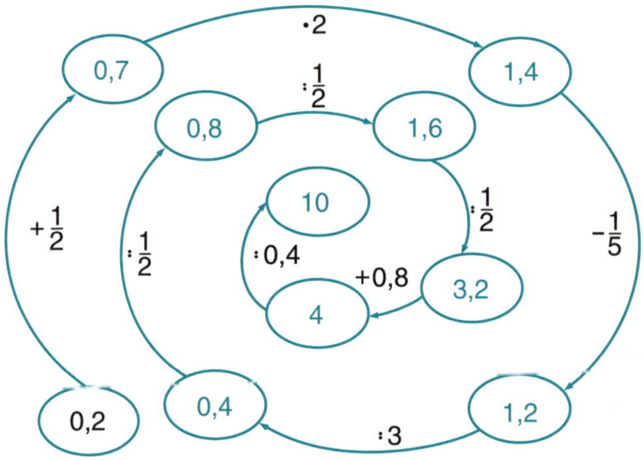

71. a) $22:7=3{,}14285714...=\mathbf{3{,}\overline{142857}}$

21
10
7
30
28
20
14
60
56
40
35
50
49
10
7
30...

b) $624{,}4:18=34{,}688...=\mathbf{34{,}6\overline{8}}$

54
84
72
124
108
160
144
160...

c) $24{,}8:1{,}5=$
$248:15=16{,}533...=\mathbf{16{,}5\overline{3}}$

15
98
90
80
75
50
45
50...

d) $88{,}6:0{,}12=$
$8860:12=738{,}33...=\mathbf{738{,}\overline{3}}$

84
46
36
100
96
40
36
40...

72. a) $\frac{15}{40}=\frac{3}{8}=\mathbf{0{,}375}$

b) $\frac{67}{3}=22\frac{1}{3}=22{,}333...=\mathbf{22{,}\overline{3}}$

c) $6\frac{7}{11}=6{,}6363...=\mathbf{6{,}\overline{63}}$

NR: $7:11=0{,}636$
$\begin{array}{l} 70 \\ \underline{66} \\ \;\;40 \\ \;\;\underline{33} \\ \;\;\;\;70... \end{array}$

d) $1\frac{29}{30}=1{,}9666...=\mathbf{1{,}9\overline{6}}$

NR: $29:30=0{,}966...$
$\begin{array}{l} 290 \\ \underline{270} \\ \;\;200 \\ \;\;\underline{180} \\ \;\;\;\;200... \end{array}$

73. a) **KOMMAVERSCHIEBUNG**

b) **DEZIMALZAHL**

c) **GLEICHNAMIG**

d) **REINPERIODISCH**

e) **STELLENWERT**

f) **UNENDLICHER**

74. a) $\left(4\frac{1}{3}+5\frac{5}{6}\right):5\frac{1}{12}=\mathbf{\left(4\frac{2}{6}+5\frac{5}{6}\right):5\frac{1}{12}}=9\frac{7}{6}:5\frac{1}{12}=\frac{61}{6}:\frac{61}{12}=\frac{61\cdot 12}{6\cdot 61}=\mathbf{2}$

oder

$$\left(4\frac{1}{3}+5\frac{5}{6}\right):5\frac{1}{12}=\mathbf{4\frac{1}{3}:5\frac{1}{12}+5\frac{5}{6}:5\frac{1}{12}}=\frac{13}{3}:\frac{61}{12}+\frac{35}{6}:\frac{61}{12}=$$
$$=\frac{13\cdot 12}{3\cdot 61}+\frac{35\cdot 12}{6\cdot 61}=\frac{13\cdot 4}{1\cdot 61}+\frac{35\cdot 2}{61}=\frac{52}{61}+\frac{70}{61}=\frac{122}{61}=\mathbf{2}$$

b) $\left(5\frac{1}{8}+5\frac{2}{3}\right)\cdot 2\frac{1}{4}=\mathbf{\left(5\frac{3}{24}+5\frac{16}{24}\right)\cdot 2\frac{1}{4}}=10\frac{19}{24}\cdot 2\frac{1}{4}=\frac{259}{24}\cdot\frac{9}{4}=$
$$=\frac{259\cdot 9}{24\cdot 4}=\frac{259\cdot 3}{8\cdot 4}=\frac{777}{32}=\mathbf{24\frac{9}{32}}$$

oder

$$\left(5\frac{1}{8}+5\frac{2}{3}\right)\cdot 2\frac{1}{4}=\mathbf{5\frac{1}{8}\cdot 2\frac{1}{4}+5\frac{2}{3}\cdot 2\frac{1}{4}}=\frac{41}{8}\cdot\frac{9}{4}+\frac{17}{3}\cdot\frac{9}{4}=$$
$$=\frac{41\cdot 9}{8\cdot 4}+\frac{17\cdot 3}{1\cdot 4}=\frac{369}{32}+\frac{51}{4}=\frac{369}{32}+\frac{408}{32}=$$
$$=\frac{777}{32}=\mathbf{24\frac{9}{32}}$$

c) $(4{,}8+1{,}2):0{,}6=6:0{,}6=\mathbf{10}$

oder

$(4{,}8+1{,}2):0{,}6=4{,}8:0{,}6+1{,}2:0{,}6=8+2=\mathbf{10}$

d) $(2{,}4-1{,}5)\cdot 1{,}25=0{,}9\cdot 1{,}25=\mathbf{1{,}125}$

oder

$(2{,}4-1{,}5)\cdot 1{,}25=2{,}4\cdot 1{,}25-1{,}5\cdot 1{,}25=3-1{,}875=\mathbf{1{,}125}$

75. a) $10\frac{8}{9}:\frac{35}{17}-1\frac{9}{16}\cdot 1\frac{11}{45}+5\frac{6}{9}:10=$

$$=\frac{98}{9}\cdot\frac{17}{35}-\frac{25}{16}\cdot\frac{56}{45}+\frac{51}{9}\cdot\frac{1}{10}=$$
$$=\frac{98\cdot 17}{9\cdot 35}-\frac{25\cdot 56}{16\cdot 45}+\frac{51\cdot 1}{9\cdot 10}=\frac{14\cdot 17}{9\cdot 5}-\frac{5\cdot 7}{2\cdot 9}+\frac{17}{3\cdot 10}=$$
$$=\frac{238}{45}-\frac{35}{18}+\frac{17}{30}=\frac{476}{90}-\frac{175}{90}+\frac{51}{90}=\frac{352}{90}=3\frac{82}{90}=\mathbf{3\frac{41}{45}}$$

b) $\frac{77}{18}:\frac{35}{27}-\left(\frac{8}{15}+\frac{3}{10}\right)+\frac{23}{45}:\frac{1}{3}=\frac{77}{18}\cdot\frac{27}{35}-\left(\frac{16}{30}+\frac{9}{30}\right)+\frac{23}{45}\cdot 3=$

$$=\frac{77\cdot 27}{18\cdot 35}-\frac{25}{30}+\frac{23}{15}=\frac{11\cdot 3}{2\cdot 5}-\frac{5}{6}+\frac{23}{15}=\frac{33}{10}-\frac{5}{6}+\frac{23}{15}=$$
$$=\frac{99}{30}-\frac{25}{30}+\frac{46}{30}=\frac{120}{30}=\mathbf{4}$$

c) $\left[\left(4\frac{1}{2}-2\cdot 1\frac{1}{3}+1\frac{1}{3}\right)\cdot 10-6\frac{1}{3}\right]:\frac{20}{7}-8\frac{2}{3}=$

$$=\left[\left(\frac{9}{2}-2\cdot\frac{4}{3}+\frac{4}{3}\right)\cdot 10-6\frac{1}{3}\right]\cdot\frac{7}{20}-8\frac{2}{3}=$$
$$=\left[\left(\frac{9}{2}-\frac{8}{3}+\frac{4}{3}\right)\cdot 10-6\frac{1}{3}\right]\cdot\frac{7}{20}-8\frac{2}{3}=\left[\left(\frac{27}{6}-\frac{8}{6}\right)\cdot 10-6\frac{1}{3}\right]\cdot\frac{7}{20}-8\frac{2}{3}=$$
$$=\left[\frac{19}{6}\cdot 10-6\frac{1}{3}\right]\cdot\frac{7}{20}-8\frac{2}{3}=\left[\frac{95}{3}-\frac{19}{3}\right]\cdot\frac{7}{20}-8\frac{2}{3}=\frac{76\cdot 7}{3\cdot 20}-8\frac{2}{3}=$$
$$=\frac{19\cdot 7}{3\cdot 5}-8\frac{2}{3}=\frac{133}{15}-\frac{26}{3}=\frac{133}{15}-\frac{130}{15}=\frac{3}{15}=\mathbf{\frac{1}{5}}$$

d) $\left(3\frac{3}{8}:4\frac{1}{2}-\frac{1}{2}\right)\cdot 5\frac{1}{3}+2\frac{2}{3}-7\frac{5}{8}:3\frac{1}{20}=$

$=\left(\frac{27}{8}:\frac{9}{2}-\frac{1}{2}\right)\cdot\frac{16}{3}+2\frac{2}{3}-\frac{61}{8}:\frac{61}{20}=$

$=\left(\frac{27\cdot 2}{8\cdot 9}-\frac{1}{2}\right)\cdot\frac{16}{3}+2\frac{2}{3}-\frac{61\cdot 20}{8\cdot 61}=$

$=\left(\frac{3}{4}-\frac{1}{2}\right)\cdot\frac{16}{3}+2\frac{2}{3}-\frac{5}{2}=\frac{1\cdot 16}{4\cdot 3}+2\frac{2}{3}-\frac{5}{2}=\frac{4}{3}+2\frac{2}{3}-\frac{5}{2}=$

$=4-\frac{5}{2}=\frac{3}{2}=$ **$1\frac{1}{2}$**

e) $\left[\left(5\frac{1}{9}\cdot 1\frac{7}{23}-4\frac{7}{8}\right)\cdot\frac{7}{43}+\frac{5}{8}\cdot\left(6-4\frac{1}{3}\right)\right]\cdot\frac{3}{4}=$

$=\left[\left(\frac{46\cdot 30}{9\cdot 23}-4\frac{7}{8}\right)\cdot\frac{7}{43}+\frac{5}{8}\cdot\frac{5}{3}\right]\cdot\frac{3}{4}=\left[\left(\frac{2\cdot 10}{3\cdot 1}-4\frac{7}{8}\right)\cdot\frac{7}{43}+\frac{25}{24}\right]\cdot\frac{3}{4}=$

$=\left[\left(\frac{160}{24}-\frac{117}{24}\right)\cdot\frac{7}{43}+\frac{25}{24}\right]\cdot\frac{3}{4}=\left[\frac{43\cdot 7}{24\cdot 43}+\frac{25}{24}\right]\cdot\frac{3}{4}=\frac{32\cdot 3}{24\cdot 4}=$ **1**

f) $621{,}24-[423{,}43-(95{,}835-82{,}7018)]-195{,}9432=$
$=621{,}24-[423{,}4300-(95{,}8350-82{,}7018)]-195{,}9432=$
$=621{,}24-[423{,}4300-13{,}1332]-195{,}9432=$
$=621{,}24-410{,}2968-195{,}9432=621{,}2400-[410{,}2968+195{,}9432]=$
$=621{,}24-606{,}24=$ **15**

g) $(11{,}23+3{,}199):(8{,}125-8{,}078)=(11{,}230+3{,}199):(8{,}125-8{,}078)=$
$=14{,}429:0{,}047=14\,429:47=$ **307**

h) $(233{,}2+195{,}55):[(33{,}217+211{,}783)\cdot 0{,}5]=$
$=(233{,}20+195{,}55):[245\cdot 0{,}5]=428{,}75:122{,}5=4\,287{,}5:1\,225=$ **3,5**

i) $\dfrac{\left(2\frac{2}{3}+\frac{3}{8}\right):\frac{1}{2}}{\left(5\frac{2}{3}-2\frac{5}{8}\right)\cdot\frac{1}{2}}=\left[\left(2\frac{2}{3}+\frac{3}{8}\right):\frac{1}{2}\right]:\left[\left(5\frac{2}{3}-2\frac{5}{8}\right)\cdot\frac{1}{2}\right]=$

$=\left[\left(2\frac{16}{24}+\frac{9}{24}\right)\cdot 2\right]:\left[\left(5\frac{16}{24}-2\frac{15}{24}\right)\cdot\frac{1}{2}\right]=\left[\frac{73\cdot 2}{24}\right]:\left[\frac{73\cdot 1}{24\cdot 2}\right]=$

$=\frac{73}{12}:\frac{73}{48}=\frac{73\cdot 48}{12\cdot 73}=$ **4**

j) $\dfrac{1{,}17\cdot 3{,}5}{7{,}5\cdot 0{,}15}=(1{,}17\cdot 3{,}5):(7{,}5\cdot 0{,}15)=4{,}095:1{,}125=$
$=4095:1125=$ **3,64**

76. a) $\left(1\frac{1}{8}+1\frac{1}{6}\right):\left(2\frac{1}{4}-1\frac{3}{20}\right)=$

$=\left(1\frac{3}{24}+1\frac{4}{24}\right):\left(2\frac{5}{20}-1\frac{3}{20}\right)=2\frac{7}{24}:1\frac{1}{10}=\frac{55}{24}:\frac{11}{10}=$

$=\frac{55\cdot 10}{24\cdot 11}=\frac{5\cdot 5}{12\cdot 1}=\frac{25}{12}=2\frac{1}{12}$

b) $10\frac{8}{9}:3\frac{4}{15}-1\frac{9}{16}\cdot\frac{56}{45}=$

$=\frac{98\cdot 15}{9\cdot 49}-\frac{25\cdot 56}{16\cdot 45}=\frac{2\cdot 5}{3\cdot 1}-\frac{5\cdot 7}{2\cdot 9}=\frac{10}{3}-\frac{35}{18}=$

$=\frac{60}{18}-\frac{35}{18}=\frac{25}{18}=1\frac{7}{18}$

c) $2\frac{1}{2}\cdot\frac{3}{4}+\frac{3}{4}\cdot 18-3:\frac{15}{8}=\frac{5\cdot 3}{2\cdot 4}+\frac{3\cdot 18}{4}-\frac{3\cdot 8}{15}=$

$=\frac{15}{8}+\frac{27}{2}-\frac{8}{5}=\frac{75}{40}+\frac{540}{40}-\frac{64}{40}=\frac{551}{40}=13\frac{31}{40}$

d) $\left(2\frac{1}{2}\right)^2-\left(2\frac{1}{6}-1\frac{3}{4}\right)\cdot\frac{1}{4}=$

$=\frac{5}{2}\cdot\frac{5}{2}-\left(2\frac{2}{12}-1\frac{9}{12}\right)\cdot\frac{1}{4}=\frac{25}{4}-\frac{5\cdot 1}{12\cdot 4}=\frac{300}{48}-\frac{5}{48}=$

$=\frac{295}{48}=6\frac{7}{48}$

e) $(8{,}41+22{,}038)-1{,}31\cdot 12{,}45=30{,}448-16{,}3095=14{,}1385$

f) $(13{,}806-11{,}34):(0{,}62+0{,}75)=2{,}466:1{,}37=1{,}8$

g) $6{,}41\cdot 7{,}9+17{,}625:23{,}5=50{,}639+0{,}75=51{,}389$

h) $(14{,}625:0{,}13)\cdot(13{,}049-3{,}094)=112{,}5\cdot 9{,}955=1119{,}9375$

77. a) $\frac{4}{5}:\left[\left(\frac{5}{8}-\frac{1}{3}\right)\cdot 12\right]=\frac{4}{5}:\left[\left(\frac{15}{24}-\frac{8}{24}\right)\cdot 12\right]=$

$=\frac{4}{5}:\left[\frac{7}{24}\cdot 12\right]=\frac{4}{5}:\frac{7}{2}=\frac{4\cdot 2}{5\cdot 7}=\frac{8}{35}$

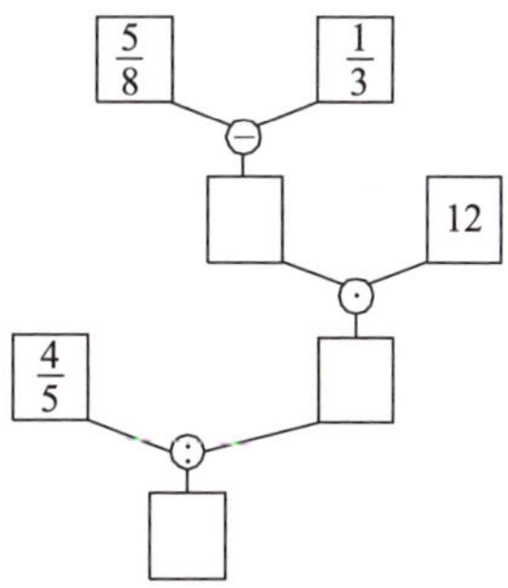

b) $\left[\left(7\frac{3}{4}+\frac{1}{2}\right)-4\frac{2}{7}:\frac{5}{7}\right]:\frac{5}{6}+\left[\frac{7}{8}:1\frac{3}{4}\right]=$

$=\left[8\frac{1}{4}-\frac{30\cdot 7}{7\cdot 5}\right]:\frac{5}{6}+\frac{7\cdot 4}{8\cdot 7}=$

$=\left[8\frac{1}{4}-6\right]:\frac{5}{6}+\frac{1}{2}=$

$=2\frac{1}{4}:\frac{5}{6}+\frac{1}{2}=\frac{9\cdot 6}{4\cdot 5}+\frac{1}{2}=\frac{27}{10}+\frac{5}{10}=\frac{32}{10}=$

$=3\frac{2}{10}=\mathbf{3\frac{1}{5}}$

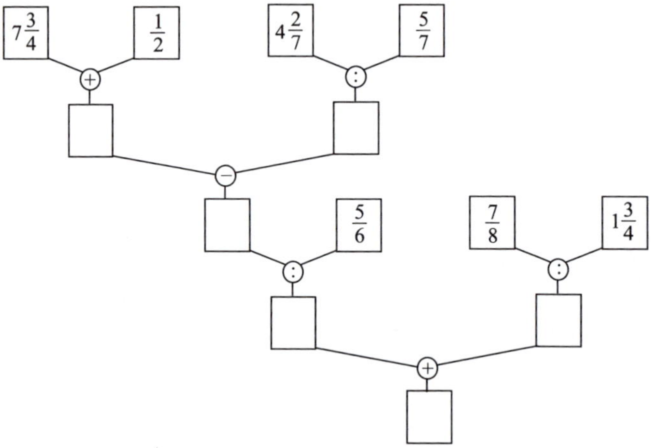

c) $\left(1\frac{1}{5}+\frac{4}{5}\right)-\left(\frac{3}{4}:\frac{1}{2}-1\frac{1}{6}\right)=2-\left(\frac{3\cdot 2}{4}-1\frac{1}{6}\right)=$

$=2-\left(\frac{3}{2}-\frac{7}{6}\right)=2-\left(\frac{9}{6}-\frac{7}{6}\right)=2-\frac{2}{6}=2-\frac{1}{3}=\mathbf{1\frac{2}{3}}$

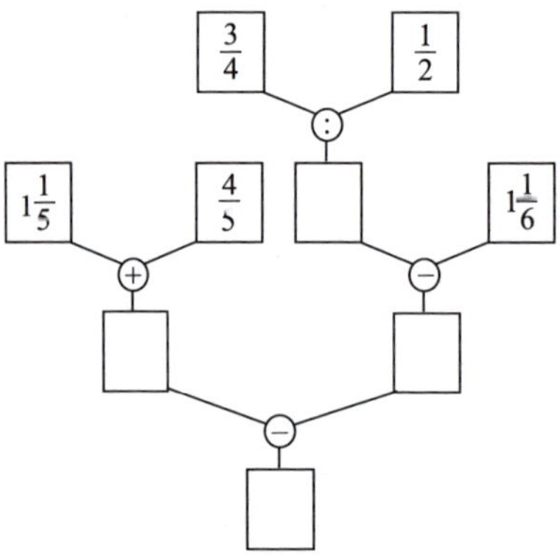

d) $\left(3\frac{7}{12}+2\frac{13}{15}\right)\cdot 1\frac{7}{18}-\frac{7}{12}:2\frac{4}{5}=$

$=\left(3\frac{35}{60}+2\frac{52}{60}\right)\cdot\frac{25}{18}-\frac{7}{12}:\frac{14}{5}=$

$=6\frac{27}{60}\cdot\frac{25}{18}-\frac{7\cdot 5}{12\cdot 14}=6\frac{9}{20}\cdot\frac{25}{18}-\frac{1\cdot 5}{12\cdot 2}=$

$=\frac{129\cdot 25}{20\cdot 18}-\frac{5}{24}=\frac{43\cdot 5}{4\cdot 6}-\frac{5}{24}=\frac{215}{24}-\frac{5}{24}=\frac{210}{24}=8\frac{18}{24}=\mathbf{8\frac{3}{4}}$

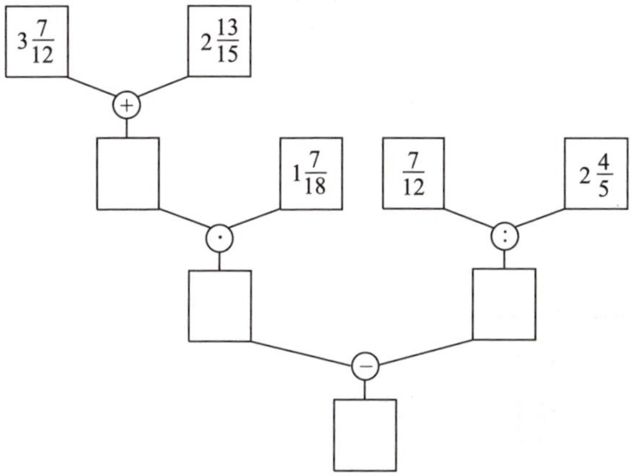

78. a) $\mathbf{7\frac{1}{5}\cdot\frac{3}{4}-3\frac{1}{8}\cdot\frac{64}{125}}=\frac{36\cdot 3}{5\cdot 4}-\frac{25\cdot 64}{8\cdot 125}=\frac{27}{5}-\frac{8}{5}=\frac{19}{5}=\mathbf{3\frac{4}{5}}$

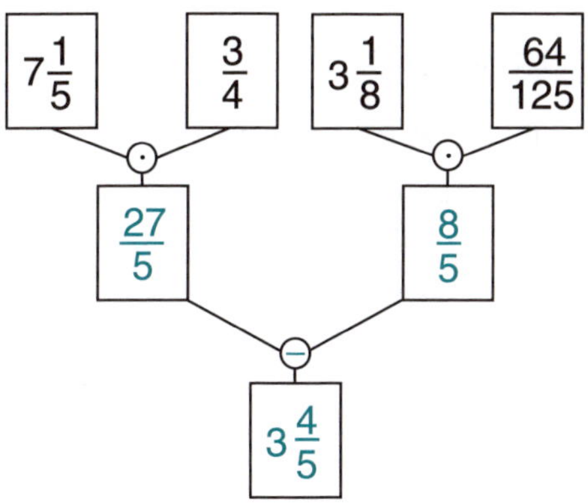

b) $\left[\frac{2}{3}+\left(\frac{7}{8}-\frac{3}{4}\right)\right]:\left[4\frac{1}{2}-7\frac{5}{8}:3\frac{1}{20}\right]=$

$=\left[\frac{2}{3}+\left(\frac{7}{8}-\frac{6}{8}\right)\right]:\left[\frac{9}{2}-\frac{61\cdot 20}{8\cdot 61}\right]=\left[\frac{2}{3}+\frac{1}{8}\right]:\left[\frac{9}{2}-\frac{5}{2}\right]=\left[\frac{16}{24}+\frac{3}{24}\right]:2=$

$=\frac{19}{24}:2=\mathbf{\frac{19}{48}}$

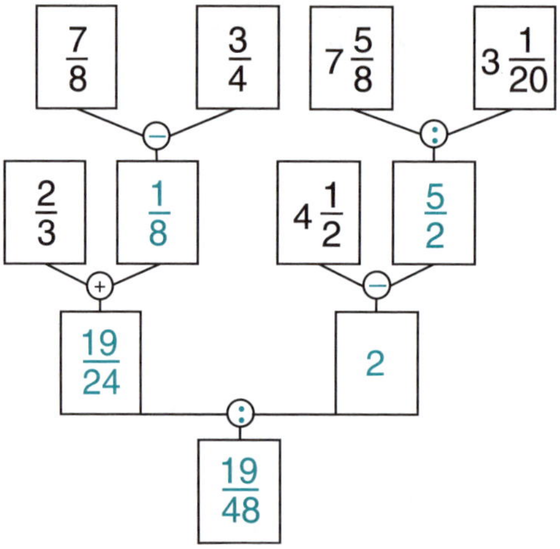

79. a) Der Term ist eine **Differenz**. Der **Minuend** ist der Quotient aus der Summe von a^3 und a und dem Ausdruck a. Der **Subtrahend** ist die Zahl 1.

$T\left(\frac{1}{2}\right)=\left[\left(\frac{1}{2}\right)^3+\frac{1}{2}\right]:\frac{1}{2}-1=\left[\frac{1}{8}+\frac{4}{8}\right]:\frac{1}{2}-1=\frac{5\cdot 2}{8}-1=\frac{5}{4}-1=\mathbf{\frac{1}{4}}$

$T\left(3\frac{1}{4}\right)=\left[\left(3\frac{1}{4}\right)^3+3\frac{1}{4}\right]:3\frac{1}{4}-1=\left[\left(\frac{13}{4}\right)^3+\frac{13}{4}\right]:\frac{13}{4}-1=$

$=\left[\frac{2197}{64}+\frac{208}{64}\right]:\frac{13}{4}-1=\frac{2405\cdot 4}{64\cdot 13}-1=\frac{185\cdot 1}{16\cdot 1}-1=11\frac{9}{16}-1=$

$=\mathbf{10\frac{9}{16}}$

b) Der Term ist eine **Summe**. Der **1. Summand** ist der Quotient aus der Summe von x^2 und 1 und der Zahl 2. Der **2. Summand** ist das Produkt aus x und 2.

$$T(0{,}3) = (0{,}3^2+1):2+0{,}3\cdot 2 = (0{,}09+1):2+0{,}6 = 1{,}09:2+0{,}6$$
$$= 0{,}545+0{,}6 = \mathbf{1{,}145}$$

$$T(2{,}5) = (2{,}5^2+1):2+2{,}5\cdot 2 = (6{,}25+1):2+5 = 7{,}25:2+5$$
$$= 3{,}625+5 = \mathbf{8{,}625}$$

c) Der Term ist eine **Differenz**. Der **Minuend** ist die Summe aus 10 und c. Der **Subtrahend** ist der Quotient aus 1 und c^2.

$$T\left(\frac{1}{3}\right) = \left(10+\frac{1}{3}\right)-1:\left(\frac{1}{3}\right)^2 = 10\frac{1}{3}-9 = \mathbf{1\frac{1}{3}}$$

$$T\left(\frac{4}{5}\right) = \left(10+\frac{4}{5}\right)-1:\left(\frac{4}{5}\right)^2 = 10\frac{4}{5}-\frac{25}{16} = 10\frac{64}{80}-1\frac{45}{80} = \mathbf{9\frac{19}{80}}$$

$$T(1{,}5) = (10+1{,}5)-1:1{,}5^2 = 11{,}5-1:2{,}25 = 11{,}5-0{,}\overline{4} =$$
$$= 11\frac{1}{2}-\frac{4}{9} = 11\frac{9}{18}-\frac{8}{18} = 11\frac{1}{18} = \mathbf{11{,}0\overline{5}}$$

d) Der Term ist ein **Quotient**. Der **Zähler** ist die Summe aus 1 und y^2, der **Nenner** die Differenz aus y^2 und 1

$$T\left(1\frac{2}{3}\right) = \left(1+\left(\frac{5}{3}\right)^2\right):\left(\left(\frac{5}{3}\right)^2-1\right) = \left(1+\frac{25}{9}\right):\left(\frac{25}{9}-1\right) = \frac{34}{9}:\frac{16}{9} =$$
$$= \frac{34}{16} = \frac{17}{8} = \mathbf{2\frac{1}{8}}$$

$$T\left(\frac{3}{2}\right) = \left(1+\left(\frac{3}{2}\right)^2\right):\left(\left(\frac{3}{2}\right)^2-1\right) = \left(1+\frac{9}{4}\right):\left(\frac{9}{4}-1\right) = \frac{13}{4}:\frac{5}{4} = \frac{13}{5} = \mathbf{2\frac{3}{5}}$$

$$T\left(5\frac{1}{3}\right) = \left(1+\left(\frac{16}{3}\right)^2\right):\left(\left(\frac{16}{3}\right)^2-1\right) = \left(1+\frac{256}{9}\right):\left(\frac{256}{9}-1\right) =$$
$$= \frac{265}{9}:\frac{247}{9} = \frac{265}{247} = \mathbf{1\frac{18}{247}}$$

Für $y = 1$ existiert **kein Termwert**, weil die Division durch 0 nicht erlaubt ist.

80. a)

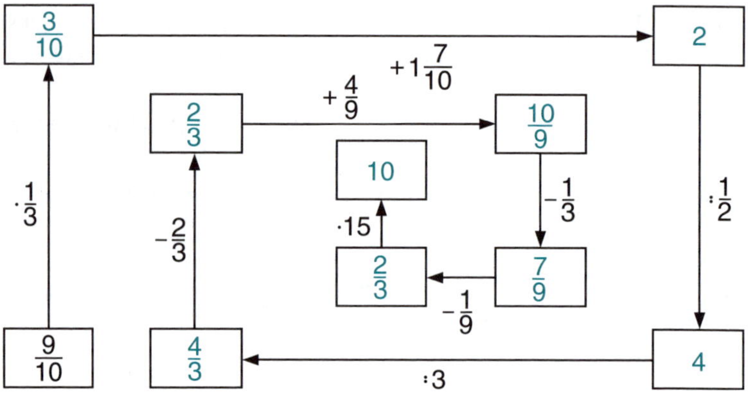

b)

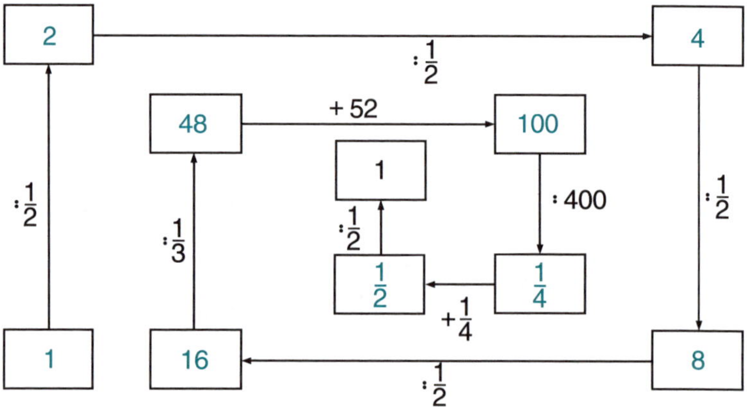

81. a) $1\frac{2}{3}$ b) $\frac{1}{7}$

c) $1\frac{1}{2}$ d) $\frac{1}{4}$

e) 1 f) $2\frac{4}{5}$

g) $1\frac{1}{4}$ h) $1\frac{1}{2}$

i) $\frac{1}{2}$ j) $1\frac{1}{3}$

k) $1\frac{2}{3}$ l) $\frac{7}{8}$

m) $\frac{3}{4}$ n) $1\frac{1}{2}$

o) 1 p) $2\frac{4}{5}$

Lösungswort:

K	Ü	R	Z	E		N	U	R		F	A	K	T	O	R	E	N

82. a)

$$x:\left(\frac{1}{6}+2\frac{1}{12}\right)=3\frac{1}{4}:1\frac{5}{8}$$
$$x:\left(\frac{2}{12}+2\frac{1}{12}\right)=\frac{13\cdot 8}{4\cdot 13}$$
$$x:2\frac{1}{4}=2$$
$$x=2\cdot 2\frac{1}{4}$$
$$x=2\cdot\frac{9}{4}$$
$$x=\frac{9}{2}=\mathbf{4\frac{1}{2}}\quad\Rightarrow\quad \mathbf{L=\left\{4\frac{1}{2}\right\}}$$

b)

$$x-\left(7\frac{3}{8}-5\frac{5}{12}\right)\cdot 1\frac{1}{2}=\left(1\frac{3}{4}+1\frac{7}{16}\right):3$$
$$x-\left(7\frac{9}{24}-5\frac{10}{24}\right)\cdot\frac{3}{2}=\left(1\frac{12}{16}+1\frac{7}{16}\right):3$$
$$x-\left(6\frac{33}{24}-5\frac{10}{24}\right)\cdot\frac{3}{2}=2\frac{19}{16}:3$$
$$x-1\frac{23}{24}\cdot\frac{3}{2}=\frac{51}{16}:3$$
$$x-\frac{47\cdot 3}{24\cdot 2}=\frac{51}{16\cdot 3}$$
$$x-\frac{47}{16}=\frac{17}{16}$$
$$x=\frac{17}{16}+\frac{47}{16}$$
$$x=\frac{64}{16}=\mathbf{4}\quad\Rightarrow\quad \mathbf{L=\{4\}}$$

c) $\left(6\frac{1}{9}-3\frac{1}{15}\right)-x=2\frac{3}{45}$

$$\left(6\frac{5}{45}-3\frac{3}{45}\right)-x=2\frac{3}{45}$$

$$3\frac{2}{45}-x=2\frac{3}{45}$$

$$x=3\frac{2}{45}-2\frac{3}{45}$$

$$x=2\frac{47}{45}-2\frac{3}{45}$$

$$x=\mathbf{\frac{44}{45}} \Rightarrow \mathbf{L=\left\{\frac{44}{45}\right\}}$$

d) $x:\frac{5}{4}\le 1\frac{11}{25}$

$$x\le\frac{36}{25}\cdot\frac{5}{4}$$

$$x\le\frac{9}{5}=\mathbf{1\frac{4}{5}} \Rightarrow \mathbf{L=\left\{x\in\mathbb{Q}_0^+ \;\middle|\; x\le 1\frac{4}{5}\right\}}$$

e) $(11{,}34\cdot 25{,}2):12-x=5{,}634+6{,}116$

$$285{,}768:12-x=11{,}75$$

$$23{,}814-x=11{,}750$$

$$x=23{,}814-11{,}750$$

$$x=\mathbf{12{,}064} \Rightarrow \mathbf{L=\{12{,}064\}}$$

f) $x:(0{,}843+0{,}313)=0{,}24\cdot(6{,}26-4{,}98)$

$$x:1{,}156=0{,}24\cdot 1{,}28$$

$$x:1{,}156=0{,}3072$$

$$x=0{,}3072\cdot 1{,}156$$

$$x=\mathbf{0{,}3551232} \Rightarrow \mathbf{L=\{0{,}3551232\}}$$

g) $(8{,}4519-8{,}4496)\cdot x=7{,}846-7{,}363$

$$0{,}0023\cdot x=0{,}483$$

$$x=0{,}483:0{,}0023$$

$$x=4830:23$$

$$x=\mathbf{210} \Rightarrow \mathbf{L=\{210\}}$$

h) $48{,}39+4{,}141+13{,}4+x<101{,}06$

$$65{,}931+x<101{,}06$$

$$x<101{,}060-65{,}931$$

$$x<\mathbf{35{,}129} \Rightarrow \mathbf{L=\{x\in\mathbb{Q}_0^+ \mid x<35{,}129\}}$$

83. a) $\left(4\frac{1}{5}+11\frac{5}{6}\right):x=\frac{13}{3}$

$$\left(4\frac{6}{30}+11\frac{25}{30}\right):x=\frac{13}{3}$$

$$16\frac{1}{30}:x=\frac{13}{3}$$

$$x=16\frac{1}{30}:\frac{13}{3}$$

$$x=\frac{481\cdot 3}{30\cdot 13}=$$

$$x=\frac{37\cdot 1}{10\cdot 1}=\frac{37}{10}$$

$$x=3\frac{7}{10}$$

Die gesuchte Zahl heißt $3\frac{7}{10}$.

b) $x^2=5\frac{19}{25}$

$$x^2=\frac{144}{25}$$

$$x=\frac{12}{5}=2\frac{2}{5}$$

Die gesuchte Zahl heißt $2\frac{2}{5}$.

c) $\left(3\frac{5}{6}-1\frac{3}{18}\right)\cdot x=4\frac{1}{2}+2\frac{1}{3}$

$$\left(3\frac{15}{18}-1\frac{3}{18}\right)\cdot x=4\frac{3}{6}+2\frac{2}{6}$$

$$2\frac{2}{3}\cdot x=6\frac{5}{6}$$

$$x=\frac{41}{6}:\frac{8}{3}$$

$$x=\frac{41\cdot 3}{6\cdot 8}=\frac{41}{16}$$

$$x=2\frac{9}{16}$$

Die gesuchte Zahl heißt $2\frac{9}{16}$.

d) $$x \cdot \left[\left(\frac{1}{3}\right)^2 + \left(\frac{1}{9}\right)^2\right] = \left(\frac{1}{3} + \frac{1}{9}\right)^2$$

$$x \cdot \left[\frac{1}{9} + \frac{1}{81}\right] = \left(\frac{3}{9} + \frac{1}{9}\right)^2$$

$$x \cdot \frac{10}{81} = \frac{16}{81}$$

$$x = \frac{16}{81} : \frac{10}{81}$$

$$x = \frac{16 \cdot 81}{81 \cdot 10}$$

$$x = \frac{16}{10} = \frac{8}{5} = 1\frac{3}{5}$$

Die gesuchte Zahl heißt **$1\frac{3}{5}$**.

e) $$x \cdot 13,2 = 102,34 + 66,62$$

$$x \cdot 13,2 = 168,96$$

$$x = 168,96 : 13,2$$

$$x = 12,8$$

Die gesuchte Zahl heißt **12,8**.

f) $$7,48 \cdot 8,5 - x = 35,36 : 6,8$$

$$63,58 - x = 5,2$$

$$x = 63,58 - 5,20$$

$$x = 58,38$$

Die gesuchte Zahl heißt **58,38**.

g) $$x^2 = 88,125 : 14,1$$

$$x^2 = 6,25$$

$$x = 2,5$$

Die gesuchte Zahl heißt **2,5**.

h) $$(228,46 + 391,06) : x = 184,96 - 159,36$$

$$619,52 : x = 25,6$$

$$x = 619,52 : 25,6$$

$$x = 24,2$$

Die gesuchte Zahl heißt **24,2**.

84. Der Preis des Mantels sei x. Wenn der Preis um $\frac{3}{100}$ gestiegen ist, dann ist der jetzige Preis $\frac{103}{100}$ des ursprünglichen Preises. Es wird in € gerechnet.

$$\frac{103}{100} \cdot x = 515$$
$$x = 515 : \frac{103}{100}$$
$$x = \frac{515 \cdot 100}{103}$$
$$x = 500$$

Der ursprüngliche Preis des Mantels war **500 €**.

85. Die Strecke sei x. Die neue Strecke ist dann $x + \frac{1}{9} \cdot x + \frac{1}{9} \cdot x = \frac{11}{9} \cdot x$.
Es wird in cm bzw. cm^2 gerechnet.

$$\left(\frac{11}{9} \cdot x\right)^2 = 121$$
$$\frac{11}{9} \cdot x = 11$$
$$x = 11 : \frac{11}{9}$$
$$x = 9$$

Die ursprüngliche Strecke war **9 cm**.

86. a) Carmen erhält $1 - \frac{1}{3} - \frac{2}{5} = \frac{15}{15} - \frac{5}{15} - \frac{6}{15} = \frac{4}{15}$ **des Lottogewinnes**.

b) Anna: $\frac{1}{3}$ von 10 500 € = **3 500 €**

Benno: $\frac{2}{5}$ von 10 500 € = (10 500 € : 5) · 2 = 2 100 € · 2 =
= **4 200 €**

Carmen: 10 500 € – 3 500 € – 4 200 € = **2 800 €**

87. $\frac{3}{4}$ von 180 000 € = **(180 000 € : 4) · 3** = 45 000 € · 3 = **135 000 €**
restliches Geld: 180 000 € – 135 000 € = 45 000 €
$\frac{9}{20}$ von 45 000 € = **(45 000 € : 20) · 9** = 2 250 € · 9 = **20 250 €**
Rest: 180 000 € – 135 000 € – 20 250 € = **24 750 €**

Bruchteil: $\frac{24750}{180000} = \frac{2475}{18000} = \frac{495}{3600} = \frac{99}{720} = \frac{11}{80}$

Er zahlt **135 000 €** aufs Sparbuch ein, **20 250 €** schenkt er seiner Tochter und für ihn bleiben **24 750 €** übrig. Das sind $\frac{11}{80}$ des Gesamtbetrages.

88. Der Bruchteil beträgt $\mathbf{1-\frac{1}{3}-\frac{7}{12}}=1-\frac{4}{12}-\frac{7}{12}=\mathbf{\frac{1}{12}}$

$\frac{1}{12}$ von $2\,124\ \text{m}^2 = 2\,124\ \text{m}^2 : 12 = \mathbf{177\ m^2}$.

$\frac{1}{12}$ der Gesamtfläche werden von Gebäuden bedeckt. Das sind **177 m²**.

89. Es wird in € gerechnet.

$\mathbf{(1\,200 \cdot 3{,}55 + 68{,}60 + 1\,082{,}00) : (1\,200 : 0{,}75)} =$

$= (4\,260 + 68{,}60 + 1\,082{,}00) : 1\,600 =$

$= 5\,410{,}60 : 1\,600 = 3{,}382 \approx \mathbf{3{,}38}$

Der Verkaufspreis für eine Flasche Wein muss **3,38 €** betragen.

90. Es wird in Meter und in Sekunden gerechnet.

a) $\mathbf{0{,}75 \cdot (1{,}5 \cdot 3\,600)} = 0{,}75 \cdot 5\,400 = \mathbf{4\,050\ m}$

Bei abgestelltem Motor wird es **4 050 m = 4,050 km** abgetrieben.

b) $\mathbf{2\,205 : (4{,}5 + 0{,}75)} = 2\,205 : 5{,}25 = \mathbf{420}$

Das Boot benötigt **420 s = 7 min**.

91. Es wird in Minuten und in Kilometern gerechnet.

a) $4\,2336 : 98 = \mathbf{432}$

In einer Minute legt das Raumschiff **432 km** zurück.

b) $388\,800 : 432 = \mathbf{900}$

Das Raumschiff würde **900 min = 15 h** benötigen.

92. Es wird in € gerechnet.

$\mathbf{(5{,}40 \cdot 4{,}65) \cdot 128{,}90} = 25{,}11 \cdot 128{,}90 = 3\,236{,}679 \approx \mathbf{3\,236{,}68}$

Es entstehen Kosten in Höhe von **3 236,68 €**.

93. a) $25{,}4\,\frac{\text{m}}{\text{s}} = \mathbf{25{,}4 \cdot \frac{0{,}001\ km}{\frac{1}{3\,600}\ h}} = 25{,}4 \cdot 3{,}6\,\frac{\text{km}}{\text{h}} = \mathbf{91{,}44\ \frac{km}{h}}$

Das Auto fährt mit einer Geschwindigkeit von **91,44** $\mathbf{\frac{km}{h}}$.

b) $2\,159 : 25{,}4 = \mathbf{85}$

Das Auto braucht **85 s = 1 min 25 s.**

94. Es wird in € gerechnet.

$\mathbf{1{,}20 - 12{,}60 : 12} = 1{,}20 - 1{,}05 = \mathbf{0{,}15}$

Der Einzelfahrschein ist **0,15 € = 15 Cent** teurer.

95. Es wird in € gerechnet.

$(38{,}8 \cdot 24{,}4) \cdot 180{,}20 + 64\,850{,}32 =$
$= 946{,}72 \cdot 180{,}20 + 64\,850{,}32 =$
$= 170\,598{,}94 + 64\,850{,}32 = \mathbf{235\,449{,}26}$

Der Bauplatz kostet insgesamt **235 449,26 €**.

$180{,}20 + 64\,850{,}32 : 946{,}72 =$
$= 180{,}20 + 68{,}50 = \mathbf{248{,}70}$

1 m^2 kostet mit Erschließung **248,70 €**.

96. a) Gesamtzahl: 27

Länge in cm	138	139	140	141	142	143	144	145
Anzahl	1	4	6	2	3	0	1	1
rel. Häufigk.	0,037	0,148	0,222	0,074	0,111	0	0,037	0,037

Länge in cm	146	147	148	149	150	151	152	153
Anzahl	1	0	4	0	1	0	2	1
rel. Häufigk.	0,037	0	0,148	0	0,037	0	0,074	0,037

b) $(1 \cdot 138 + 4 \cdot 139 + 6 \cdot 140 + 2 \cdot 141 + 3 \cdot 142 + 1 \cdot 144 + 1 \cdot 145 +$
$1 \cdot 146 + 4 \cdot 148 + 1 \cdot 150 + 2 \cdot 152 + 1 \cdot 153) : 27 =$
$= 3\,876 : 27 = 143{,}55\ldots = 143{,}\overline{5} \approx \mathbf{143{,}56}$

Die mittlere Körpergröße beträgt **143,56 cm**.

97. $(8 \cdot 1 + 3 \cdot 2 + 4 \cdot 3 + 7 \cdot 4 + 2 \cdot 5 + 5 \cdot 6) : 29 = 94 : 29 = 3{,}241 \approx \mathbf{3{,}24}$

Der Notendurchschnitt beträgt **3,24**.

98.

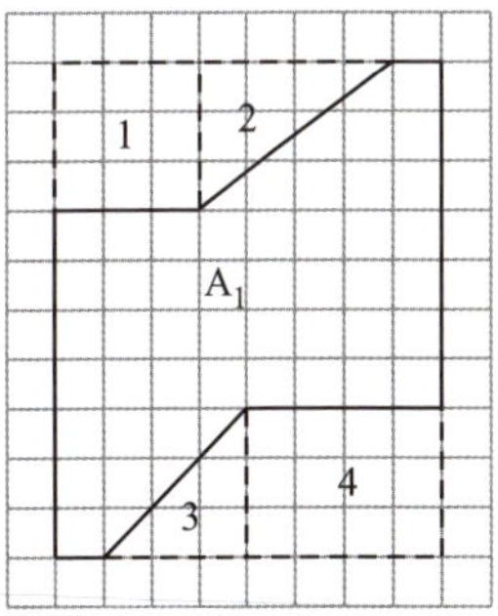

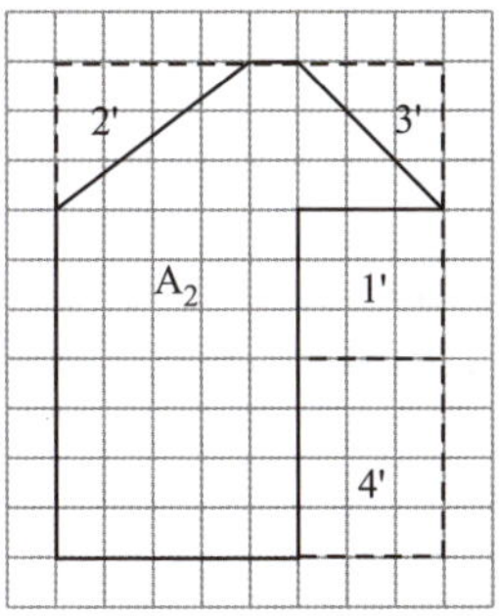

Die kongruenten Teilflächen 1 – 4 bzw. 1' – 4' wurden ergänzt, d. h. es galt bereits vorher $A_1 = A_2$.

99.

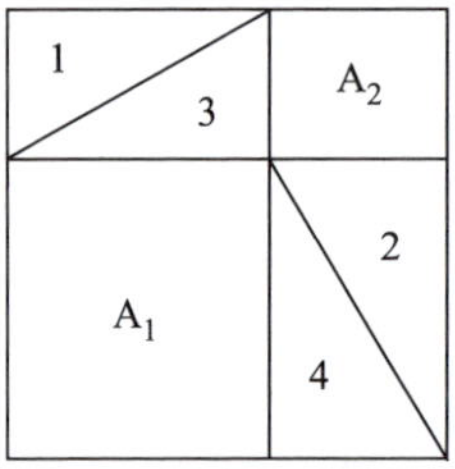

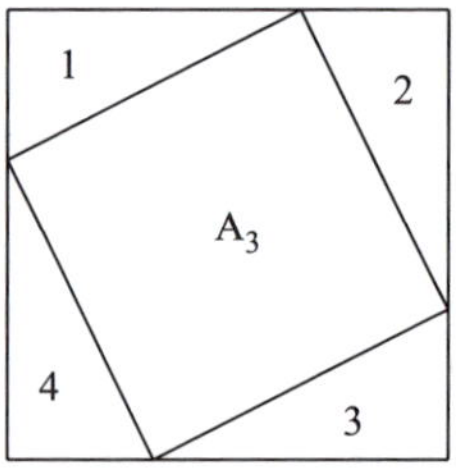

Von der Fläche des großen Quadrats werden jeweils vier kongruente Teilflächen weggenommen, d. h. die Restflächen sind gleich groß. Damit gilt:
$A_1 + A_2 = A_3$

100. a) $A_P = g \cdot h = a \cdot h_a = 3 \cdot 1{,}5\ \text{cm}^2 = \mathbf{4{,}5\ cm^2}$

b) $A_D = \frac{1}{2} \cdot g \cdot h = \frac{1}{2} \cdot c \cdot h_c = \frac{1}{2} \cdot 6 \cdot 2\ \text{cm}^2 = \mathbf{6\ cm^2}$

c) $A_{Tr} = \frac{1}{2} \cdot (a + c) \cdot h = \frac{1}{2} \cdot (8{,}4 + 1{,}3) \cdot 2{,}5\ \text{cm}^2 = \mathbf{12{,}125\ cm^2}$

101. a) Ein Parallelogramm ist flächengleich einem Rechteck mit den Seiten $e = 7$ cm und $d = 2$ cm.
$A_P = 7 \cdot 2\ \text{cm}^2 = \mathbf{14\ cm^2}$

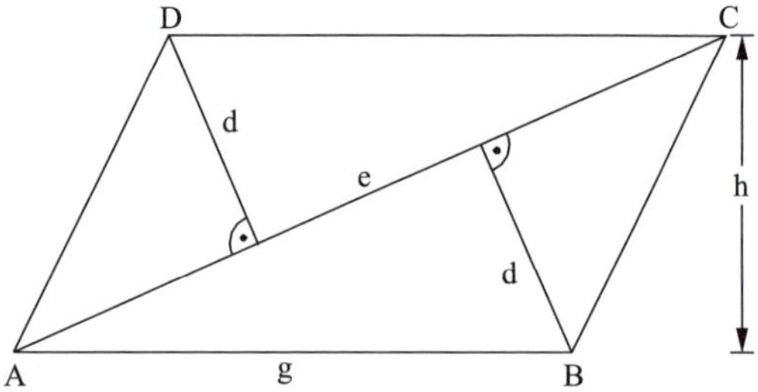

b) $A_P = g \cdot h \Rightarrow$

$$h = \frac{A_P}{g} = \frac{14}{6}\ \text{cm}$$

$$= \frac{7}{3}\ \text{cm} = \mathbf{2\frac{1}{3}\ cm}$$

Der Abstand der parallelen Seiten beträgt $\mathbf{2\frac{1}{3}\ cm}$.

102.

$$A_P = A_R$$
$$g \cdot h = \ell \cdot b$$
$$4{,}2 \cdot h = 6{,}6 \cdot 4{,}9$$
$$h = \frac{6{,}6 \cdot 4{,}9}{4{,}2}\ \text{cm} = \mathbf{7{,}70\ cm}$$

Die Höhe h_a des Parallelogramms beträgt **7,70 cm**.

103. Aus $a = 5c$ folgt: $m = \frac{1}{2} \cdot (a + c) = \frac{1}{2} \cdot 6c = 3c$

Es soll gelten:

$$A_{Tr} = m \cdot h = 3c \cdot 2{,}5 = 30$$
$$3c = 30 : 2{,}5$$
$$3c = 12$$
$$\mathbf{c = 4\ cm} \quad \Rightarrow \quad \mathbf{a = 20\ cm}$$

Die Längen der parallelen Seiten sind **a = 20 cm** und **c = 4 cm**.

104.

$$b = h - h' = 20{,}5\ m - 4{,}5\ m = 16\ m$$
$$A_{ges} = A_R + A_D = 15 \cdot 16\ m^2 + \frac{1}{2} \cdot 15 \cdot 4{,}5\ m^2$$
$$= 240\ m^2 + 33{,}75\ m^2 = \mathbf{273{,}75\ m^2}$$

Der Flächeninhalt der Hausseite beträgt **273,75 m²**.

105. a) $A_P = c \cdot d$

$$c \cdot 2 = 4{,}8 \quad \Rightarrow \quad c = \mathbf{2{,}4\ cm}$$

b) $A_D = \frac{1}{2} c \cdot h_c = \frac{1}{2} \cdot 2{,}4 \cdot 3{,}5\ cm^2 = \mathbf{4{,}2\ cm^2}$

106.

$$A_{ges} = A_Q + 4 \cdot A_D$$
$$52 = 16 + 4 \cdot A_D \quad \Rightarrow \quad A_D = 9\ cm^2$$
$$\frac{1}{2} \cdot a \cdot h = A_D$$
$$\frac{1}{2} \cdot 4 \cdot h = 9 \quad \Rightarrow \quad h = \mathbf{4{,}5\ cm}$$

Die gleichschenkligen Dreiecke haben die Höhe **4,5 cm.**

107. a) Die Grund- und Deckflächenquadrate können auch anders angesetzt werden.

$$M = u \cdot h = 4 \cdot 2 \cdot 2{,}5\ cm^2$$
$$= 20\ cm^2$$
$$G = 2 \cdot 2\ cm^2 = 4\ cm^2$$
$$O = 2 \cdot G + M$$
$$= 8\ cm^2 + 20\ cm^2$$
$$= \mathbf{28\ cm^2}$$

Mantel:

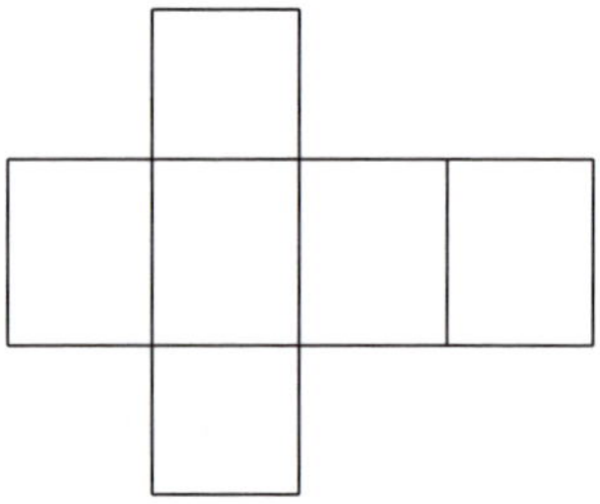

Maßstab 1 : 2

Schrägbild

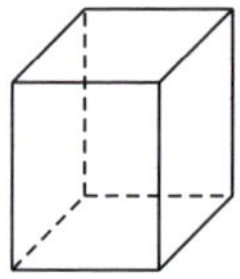

oder

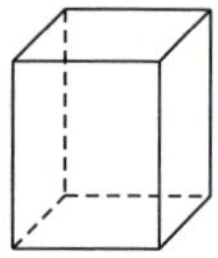

b) $O_{Pyr} = a^2 + 4 \cdot \frac{1}{2} \cdot a \cdot h'$

$= 4\ cm^2 + 4 \cdot \frac{1}{2} \cdot 2 \cdot 2\ cm^2$

$= 4\ cm^2 + 8\ cm^2 = \mathbf{12\ cm^2}$

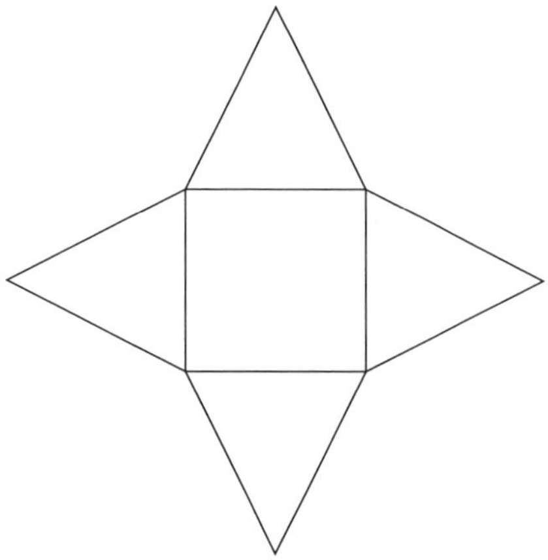

108. $M = u \cdot h = 6 \cdot 2 \cdot 3\ cm^2$

$= \mathbf{36\ cm^2}$

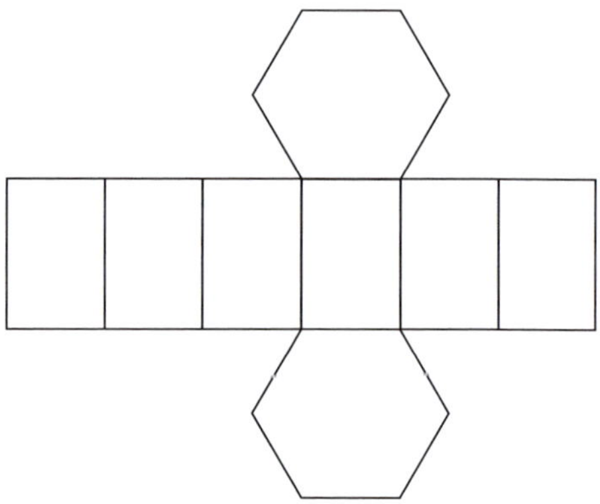

Maßstab 1 : 2

109. Vervollständige:

a) Ein geometrischer Körper, der von zwei deckungsgleichen, parallelen Vielecken als Grundfläche und von Rechtecken als Seitenflächen begrenzt wird, heißt ein **Prisma**. Der Abstand der Grundflächen heißt **Höhe**. Die Summe der Flächeninhalte aller Seitenflächen heißt **Mantel(fläche)**.

b) Ein gerades Prisma mit einem Rechteck als Grundfläche heißt **Quader**. Ein gerades Prisma mit Quadraten als Grund- und Seitenflächen heißt **Würfel**.

110. a) **Würfel**,

b) **Quader**,

c) **Prisma** mit regelmäßigem Vieleck als Grundfläche.

111. a) (1) Quader: $e = 8$, $f = 6$, $k = 12$
$e + f = 8 + 6 = \mathbf{14}$
$k + 2 = 12 + 2 = \mathbf{14}$

(2) dreiseitiges Prisma: $e = 6$, $f = 5$, $k = 9$
$e + f = 6 + 5 = \mathbf{11}$
$k + 2 = 9 + 2 = \mathbf{11}$

(3) fünfseitiges Prisma: $e = 10$, $f = 7$, $k = 15$
$e + f = 10 + 7 = \mathbf{17}$
$k + 2 = 15 + 2 = \mathbf{17}$

(4) n-seitiges Prisma: $e = 2 \cdot n$, $f = n + 2$, $k = 3 \cdot n$
$e + f = 2 \cdot n + n + 2 = \mathbf{3 \cdot n + 2}$
$k + 2 = \mathbf{3 \cdot n + 2}$

(5) quadratische Pyramide: $e = 5$, $f = 5$, $k = 8$
$e + f = 5 + 5 = \mathbf{10}$
$k + 2 = 8 + 2 = \mathbf{10}$

b) (1) **Die Eckenzahl muss gerade sein.**

(2) **Die Kantenzahl muss durch 3 teilbar sein.**

(3) $e + f = 10 + 8 = \mathbf{18}$
$k + 2 = 15 + 2 = \mathbf{17}$ **falsche Aussage!**

112. $M = u \cdot h = (3{,}5\text{ cm} + 4{,}2\text{ cm} + 4{,}3\text{ cm}) \cdot 5{,}6\text{ cm} = 12 \cdot 5{,}6\text{ cm}^2 = \mathbf{67{,}2\text{ cm}^2}$

113. Es muss gelten:
$$6 \cdot x \cdot x = 294$$
$$x \cdot x = 294 : 6$$
$$x^2 = 49$$
$$\mathbf{x = 7}$$
Die Länge x muss **7 cm** betragen.

114. a) $O = 2 \cdot G + u \cdot h$
$$2 \cdot G + 40 \cdot 8{,}25 = 458$$
$$2 \cdot G + 330 = 458$$
$$2 \cdot G = 458 - 330$$
$$2 \cdot G = 128$$
$$G = 128 : 2$$
$$\mathbf{G = 64}$$
Die Grundfläche hat den Flächeninhalt $\mathbf{G = 64\ cm^2}$.

b) Wenn die Grundfläche ein Quadrat wäre, hätte sie die Kantenlänge $a = 8$ cm und damit einen Grundflächenumfang von $4 \cdot 8$ cm $= 32$ cm. Gegeben ist aber ein Grundflächenumfang von 40 cm, sodass die Grundfläche kein Quadrat ist.

115. a) (1) $4\ m^3\ \ 3\ cm^3\ \ 16\ mm^3 = \mathbf{4\,000\,003\,016\ mm^3}$
(2) $12\ dm^3\ \ 11\ cm^3\ \ 8\ mm^3 = \mathbf{12\,011\,008\ mm^3}$
(3) $8\ m^3\ \ 3\ \ell = 8\ m^3\ \ 3\ dm^3 = 8\,003\ dm^3 = \mathbf{8\,003\ \ell}$

b) (1) $8\,114\,003\ mm^3 = \mathbf{8\ dm^3\ \ 114\ cm^3\ \ 3\ mm^3}$
(2) $1\,234\,567\,890\ cm^3 = \mathbf{1\,234\ m^3\ \ 567\ dm^3\ \ 890\ cm^3}$
(3) $18\ h\ell\ \ 450\ cm^3 = 1\,800\ \ell\ \ 450\ cm^3 = 1\,800\ dm^3\ \ 450\ cm^3 =$
$= \mathbf{1\ m^3\ \ 800\ dm^3\ \ 450\ cm^3}$

c) (1) $12\ m^3\ \ 1\ cm^3 = \mathbf{12{,}000001\ m^3}$
(2) $1\ m^3\ \ 11\ dm^3\ \ 111\ cm^3 = \mathbf{1\,011{,}111\ dm^3}$
(3) $5\ dm^3\ \ 16\ cm^3 = \mathbf{0{,}005016\ m^3}$

116. a) $43{,}4291\ dm^3 - 18{,}32\ dm^3 = 43{,}4291\ dm^3 - 18{,}3200\ dm^3 =$
$= \mathbf{25{,}1091\ dm^3}$

b) $3\frac{2}{9}\ dm^3 \cdot 27 + 4\frac{2}{3}\ dm^3 \cdot 9 = \frac{29}{9} \cdot 27\ dm^3 + \frac{14}{3} \cdot 9\ dm^3 =$
$= 87\ dm^3 + 42\ dm^3 = \mathbf{129\ dm^3}$

c) $8{,}4\ dm^3 + 2\ h\ell - 1{,}4\ \ell = 8{,}4\ dm^3 + 200\ dm^3 - 1{,}4\ dm^3 = \mathbf{207\ dm^3}$

d) $88\ dm^3\ \ 235\ cm^3 - 83\ dm^3\ \ 986\ cm^3 =$
$= 87\ dm^3\ \ 1\,235\ cm^3 - 83\ dm^3\ \ 986\ cm^3 =$ **$4\ dm^3\ \ 249\ cm^3$**
oder: $88{,}235\ dm^3 - 83{,}986\ dm^3 =$ **$4{,}249\ dm^3$**

e) $1\ m^3\ \ 495\ dm^3\ \ 66\ cm^3 : 346 =$
$1\,495\,066\ cm^3 : 346 =$ **$4\,321\ cm^3$**

f) $523{,}08\ hl : 7{,}2\ cm^3 =$
$= 52\,308\ dm^3 : 7{,}2\ cm^3 =$
$= 52\,308\,000\ cm^3 : 7{,}2\ cm^3 =$ **$7\,265\,000$**

117. $V = a \cdot b \cdot c$: Es wird in m bzw. m^3 gerechnet.

$$1\frac{1}{7} \cdot \frac{3}{7} \cdot c = 6\frac{6}{7}$$
$$\frac{8}{7} \cdot \frac{3}{7} \cdot c = \frac{48}{7}$$
$$\frac{24}{49} \cdot c = \frac{48}{7}$$
$$c = \frac{48}{7} : \frac{24}{49}$$
$$c = \frac{48 \cdot 49}{7 \cdot 24} = \mathbf{14}$$

Die dritte Seite ist **14 m** lang.

118. $V = 0{,}8 \cdot 0{,}5 \cdot 1{,}6\ m^3 = 0{,}64\ m^3 = 640\ dm^3 = 640\,000\ cm^3$
Gewicht $= 640\,000 \cdot 0{,}015\ g = 9\,600\ g =$ **9 kg 600 g**.
Der Styroporquader wiegt **9,6 kg**.

119. Das **Volumen** setzt sich aus drei Quadern zusammen.
$V = 2 \cdot 2 \cdot 2{,}5\ cm^3 + 5 \cdot 4 \cdot 0{,}5\ cm^3 + 2 \cdot 2 \cdot 2{,}5\ cm^3 =$
$= 10\ cm^3 + 10\ cm^3 + 10\ cm^3 =$ **$30\ cm^3$**
Oberfläche:
oberer Quader:
$2 \cdot 2{,}5\ cm^2 \cdot 4 + 2 \cdot 2\ cm^2 = 20\ cm^2 + 4\ cm^2 = 24\ cm^2$
mittlerer Quader:
$(4 \cdot 5\ cm^2 - 2 \cdot 2\ cm) \cdot 2 + 4 \cdot 0{,}5\ cm^2 \cdot 2 + 5 \cdot 0{,}5\ cm^2 \cdot 2 =$
$= 32\ cm^2 + 4\ cm^2 + 5\ cm^2 = 41\ cm^2$
unterer Quader = oberer Quader
$O = 24\ cm^2 + 41\ cm^2 + 24\ cm^2 =$ **$89\ cm^2$**

120. a) $V = a \cdot b \cdot c$
$V = 12{,}5 \cdot 6{,}25 \cdot 1{,}2\ m^3 = \mathbf{93{,}75\ m^3}$
Im Becken sind **93,75 m³** Wasser.

b) $93{,}75\ m^3 = 93\,750\ dm^3 = 93\,750\ \ell$; $2\frac{1}{2}\ h\ell = 250\ \ell$
$93\,750 : 250 = \mathbf{375\ min}$
Das Abfließen des Wassers dauert **375 min = 6 h 15 min**.

121. $V = 24 \cdot 24 \cdot 260\ cm^3 - 167\ cm^3 = 149\,760\ cm^3 - 167\ cm^3 = 149\,593\ cm^3$
Gewicht $= 149\,593 \cdot 0{,}87\ g = 13\,0145{,}91\ g = 0{,}13014591\ t \approx \mathbf{0{,}130\ t}$
Der Balken besitzt ein Gewicht von ca. **0,130 t**.

122. a) Fläche $= 12 \cdot 4{,}5\ m^2 + 2 \cdot 12 \cdot 1{,}8\ m^2 + 2 \cdot 4{,}5 \cdot 1{,}8\ m^2 =$
$= 54\ m^2 + 43{,}2\ m^2 + 16{,}2\ m^2 = \mathbf{113{,}4\ m^2}$,
weil nur eine Fläche aus Länge und Breite gestrichen wird.
Eine Fläche von **113,4 m²** muss gestrichen werden.

b) Mit einer 2,5 kg Dose kann man $2{,}5 \cdot 4{,}5\ m^2 = 11{,}25\ m^2$ streichen.
$113{,}4 : 11{,}25 = 10{,}08 \Rightarrow$ man benötigt **11 Dosen**.

123. a) Wasservolumen $= 13 \cdot 6 \cdot 2\ dm^3 = 156\ dm^3 = 156\ \ell$
156 ℓ Wasser wiegen 156 kg.
Gesamtgewicht: 150 kg + 156 kg = **306 kg**.

b) Gewicht des Wasser = 189 kg – 150 kg = 39 kg
39 kg entsprechen 39 dm³ Wasserinhalt.
$13 \cdot 6 \cdot h = 39$
$$h = \frac{39}{78}\ dm = 0{,}5\ dm = \mathbf{5\ cm}$$
Das Wasser steht **5 cm** hoch.

124. Man benötigt $1{,}25\ m \cdot 2 + (0{,}7\ m - 2 \cdot 7\ cm) \cdot 2 = 250\ cm + 112\ cm = 362\ cm$ dieser quadratischen Leiste.
Volumen $= 7 \cdot 7 \cdot 362\ cm^3 = 17\,738\ cm^3$
Gewicht $= 17\,738 \cdot 0{,}9\ g = 15\,964{,}2\ g = 15{,}9642\ kg \approx \mathbf{16{,}0\ kg}$
Der Rahmen wiegt **16,0 kg**.

125. a) (1) $V = 10{,}8 \cdot 16{,}2 \cdot 5{,}8\ m^3 + \frac{1}{2} \cdot 10{,}8 \cdot 16{,}2 \cdot 3{,}2\ m^3$

$= 1014{,}768\ m^3 + 279{,}936\ m^3 = 1294{,}704\ m^3$

Wenn $\frac{3}{100}$ für das Mauerwerk abgezogen werden, bleiben $\frac{97}{100} = 0{,}97$ übrig.

$V' = 0{,}97 \cdot V = 0{,}97 \cdot 1294{,}704\ m^3 \approx \mathbf{1255{,}863\ m^3}$

Der umbaute Raum beträgt **1 255,863 m³ ≈ 1 256 m³**
(Die Produkte wurden in Nebenrechnungen bestimmt.)

(2) $A = 2 \cdot 6{,}3 \cdot 16{,}2\ m^2 = \mathbf{204{,}12\ m^2}$
Es müssen mindestens **204,12 m²** Ziegel gekauft werden.

b) Teilt man die Trapezflächen (Viereckflächen) wie in der Skizze, so erhält man für die Dachfläche:

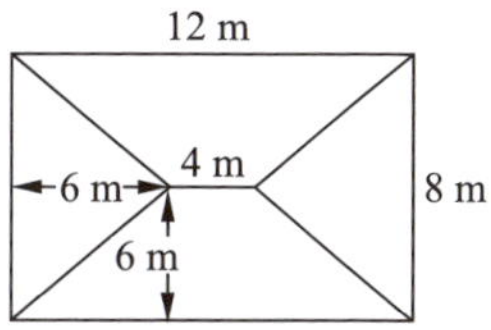

$A = 2 \cdot \frac{1}{2} \cdot (12\ m + 4\ m) \cdot 6\ m + 2 \cdot \frac{1}{2} \cdot 8\ m \cdot 6\ m$

$= 96\ m^2 + 48\ m^2 = \mathbf{144\ m^2}$

Die Dachfläche hat einen Inhalt von **144 m²**.

c) Für die Dachfläche gilt:

$A = 4 \cdot \frac{1}{2} \cdot 6 \cdot 4{,}5\ m^2 = \mathbf{54\ m^2}$

Die Dachfläche hat einen Inhalt von **54 m²**.

126. Verwendet man die in der Skizze angedeutete Unterteilung, so erhält man für das Volumen:

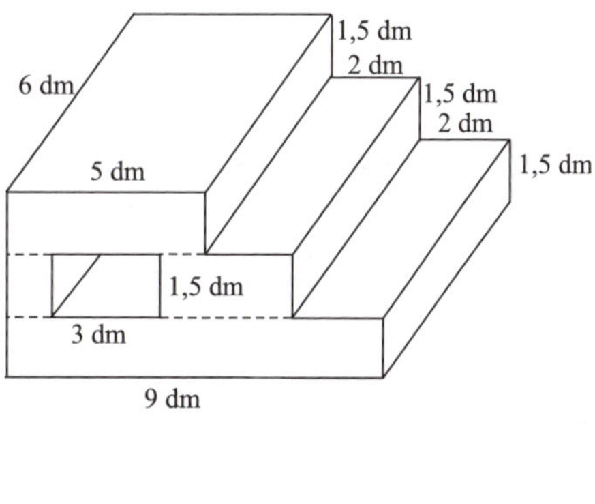

$V = 9 \cdot 6 \cdot 1{,}5\ dm^3 + (7 \cdot 6 \cdot 1{,}5 - 3 \cdot 6 \cdot 1{,}5)\ dm^3 + 5 \cdot 6 \cdot 1{,}5\ dm^3$

$= 6 \cdot 1{,}5\ (9 + 7 - 3 + 5)\ dm^3$

$= 162\ dm^3$

1 dm³ wiegt 2,3 kg, d. h. für die Masse m gilt:
$m = 162 \cdot 2{,}3\ kg = \mathbf{372{,}6\ kg}$

127. Für das Volumen gilt:

$V = 8 \cdot 8 \cdot 5\ cm^3 - 2 \cdot 4 \cdot 5\ cm^3 - 2 \cdot 2 \cdot 5\ cm^3$

$= 320\ cm^3 - 40\ cm^3 - 20\ cm^3 = 260\ cm^3$

Für die Masse erhält man:

$m = 260 \cdot 2{,}7\ g = \mathbf{702\ g}$

128. a) Grundfläche des Prismas, d. h. Rechteck- und Dreieckfläche:

$G = \frac{3}{2} a \cdot a + \frac{1}{2} \cdot \frac{3}{2} a \cdot a = \frac{3}{2} a^2 + \frac{3}{4} a^2 = \frac{9}{4} a^2$

$V = G \cdot h = \frac{9}{4} \cdot a^2 \cdot b$

Zeltplane S:

$S = 2 \cdot G + M' = 2 \cdot \frac{9}{4} a^2 + 2 \cdot \left(a + \frac{5}{4} a \right) \cdot b$

$= \mathbf{\frac{9}{2} \cdot a^2 + \frac{9}{2} \cdot a \cdot b}$

Damit ist die Behauptung bestätigt.

b) $a = 3\ m$, $b = 6\ m$

$V = \frac{9}{4} \cdot a^2 \cdot b = \frac{9}{4} \cdot 9 \cdot 6\ m^3 = \mathbf{121{,}5\ m^3}$

$S = \frac{9}{2} \cdot a^2 + \frac{9}{2} \cdot a \cdot b = \frac{9}{2} \cdot 9\ m^2 + \frac{9}{2} \cdot 3 \cdot 6\ m^2$

$= 40{,}5\ m^2 + 81\ m^2 = \mathbf{121{,}5\ m^2}$

Damit stimmen die Maßzahlen von V und S überein.

129. Die Messergebnisse unterscheiden sich in ihrer Genauigkeit.
Bei 2,4 m beträgt der Fehler höchstens 0,05m = **5 cm**, bei 2,40 m höchstens 0,005 m = **5 mm**.

130. a) $16{,}25\ \ell - 3{,}48\ \ell = 12{,}77\ \ell$

Größtmöglicher Fehler: $0{,}005\ \ell + 0{,}005\ \ell = 0{,}01\ \ell = \mathbf{10\ cm^3}$

b) $3{,}418\ m^3 - 2{,}957\ m^3 = 0{,}461\ m^3$

Größtmöglicher Fehler: $0{,}0005\ m^3 + 0{,}0005\ m^3 = 0{,}001\ m^3 = \mathbf{1\ dm^3}$

c) $19{,}24\ m + 16{,}38\ m + 1{,}44\ m = 37{,}06\ m$

Größtmöglicher Fehler:

$0{,}005\ m + 0{,}005\ m + 0{,}005\ m = 0{,}015\ m = \mathbf{15\ mm}$

d) $18{,}814\ \text{kg} + 3{,}444\ \text{kg} - 17{,}535\ \text{kg} = 4{,}723\ \text{kg}$
Größtmöglicher Fehler:
$0{,}0005\ \text{kg} + 0{,}0005\ \text{kg} + 0{,}0005\ \text{kg} = 0{,}0015\ \text{kg} = \mathbf{1{,}5\ g}$

131. $1{,}3\ \text{km} + 5\ \text{km} + 2{,}1\ \text{km} + 3{,}4\ \text{km} = 11{,}8\ \text{km} \approx \mathbf{12\ km}$
Da „km" die ungenaueste Angabe ist, wird auf km gerundet.
Die gesamte Wegstrecke ist ungefähr **12 km** lang.

132. Die Produkte und Quotienten wurden in Nebenrechnungen bestimmt. Es wird jeweils die kleinste Anzahl geltender Ziffern festgestellt.

a) $0{,}0048 \cdot 6{,}42 = 0{,}030816 \approx \mathbf{0{,}031}$, weil 0,0048 zwei geltende Ziffern besitzt.

b) $0{,}64 : 16{,}64 = 0{,}03846\ldots \approx \mathbf{0{,}038}$, weil 0,64 zwei geltende Ziffern besitzt.

c) $(8{,}4 \cdot 4{,}2) : 2{,}25 = 15{,}68 \approx \mathbf{16}$, weil 8,4 bzw. 4,2 zwei geltende Ziffern besitzen.

d) $(1{,}2^2 : 0{,}84) \cdot 4{,}222 = 7{,}2377\ldots \approx \mathbf{7{,}2}$, weil 1,2 und 0,84 zwei geltende Ziffern besitzen.

133. $A = a \cdot b = 31{,}8 \cdot 16{,}25\ \text{m}^2 = 516{,}75\ \text{m}^2 \approx \mathbf{517\ m^2}$, da 31,8 drei geltende Ziffern besitzt.
Das Produkt wurde in einer Nebenrechnung bestimmt.
Die Größe des Grundstücks beträgt ca. **517 m²**.

134. $V = a \cdot b \cdot c = 120 \cdot 65 \cdot 24 \cdot 2{,}5\ \text{g} = 468\,000\ \text{g} = 468\ \text{kg} \approx \mathbf{470\ kg}$, weil die Messwerte jeweils zwei geltende Ziffern besitzen.
Das Produkt wurde in einer Nebenrechnung bestimmt.
Der Steinquader wiegt ca. **470 kg**.

135. a) $-\frac{1}{2} < -\frac{2}{5} < -\frac{3}{8} < \frac{3}{8} < \frac{3}{5} < \frac{5}{8}$

b) $-2\frac{2}{5} < -2\frac{3}{8} < -2\frac{7}{20} < -2\frac{1}{3} < -2{,}3$

136. a) $\left|-6\frac{1}{4}\right| = \mathbf{6\frac{1}{4}}$

b) $|2{,}53| = \mathbf{2{,}53}$

c) $|a| = \mathbf{a}$, da a positiv

d) $|a| = \mathbf{-a}$, da a negativ

137. a) **−1,15**, weil $\left(-5\frac{1}{2}+3{,}2\right):2 = -2{,}30:2 = -1{,}15$ gilt.

b) **−2,65**, weil $\left(-6{,}4+1\frac{1}{10}\right):2 = -5{,}3:2 = -2{,}65$ gilt.

138. a) $(+16{,}5)+(-11{,}3) = +(16{,}5-11{,}3) = \mathbf{+5{,}2}$

b) $\left(+3\frac{1}{2}\right)+\left(+11\frac{1}{3}\right) = +\left(3\frac{1}{2}+11\frac{1}{3}\right) = \mathbf{14\frac{5}{6}}$

c) $(-102{,}5)+(+81{,}4) = -(102{,}5-81{,}4) = \mathbf{-21{,}1}$

d) $\left(-33\frac{1}{3}\right)+\left(+33\frac{1}{3}\right) = \mathbf{0}$

e) $(-66{,}9)+(-55{,}5) = -(66{,}9+55{,}5) = \mathbf{-122{,}4}$

f) $\left(-27\frac{1}{6}\right)+\left(+21\frac{1}{8}\right) = -\left(27\frac{1}{6}-21\frac{1}{8}\right) = \mathbf{-6\frac{1}{24}}$

139. a) $-22{,}5+(-16{,}4) = -(22{,}5+16{,}4) = \mathbf{-38{,}9}$

b) $-52\frac{1}{2}-100\frac{1}{4} = -\left(52\frac{1}{2}+100\frac{1}{4}\right) = \mathbf{-152\frac{3}{4}}$

c) $-38{,}4+38{,}4 = \mathbf{0}$

d) $42\frac{1}{6}-\left(-36\frac{1}{3}\right) = 42\frac{1}{6}+36\frac{1}{3} = \mathbf{78\frac{1}{2}}$

e) $66{,}9-74{,}5 = -(74{,}5-66{,}9) = \mathbf{-7{,}6}$

f) $28\frac{3}{5}-28\frac{3}{4} = -\left(28\frac{3}{4}-28\frac{3}{5}\right) = \mathbf{-\frac{3}{20}}$

140. a) $\left(+5\frac{1}{2}\right)\cdot(-6)=\mathbf{-33}$

b) $(+4{,}3)\cdot(-2{,}1)=\mathbf{-9{,}03}$

c) $(-3{,}2)\cdot(-2{,}4)\cdot(-1{,}6)=\mathbf{-12{,}288}$

d) $(-4{,}5)\cdot 0\cdot(+8{,}8)=\mathbf{0}$

e) $\left(-1\frac{1}{2}\right)^2=+\frac{9}{4}=\mathbf{2\frac{1}{4}}$

f) $\left(-2\frac{1}{4}\right)^3=-\frac{729}{64}=\mathbf{-11\frac{25}{64}}$

141. a) $(+816{,}43):(-1)=\mathbf{-816{,}43}$

b) $0:\left(-333\frac{1}{3}\right)=\mathbf{0}$

c) $\left(-20\frac{5}{16}\right):\left(3\frac{1}{8}\right)=-\frac{325\cdot 8}{16\cdot 25}=-\frac{13}{2}=\mathbf{-6\frac{1}{2}}$

d) $44{,}28:(-8{,}2)=\mathbf{-5{,}4}$

e) $(-254{,}2):(-12{,}4)=+20{,}5=\mathbf{20{,}5}$

f) $19\frac{5}{6}:\left(-8\frac{1}{2}\right)=-\frac{119\cdot 2}{6\cdot 17}=-\frac{7}{3}=\mathbf{-2\frac{1}{3}}$

142. a) $T\left(-\frac{1}{2}\right)=\frac{3\cdot\left(-\frac{1}{2}\right)+15}{2\cdot\left(-\frac{1}{2}\right)-5}=\frac{-\frac{3}{2}+15}{-1-5}=\frac{13\frac{1}{2}}{-6}=\frac{27}{2}:(-6)=-\frac{27}{2\cdot 6}=-\frac{9}{4}$

$=\mathbf{-2\frac{1}{4}}$

$T(-2{,}5)=\frac{3\cdot(-2{,}5)+15}{2\cdot(-2{,}5)-5}=\frac{-7{,}5+15}{-5-5}=\frac{7{,}5}{-10}=\mathbf{-0{,}75}$

b) Für $\mathbf{x=2{,}5}$ ergibt sich im Nenner des Terms T(x) der Wert 0. Durch 0 darf nicht dividiert werden, d. h. für $x=2{,}5$ ergibt sich kein Ergebnis.

143. a) $-\frac{3}{5}\cdot\left(\frac{5}{3}-\frac{13}{6}\right)=-\frac{3}{5}\cdot\left(-\frac{1}{2}\right)=+\frac{3}{10}=\mathbf{\frac{3}{10}}$

$-\frac{3}{5}\cdot\left(\frac{5}{3}-\frac{13}{6}\right)=-\frac{3}{5}\cdot\frac{5}{3}-\frac{3}{5}\cdot\left(-\frac{13}{6}\right)=-1+\frac{13}{10}=+\frac{3}{10}=\mathbf{\frac{3}{10}}$

b) $\left(-\frac{1}{2}-\frac{1}{3}\right):\left(-\frac{1}{6}\right)=\left(-\frac{5}{6}\right):\left(-\frac{1}{6}\right)=+5=\mathbf{5}$

$\left(-\frac{1}{2}-\frac{1}{3}\right):\left(-\frac{1}{6}\right)=-\frac{1}{2}:\left(-\frac{1}{6}\right)-\frac{1}{3}:\left(-\frac{1}{6}\right)=3+2=\mathbf{5}$

144. a) $\left(3-\frac{2}{5}\cdot\frac{1}{4}\right)\cdot\left(-3\frac{1}{3}\right)=\left(3-\frac{1}{10}\right)\cdot\left(-3\frac{1}{3}\right)=\frac{29}{10}\cdot\left(-\frac{10}{3}\right)=-\frac{29}{3}=\mathbf{-9\frac{2}{3}}$

b) $(0{,}8-2{,}8\cdot 0{,}75):(0{,}5-1{,}8)=(0{,}8-2{,}1):(-1{,}3)=-1{,}3:(-1{,}3)=+1=\mathbf{1}$

c) $\left(-4:5-\frac{1}{2}\right):\left(1-\frac{1}{10}\right)=\left(-\frac{4}{5}-\frac{1}{2}\right):\frac{9}{10}=-\frac{13}{10}:\frac{9}{10}=-\frac{13}{9}=\mathbf{-1\frac{4}{9}}$

d) $\left(\frac{1}{2}-\frac{1}{3}\cdot\frac{5}{2}\right)\cdot\left(2-\frac{4}{5}:\frac{1}{10}\right)=\left(\frac{1}{2}-\frac{5}{6}\right)\cdot(2-8)=-\frac{1}{3}\cdot(-6)=+2=\mathbf{2}$

e) $\frac{3}{4}\cdot 1\frac{1}{3}-2\frac{1}{6}\cdot 1\frac{1}{2}=\frac{3}{4}\cdot\frac{4}{3}-\frac{13}{6}\cdot\frac{3}{2}=1-\frac{13}{4}=-\frac{9}{4}=\mathbf{-2\frac{1}{4}}$

f) $(3{,}875-1{,}5\cdot 6{,}75):(-0{,}5)=(3{,}875-10{,}125):(-0{,}5)=-6{,}25:(-0{,}5)$
$=+12{,}5=\mathbf{12{,}5}$

145. a)
$\frac{3}{2}\cdot x=-4\frac{1}{2}\cdot\frac{1}{3}$
$\frac{3}{2}\cdot x=-\frac{9}{2}\cdot\frac{1}{3}$
$\frac{3}{2}\cdot x=-\frac{3}{2}$
$\mathbf{x=-1}$

b)
$\frac{2}{3}-\frac{5}{2}\cdot x=-\frac{4}{9}$
$-\frac{5}{2}\cdot x=-\frac{4}{9}-\frac{2}{3}$
$-\frac{5}{2}\cdot x=-\frac{10}{9}$
$x=-\frac{10}{9}:\left(-\frac{5}{2}\right)$
$\mathbf{x=\frac{4}{9}}$

c) $\frac{1}{5}\cdot x+\frac{4}{5}>-\frac{1}{6}$

$\frac{1}{5}\cdot x>-\frac{1}{6}-\frac{4}{5}$

$\frac{1}{5}\cdot x>-\frac{29}{30}$

$x>-\frac{29}{30}:\frac{1}{5}$

$x>-\frac{29}{6}$

$\mathbf{x>-4\frac{5}{6}}$

d) $-\frac{4}{5}\cdot x=\frac{3}{10}:\left(-\frac{6}{5}\right)$

$-\frac{4}{5}\cdot x=-\frac{3\cdot 5}{10\cdot 6}$

$-\frac{4}{5}\cdot x=-\frac{1}{4}$

$x=-\frac{1}{4}:\left(-\frac{4}{5}\right)$

$\mathbf{x=\frac{5}{16}}$

e) $4-\frac{1}{3}\cdot x<6\frac{1}{2}$

$\frac{1}{3}x>4-6\frac{1}{2}$

$\frac{1}{3}x>-2\frac{1}{2}$

$x>-2\frac{1}{2}:\frac{1}{3}$

$x>-\frac{15}{2}$

$\mathbf{x>-7{,}5}$

f) $\frac{1}{5}\cdot x-\frac{4}{3}>0$

$\frac{1}{5}\cdot x>\frac{4}{3}$

$x>\frac{4}{3}:\frac{1}{5}$

$x>\frac{20}{3}$

$\mathbf{x>6\frac{2}{3}}$

146. a) $\frac{5}{4}\cdot\left(-\frac{4}{3}\right)+\left(-\frac{3}{2}\right)=-\frac{5}{3}+\left(-\frac{3}{2}\right)=-\frac{10}{6}-\frac{9}{6}=-\frac{19}{6}=\mathbf{-3\frac{1}{6}}$

b) $\left(-\frac{3}{4}+3\frac{1}{2}\right):\left(-\frac{3}{4}-3\frac{1}{2}\right)=\frac{11}{4}:\left(-\frac{17}{4}\right)=\mathbf{-\frac{11}{17}}$

c) $\left(8\frac{1}{4}-3\frac{1}{11}\right)-8\frac{1}{4}\cdot 3\frac{1}{11}=\left(8\frac{11}{44}-3\frac{4}{44}\right)-\frac{33\cdot 34}{4\cdot 11}$

$=5\frac{7}{44}-25\frac{1}{2}=-\left(25\frac{22}{44}-5\frac{7}{44}\right)=\mathbf{-20\frac{15}{44}}$

d) $\left(4\frac{1}{4}+\left(-13\frac{1}{2}\right)\right)\cdot\left(2\frac{1}{8}-4\frac{1}{2}\right)=-9\frac{1}{4}\cdot\left(-2\frac{3}{8}\right)=+\frac{37\cdot 19}{4\cdot 8}$

$=\frac{703}{32}=\mathbf{21\frac{31}{32}}$

147. a) $-78{,}86 - x = -22{,}14$

$$x = -78{,}86 - (-22{,}14)$$
$$x = -78{,}86 + 22{,}14$$
$$\mathbf{x = -56{,}72}$$

Die Zahl heißt **–56,72**.

b) $x - 26{,}35 = -12{,}45$

$$x = -12{,}45 + 26{,}35$$
$$\mathbf{x = 13{,}9}$$

Die Zahl heißt **13,9**.

c)
$$x = \frac{1}{2}x - \frac{1}{2}$$
$$\frac{1}{2}x + \frac{1}{2}x = \frac{1}{2}x - \frac{1}{2}$$
$$\frac{1}{2}x = -\frac{1}{2}$$
$$\mathbf{x = -1}$$

Die Zahl heißt **–1**.

d)
$$x = -x - 7$$
$$2 \cdot x = -7$$
$$x = -7 : 2$$
$$\mathbf{x = -3{,}5}$$

Die Zahl heißt **–3,5**.

148. $a < b < c \Rightarrow \mathbf{-c < -b < -a}$

149. Das Produkt ist $\frac{1}{4} \cdot \left(-\frac{1}{2}\right) \cdot 1 = -\frac{1}{8}$

Damit erhält man

4	$-\frac{1}{32}$	1
$-\frac{1}{8}$	$-\frac{1}{2}$	–2
$\frac{1}{4}$	–8	$\frac{1}{16}$

150. a) $\frac{4}{25} = \frac{16}{100} = \mathbf{16\ \%}$

b) $\frac{1}{400} = \frac{1}{4} \cdot \frac{1}{100} = \mathbf{\frac{1}{4}}\ \%$

c) $\frac{6}{125} = \frac{48}{1000} = \mathbf{48\ ‰}$

d) $\frac{3}{16} = \frac{1875}{10\,000} = \mathbf{187{,}5\ ‰}$

e) $41\frac{2}{3}\ \% = \frac{125}{3} \cdot \frac{1}{100} = \frac{125}{300} = \mathbf{\frac{5}{12}}$

f) $6{,}25\ \% = 6\frac{1}{4}\ \% = \frac{25}{4} \cdot \frac{1}{100} = \frac{25}{400} = \mathbf{\frac{1}{16}}$

151. a) 14 % von 280 € $= \frac{280\ € \cdot 14}{100} = 39{,}20\ € = \mathbf{3920\ Cent}$

b) $\frac{1}{2}$ % von 88 t $= \frac{88\,000\ \text{kg} \cdot 0{,}5}{100} = 440\ \text{kg} = \mathbf{0{,}440\ t}$

c) 120 % von 16 km $= \frac{16\,000\ \text{m} \cdot 120}{100} = 19\,200\ \text{m} = \mathbf{19{,}2\ km}$

d) 73 % von 46 h $= \frac{46 \cdot 60\ \text{min} \cdot 73}{100} = 2014{,}8\ \text{min} = \mathbf{33{,}58\ h}$

152. a) 20 % von 50 % $= \frac{50}{100} \cdot \frac{20}{100} = \frac{10}{100} = \mathbf{10\ \%} = 0{,}2 \cdot 50\ \%$

b) 50 % von 5 % $= \frac{50}{100} \cdot \frac{5}{100} = \frac{2{,}5}{100} = \mathbf{2{,}5\ \%} = 0{,}5 \cdot 5\ \%$

c) 20 % von 20 % $= \frac{20}{100} \cdot \frac{20}{100} = \frac{4}{100} = \mathbf{4\ \%} = 0{,}2 \cdot 20\ \%$

d) 40 % von 160 % $= \frac{40}{100} \cdot \frac{160}{100} = \frac{64}{100} = \mathbf{64\ \%} = 0{,}4 \cdot 160\ \%$

153. $\frac{1280\,€ \cdot 3{,}5}{100} = \frac{4\,480}{100}\,€ = \mathbf{44{,}80\,€}$

Laura spart **44,80 €**.

154. a) $\frac{312{,}5}{500} \cdot 100\,\% = \mathbf{62{,}5\,\%}$

b) $\frac{60}{90} \cdot 100\,\% = \frac{2}{3} \cdot 100\,\% = \mathbf{66\frac{2}{3}\,\%}$

c) $\frac{100}{100} \cdot 100\,\% = \mathbf{100\,\%}$

d) $\frac{30}{300} \cdot 100\,\% = \mathbf{10\,\%}$

155. $\frac{36}{270+36} \cdot 100\,\% = \frac{36}{306} \cdot 100\,\% = 11{,}7647...\,\% \approx \mathbf{11{,}76\,\%}$

Die Angestellten machen **11,76 %** in der Belegschaft aus.

156. a) $\frac{5}{25} \cdot 100\,\% = \mathbf{20\,\%}$

Kai hat **20 %** seines Geldes abgegeben.

b) $\frac{5}{15} \cdot 100\,\% = \mathbf{33\frac{1}{3}\,\%}$

Kathrins Geld hat um **$33\frac{1}{3}$ %** zugenommen.
Beachte: Es kommt wesentlich darauf an, auf welchen Ausgangswert sich die Veränderung von 5 € bezieht!

157. Wenn die Geldsumme x um 12 % erhöht wurde, dann sind die **9 408 €**
$112\,\%$ von $x = 1{,}12 \cdot x$

$$1{,}12 \cdot x = 9\,408\,€$$
$$x = 9\,408\,€ : 1{,}12$$
$$x = \mathbf{8\,400\,€}$$

Die ursprüngliche Geldsumme betrug **8 400 €**.

158. Die 1,90 € sind 95 % des ursprünglichen Betrages x, d. h. $0{,}95 \cdot x$.

$$0{,}95 \cdot x = 1{,}90\ €$$
$$x = 1{,}90\ € : 0{,}95$$
$$x = \mathbf{2\ €}$$

Der ursprüngliche Preis war **2 €**.

159. Der Preis des Grundstückes sei x.

$$0{,}07 \cdot x = 1\,232\ €$$
$$x = 1\,232\ € : 0{,}07$$
$$x = \mathbf{17\,600\ €}$$

Der Wert des Grundstückes beträgt **17 600 €**.

160. Absoluter Fehler: $\mathbf{2\,\frac{km}{h}}$

Relativer Fehler: $\frac{2}{52} \cdot 100\ \% = \frac{200}{52}\ \% = 3{,}846\ldots\ \% \approx \mathbf{3{,}85\ \%}$

161. a) $120\,000\ € \cdot \frac{3{,}5}{1000} = \mathbf{420\ €}$

Die Versicherungsprämie beträgt **420 €**.

b) Die Versicherung zahlt nur

$\frac{2}{3} \cdot \frac{6}{7} \cdot 112\,000\ € = \frac{4}{7} \cdot 112\,000\ € = \mathbf{64\,000\ €}$.

162. a) In der Mischung befinden sich $300\ m\ell \cdot 0{,}5 = 150\ m\ell$, bezogen auf $200\ m\ell + 300\ m\ell = 500\ m\ell$.

Prozentsatz:

$p = \frac{150}{500} \cdot 100\ \% = \mathbf{30\ \%}$

Das Mischgetränk enthält **30 %** Kirschfrucht.

b) Es befinden sich $1\ \ell \cdot 0{,}8 = 0{,}8\ \ell$ Fruchtanteil in der Mischung, bezogen auf $5\ \ell$.

Prozentsatz:

$p = \frac{0{,}8}{5} \cdot 100\ \% = \mathbf{16\ \%}$

Das Getränk enthält einen Fruchtanteil von **16 %**.

ıch 200 g · 0,1 = 20 g „Fett“. Diese 20 g „Fett“
/ischung 4 % entsprechen, d.h. die Mischung muss
, g enthalten, d. h. es müssen **300 g** Wasser zuge-

.ng befinden sich
0,2 · 500 g = 100 g + 100 g = 200 g „Fett“.
.ız bezogen auf 250 g + 500 g = 750 g:

$\frac{\ldots}{\ldots 50} \cdot 100\,\% = \mathbf{26\frac{2}{3}\,\%}$

. Prozentsatz des Fettanteils beträgt $\mathbf{26\frac{2}{3}\,\%}$.

)

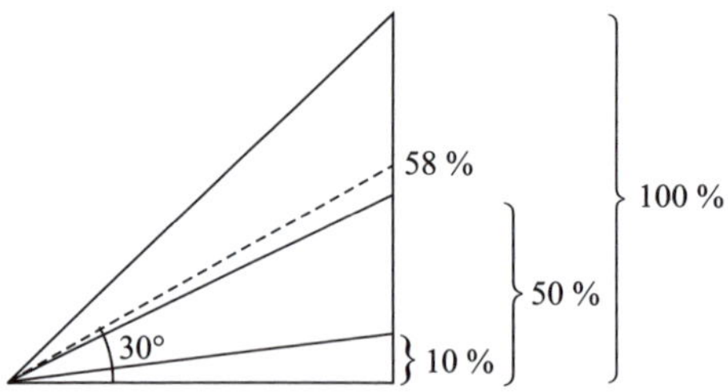

Man misst die folgenden Winkel:
10 %: $\alpha \approx \mathbf{6°}$ (genauer Wert: 5,7°)
50 %: $\alpha \approx \mathbf{27°}$ (genauer Wert: 26,6°)
100 %: $\alpha = \mathbf{45°}$
Wegen

$$\frac{100\,\%}{10\,\%} \neq \frac{45°}{6°}$$

$$\frac{100\,\%}{50\,\%} \neq \frac{45°}{27°}$$

$$\frac{50\,\%}{10\,\%} \neq \frac{27°}{6°}$$

folgt, dass Winkel und Steigung nicht in gleichem Maße wachsen.

b) Aus der Zeichnung liest man eine Steigung von ungefähr **58 %** (genauer Wert: 57,7 %) ab.

164. a)

Zeiteinheiten	1	2	3	4	5
Anzahl der Geräte	86	68	25	16	5
relative Häufigkeit	**43 %**	**34 %**	**12,5 %**	**8 %**	**2,5 %**

b)

Anzahl der Einheiten	1	2	3	4	5	6	mehr
Anzahl der Gespräche	102	151	92	44	36	30	45
relative Häufigkeit	**20,4 %**	**30,2 %**	**18,4 %**	**8,8 %**	**7,2 %**	**6 %**	**9 %**

165. Es wird die Zinsformel verwendet. Gerechnet wird in 360 Tagen bzw. 12 Monaten für 1 Jahr.

a) $72\,000\,€ \cdot \frac{7}{100} \cdot \frac{50}{360} = \frac{72\,000 \cdot 7 \cdot 50}{100 \cdot 360}\,€ = \mathbf{700\,€}$

b) $6\,600\,€ \cdot \frac{5}{100} \cdot \frac{3{,}5}{12} = \frac{6\,600 \cdot 5 \cdot 3{,}5}{100 \cdot 12}\,€ = \mathbf{96{,}25\,€}$

c) $720\,€ \cdot \frac{4{,}5}{100} \cdot \frac{15}{12} = \frac{720 \cdot 4{,}5 \cdot 15}{100 \cdot 12}\,€ = \mathbf{40{,}50\,€}$

166. Der Zinssatz betrage $\frac{x}{100} = x\,\%$. Dann sind folgende Gleichungen zu lösen, die sich durch Einsetzen in die Zinsformel ergeben. Gerechnet wird in € und Tagen.

a) $48\,000 \cdot \frac{x}{100} \cdot \frac{30}{360} = 460$

$$40 \cdot x = 460$$
$$x = 460 : 40$$
$$x = \mathbf{11{,}5}$$

Der Zinssatz beträgt **11,5 %**.

b) $120\,000 \cdot \frac{x}{100} \cdot \frac{135}{360} = 1\,800$

$$450 \cdot x = 1800$$
$$x = 1800 : 450$$
$$x = \mathbf{4}$$

Der Zinssatz beträgt **4 %**.

als 6

$$= 4 : \frac{2}{3}$$

$$x = \mathbf{6}$$

...tz beträgt **6 %**.

... betrage x Tage. Dann sind folgende Gleichungen zu lösen, die sich ... Einsetzen in die Zinsformel ergeben. Es wird in € und Tagen gerech-

...) $5400 \cdot \frac{6}{100} \cdot \frac{x}{360} = 63$

$$0{,}9 \cdot x = 63$$

$$x = 63 : 0{,}9$$

$$x = \mathbf{70}$$

Das Geld wird **70 Tage** verzinst.

b) $12000 \cdot \frac{4{,}5}{100} \cdot \frac{x}{360} = 1080$

$$1{,}5 \cdot x = 1080$$

$$x = 1080 : 1{,}5$$

$$x = \mathbf{720}$$

Das Geld wird **720 Tage = 2 Jahre** verzinst.

c) $240000 \cdot \frac{7{,}5}{100} \cdot \frac{x}{360} = 400$

$$50 \cdot x = 400$$

$$x = \mathbf{8}$$

Das Geld wird **8 Tage** angelegt.

168. Das Kapital sei x €. Dann sind folgende Gleichungen zu lösen, die sich durch Einsetzen in die Zinsformel ergeben. Es wird in € gerechnet.

a) $x \cdot \frac{6}{100} \cdot \frac{120}{360} = 320$

$$0{,}02 \cdot x = 320$$

$$x = 320 : 0{,}02$$

$$x = \mathbf{16000}$$

Das Kapital beträgt **16 000 €**.

b) $x \cdot \frac{4,8}{100} \cdot \frac{5}{12} = 640$

$$0,02 \cdot x = 640$$
$$x = 640 : 0,02$$
$$x = \mathbf{32000}$$

Das Kapital beträgt **32 000 €**.

c) $x \cdot \frac{9,6}{100} \cdot \frac{420}{360} = 3500$

$$0,112 \cdot x = 3500$$
$$x = 3500 : 0,112$$
$$x = \mathbf{31250}$$

Das Kapital beträgt **31 250 €**.

169. $x \cdot \frac{4,5}{100} \cdot \frac{1}{12} = 450$

$$0,00375 \cdot x = 450$$
$$x = 450 : 0,00375$$
$$x = \mathbf{120000}$$

Man müsste ein Kapital von **120 000 €** besitzen.

170. a) **80 %** b) **50 %**

c) **100 %** d) **10 %**

e) **1 %** f) **10 %**

g) **80 %** h) **50 %**

i) **100 %** j) **10 %**

Lösungswort: **ZINSESZINS**

171. Die Beträge wurden in Nebenrechnungen bestimmt.
Nach 1. Jahr: 1 000 € · 1,04 = 1 040 €
Nach 2 Jahren: 1 040 € · 1,04 = 1 081,60 €
Nach 3 Jahren: 1 081,60 € · 1,04 = 1 124,86 €
Nach 4 Jahren: 1 124,86 € · 1,04 = 1 169,85 €

172. a) $x \mapsto x + 1$

$0 \mapsto 1$
$2 \mapsto 3$
$4 \mapsto 5$
$6 \mapsto 7$

Paarmenge:
$\{(0|1), (2|3), (4|5), (6|7)\}$

Pfeildiagramm:

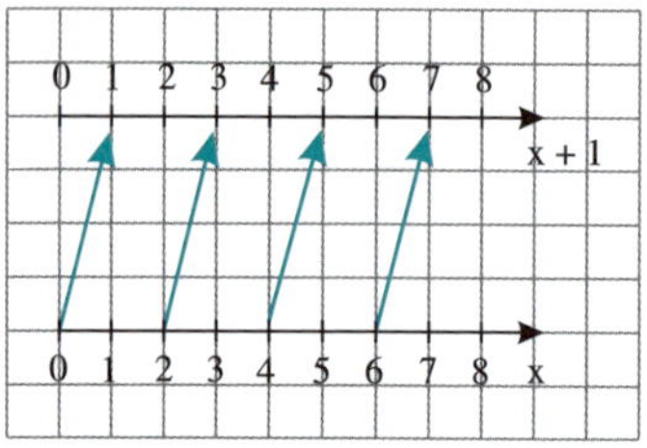

Gitternetz:

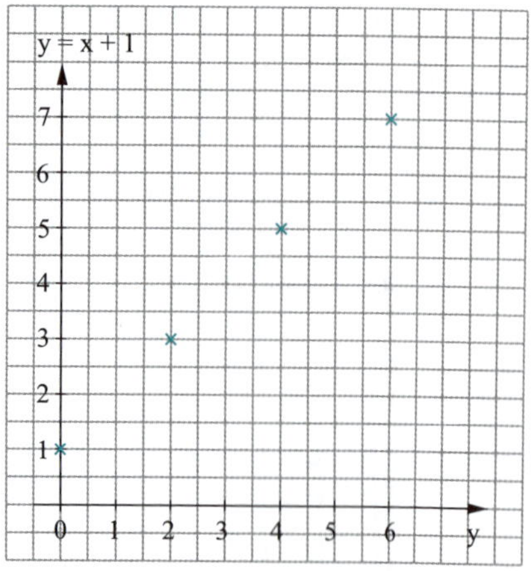

b) $x \mapsto 2 \cdot x - 1$

$-3 \mapsto -7$
$-1 \mapsto -3$
$1 \mapsto 1$
$3 \mapsto 5$

Paarmenge:
$\{(-3|-7), (-1|-3), (1|1), (3|5)\}$

Pfeildiagramm:

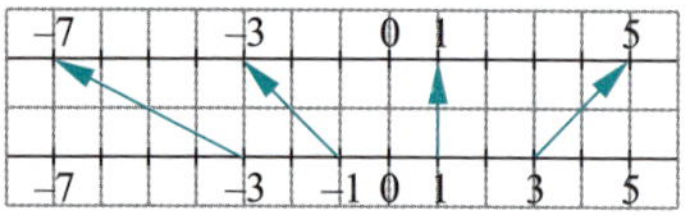

Gitternetz:

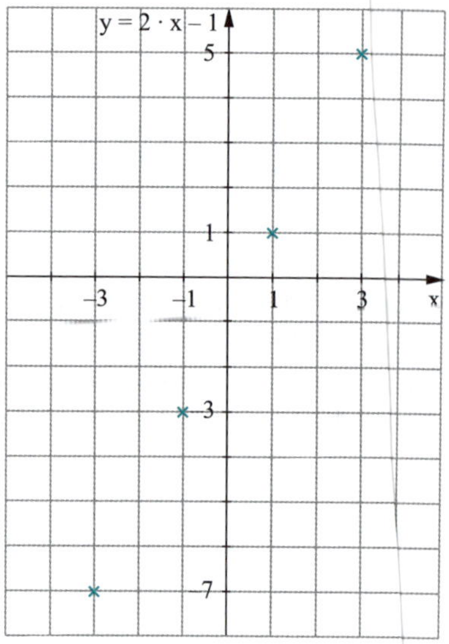

c) $x \mapsto 5 - x$

$0 \mapsto 5$
$1 \mapsto 4$
$2 \mapsto 3$
$3 \mapsto 2$
$4 \mapsto 1$
$5 \mapsto 0$

Paarmenge:
$\{(1|1), (3|5), (5|9), (7|13)\}$

Pfeildiagramm:

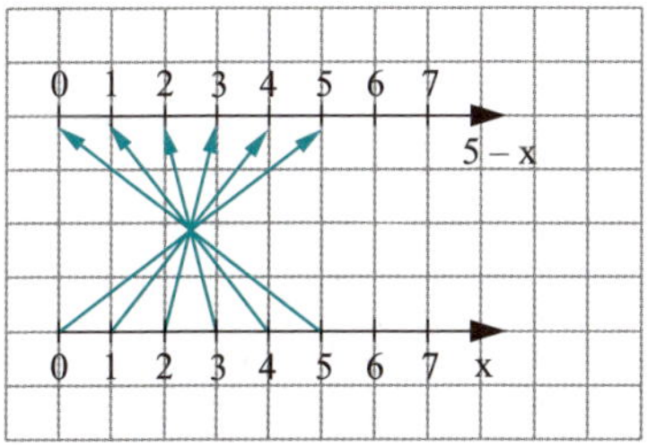

Gitternetz:

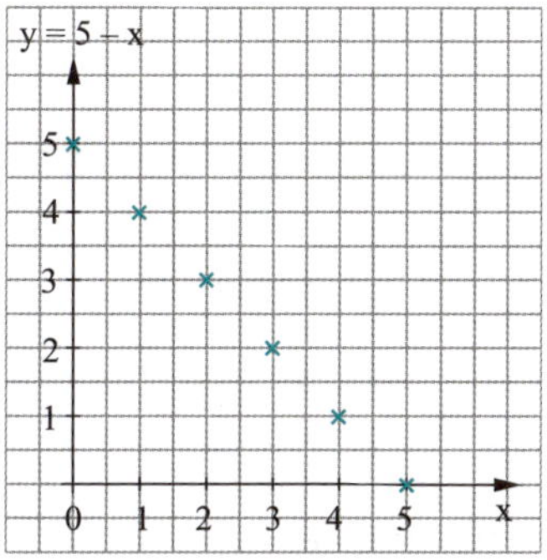

173. a) Zuordnungsvorschrift:

$x \mapsto x + 3 \qquad x \in \{1; 2; 4; 6\}$

Gitternetz:

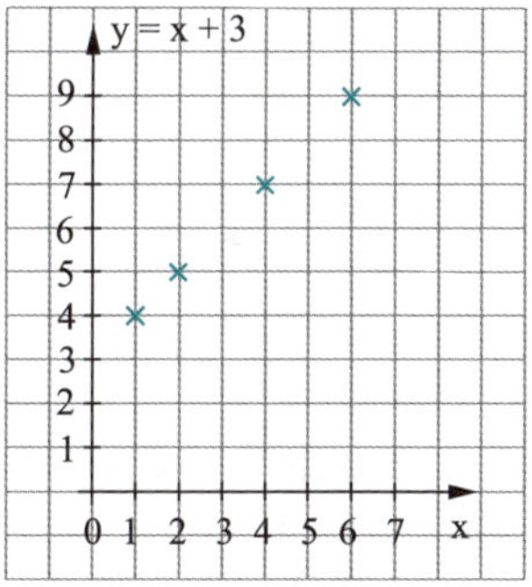

b) Zuordnungsvorschrift:

$x \mapsto 10 - 2 \cdot x \quad x \in \{1; 2; 3; 4; 5\}$

Gitternetz:

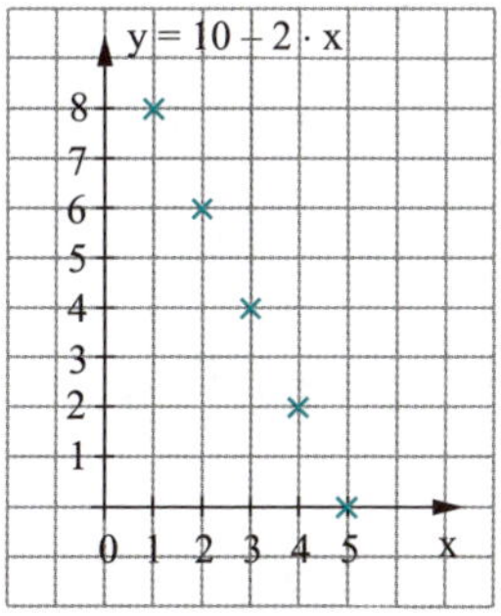

174. Aus dem Diagramm liest man die folgende Verteilung ab:

Anzahl der Zimmer	1	2	3	4	5	6
Anteil in %	15	25	30	15	10	5

Damit erhält man:

a) **15 %**

b) **30 %**

c) **40 %**

175. **Die drei Umsätze sind gleich!**
Diagramm 1 zeigt das reguläre Bild, weil die Hochachse bei Null beginnt. Durch das Abschneiden der Werte von 0–40 Millionen Euro ergibt sich bei der Streckung der Umsatzachse im dritten Diagramm ein deutlich dynamischeres Bild als im zweiten Diagramm, in dem die Jahresachse gestreckt wurde.
So kann man mit verschiedenen Einheiten auf den Achsen unterschiedliche Effekte erzielen.

176. Beim Verein V_1 scheint die Entwicklung rasanter zu sein, aber in Wirklichkeit **geht die Entwicklung** in beiden Vereinen von 500 über 530, 550, 600, 630, 640 bis 680 Mitglieder **völlig gleichmäßig**. Man kann wieder mit verschiedenen Einheiten auf der Hochwertachse (y-Achse) unterschiedliche Effekte erzielen.

177. a) (1) Man liest ab: September: **90 mm**
November: **50 mm**
Es gibt 6 Monate, in denen es weniger als 70 mm regnet.

(2) $(51+38+50+77+93+118+128+102+90+57+50+55)\text{ mm}:12$
$=909\text{ mm}:12=\mathbf{75{,}75\text{ mm}}$

b) (1) $\frac{2}{3} \mathrel{\hat{=}} 66\frac{2}{3}\,\% \mathrel{\hat{=}} \mathbf{240°}$

(2) $12{,}5\,\% \mathrel{\hat{=}} \frac{1}{8} \mathrel{\hat{=}} \mathbf{45°}$

(3) $30° \mathrel{\hat{=}} \frac{1}{12} \mathrel{\hat{=}} \mathbf{8\frac{1}{3}\,\%}$

(4) $12{,}5\,\% \mathrel{\hat{=}} \frac{1}{8} \mathrel{\hat{=}} \mathbf{45°}$

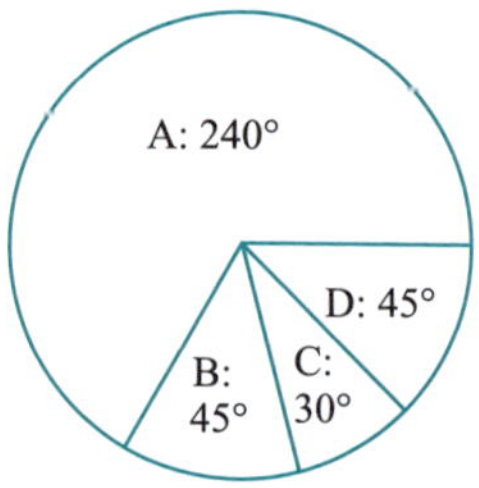

178. a)

t in s	1	2	3	4	5	6	7	8	9	10
h in m	5	20	45	80	125	180	245	320	405	500

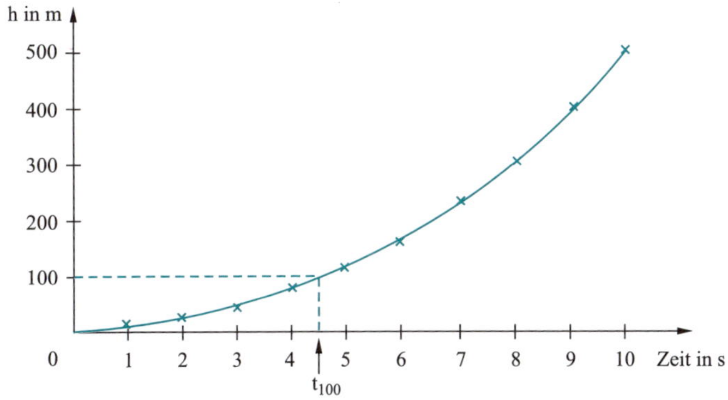

Als Zeit t_{100} für 100 m Fallhöhe liest man ab:
$\mathbf{t_{100} = 4{,}5\ s}$ (genauer Wert: $t = 4{,}47$ s)

b) $h = 5 \cdot 2{,}4^2\,\text{m} = 5 \cdot 5{,}76\ \text{m} = \mathbf{28{,}8\ m}$

Der Stein ist **28,8 m** gefallen.

$$v = \frac{h}{t} = \frac{28{,}8\ \text{m}}{2{,}4\ \text{s}} = \mathbf{12\ \frac{m}{s}}$$

Der Stein hat eine „mittlere" Geschwindigkeit von **12 $\frac{m}{s}$**.

179. Wir berechnen den Proportionalitätsfaktor m als Weg (in km) durch Zeit (in min):

$$m = \frac{900\ \text{km}}{2\ \text{h}} = 450\ \frac{\text{km}}{\text{h}} = \frac{450}{60}\ \frac{\text{km}}{\text{min}} = 7{,}5\ \frac{\text{km}}{\text{min}}$$

in 20 min: Weg $= 7{,}5 \cdot 20$ km $=$ **150 km**
in 1 h 25 min $=$ 85 min: Weg $= 7{,}5 \cdot 85$ km $=$ **637,5 km**

180. Die Zuordnungsvorschrift lautet: $x \mapsto m \cdot x$

a) $m = \frac{12}{2} = 6$: $\quad \frac{9}{a} = 6 \Rightarrow a = \frac{9}{6} = \mathbf{1{,}5}$

b) $m = \frac{2}{8} = \frac{1}{4}$: $\quad \frac{b}{12} = \frac{1}{4} \Rightarrow b = \mathbf{3}$

c) $m = \frac{3}{3} = 1$: $\quad \frac{7}{c} = 1 \Rightarrow c = \mathbf{7}$

d) $m = \frac{2{,}4}{4} = 0{,}6$: $\quad \frac{d}{7{,}5} = 0{,}6 \Rightarrow d = 0{,}6 \cdot 7{,}5 = \mathbf{4{,}5}$

181. 21 : 6 = 3,50
50 : 14 = 3,57
77 : 22 = 3,50
90 : 26 = 3,46
Innerhalb der Messgenauigkeit (gemessen auf „ganze“ Grad) scheinen die Wertepaare zu einer **direkten Proportionalität** zu gehören, mit den Proportionalitätsfaktor $m \approx \mathbf{3{,}5\ \frac{°C}{s}}$.

182. Dreisatz:

6 Formteile in	39 min
1 Formteil in	39 min : 6 = 6,5 min
22 Formteile in	6,5 min · 22 = 143 min = **2 h 23 min**

oder

quotientengleiche Größenpaare:

$$\frac{39\text{ min}}{6} = \frac{x}{22} \Rightarrow x = \frac{39\text{ min}}{6} \cdot 22 = 143\text{ min} = \mathbf{2\text{ h }23\text{ min}}$$

Die Maschine benötigt für 22 Formteile **2 h 33 min**.

183. Mehrgewinn: 5 670 € – 5 130 € = 540 €; Mehreinsatz: 6 000 €
540 € entsprechen Einsatz von 6 000 € Kapital
1 € entspricht Einsatz von (6 000 : 540) €
5 670 € entsprechen Einsatz von $\frac{6000}{540}$ € · 5 670 = 63 000 €
A hat eine Kapitalanlage von **63 000 €**, **B** eine von **57 000 €**.
Verzinsung für den Zeitraum des Geschäftes:

$$\frac{5\,670}{63\,000} \cdot 100\ \% = \frac{5\,130}{5\,700} \cdot 100\ \% = \mathbf{9\ \%}$$

Die Verzinsung betrug **9 %**.

184. Lösung mithilfe quotientengleicher Größenpaare:

$$\frac{78\,848\text{ €}}{28 \cdot 16} = \frac{x}{24 \cdot 18}$$

$$x = \frac{78\,848\text{ €} \cdot 24 \cdot 18}{28 \cdot 16} = \mathbf{76\,032\text{ €}}$$

Die Bruttolohnsumme beträgt **76 032 €**.

oder

Dreisatz:

$16 \cdot 28$	„Arbeitstage" kosten	78 848 €
1	„Arbeitstag" kostet	78 484 € : $(16 \cdot 28)$
$18 \cdot 24$	„Arbeitstage" kosten	$\frac{78848\,€ \cdot 18 \cdot 24}{16 \cdot 28} = \mathbf{76\,032\,€}$

185. Dreisatz:

$8 \cdot 6$	„Maschinenstunden" für	1 968 kg Wäsche
1	„Maschinenstunde" für	$\frac{1968}{8 \cdot 6}$ kg Wäsche
$12 \cdot 8$	„Maschinenstunden" für	$\frac{1968 \cdot 12 \cdot 8}{8 \cdot 6} = \mathbf{3\,936\ kg}$

3 936 kg Wäsche können gewaschen werden.

oder

Quotientengleiche Größenpaare:

$$\frac{1968\ \text{kg}}{8 \cdot 6} = \frac{x}{12 \cdot 8} \Rightarrow x = \frac{1968\ \text{kg} \cdot 12 \cdot 8}{8 \cdot 6} = \mathbf{3936\ kg}$$

186. Quotientengleiche Größenpaare:

$$\frac{12 \cdot 7\ \text{h}}{588} = \frac{5 \cdot x}{210} \Rightarrow 5 \cdot x = \frac{12 \cdot 7\ \text{h} \cdot 210}{588}$$

$$x = \frac{12 \cdot 7\ \text{h} \cdot 210}{588 \cdot 5} = \mathbf{6\ h}$$

Sie benötigen **6 h**.

oder

Dreisatz:

588 hl	in	$7 \cdot 12 = 84$ „Pumpenstunden"
1 hl	in	$\frac{7 \cdot 12}{588}$ „Pumpenstunden"
210 hl	in	$\frac{7 \cdot 12 \cdot 210}{588} = 30$ „Pumpenstunden"

Bei 5 gleichartigen Pumpen muss jede Pumpe $30 : 5 =$ **6 h** laufen.

187. Da die Rechtecke alle flächengleich sein sollen, gilt für die gemeinsame Fläche $A = \ell \cdot b = 9 \cdot 4\ m^2 = 36\ m^2$. Die Zuordnung lautet folglich:

$$x \mapsto \frac{36}{x} \quad \ell = 3\ m \quad b = \frac{36}{3}\ m = \mathbf{12\ m}$$

$$\ell = 6\ m \quad b = \frac{36}{6}\ m = \mathbf{6\ m}$$

$$\ell = 12\ m \quad b = \frac{36}{12}\ m = \mathbf{3\ m}$$

$$\ell = 18\ m \quad b = \frac{36}{18}\ m = \mathbf{2\ m}$$

188. Produktgleiche Größenpaare:

$$270 \cdot 15 \text{ Tage} = 450 \cdot x \;\Rightarrow\; x = \frac{270 \cdot 15}{450} \text{ Tage} = \mathbf{9\ Tage}$$

Das Futter reicht **9 Tage**.

oder

Dreisatz:

270 Schweinen	reicht das Futter	15 Tage
1 Schwein	reicht das Futter	15 Tage · 270
450 Schweinen	reicht das Futter	$\frac{15 \text{ Tage} \cdot 270}{450} = \mathbf{9\ Tage}$

189. Die gesamte Arbeit würde insgesamt $40 \cdot 18 = 720$ „Arbeitstage" dauern. Nach 10 Tagen würden noch $30 \cdot 18 = 540$ „Arbeitstage" benötigt. Jetzt arbeiten aber nur noch 15 Arbeiter und Arbeiterinnen, die diese 540 „Arbeitstage" aufbringen müssen.

$540 = 15 \cdot x \;\Rightarrow\; x = 540 : 15 = \mathbf{36}$

Die Arbeit dauert statt 30 noch **36 Tage**.

190. Die Strecke bleibt konstant.

$$25 \cdot 64\ s = 32 \cdot x \Rightarrow x = \frac{25 \cdot 64\ s}{32} = \mathbf{50\ s}$$

Das Auto benötigt jetzt **50 s**.

191. Der Heizölvorrat bleibt konstant.

$$18 \cdot 200 \text{ Tage} = 24 \cdot x \;\Rightarrow\; x = \frac{18 \cdot 200}{24} \text{ Tage} = \mathbf{150\ Tage}$$

Der Heizölvorrat reicht **150 Tage**.

192. Dreisatz:

$1\,500\,h\ell$ in $2 \cdot 9 = 18$ „Zuflussminuten“

$1\,h\ell$ in $\frac{18}{1500}$ „Zuflussminuten“

$1\,200\,h\ell$ in $\frac{18 \cdot 1200}{1\,500}$ „Zuflussminuten“ = 14,4 Zuflussminuten.

Da es sich um 3 Zuflüsse handelt, werden nur 14,4 min : 3 = 4,8 min = **4 min 48 s** benötigt.

193.

1			D	I	R	E	K	T					
2		D	R	E	I	S	A	T	Z				
3					H	Y	P	E	R	B	E	L	
4	Z	I	N	S	Z	E	I	T					
5				G	I	T	T	E	R	N	E	T	Z
6				G	E	R	A	D	E				
7		P	R	O	M	I	L	L	E				

194. a) **SCHLUSSRECHNUNG**

b) **ZINSESZINS**

c) **PRODUKTGLEICH**

d) **ZUORDNUNGSVORSCHRIFT**

e) **KAPITAL**

f) **ZINSFORMEL**

g) **PROZENTSATZ**

195. Es bleibt der Trinkwasservorrat von $80 \cdot 42 = 3360$ „Personentage“ konstant.

a) 3360 Tage $= 56 \cdot x \Rightarrow x = \frac{3360}{56}$ Tage = **60 Tage**

Für 56 Personen reicht der Vorrat **60 Tage**.

b) 3360 Personentage $= 96 \cdot x \Rightarrow x = \frac{3360}{96}$ Personentage $=$ **35 Personen**

Der Vorrat reicht für **35 Personen**.

c) Nach 30 Tagen reicht der Trinkwasservorrat $80 \cdot 42 - 80 \cdot 30 = 960$ „Personentage"

$960 : 96 =$ **10 Tage**

Der Vorrat reicht jetzt noch **10 Tage**, d. h. insgesamt 40 Tage.

196. a) $582\ \ell$ in $8\frac{3}{4}$ min $= 525$ s

$1\ \ell$ in $\frac{525\ \text{s}}{582}$

$97\ \ell$ in $\frac{525\ \text{s}}{582} \cdot 97 =$ **87,5 s**

$97\ \ell$ sind in **87,5 s** zugeflossen.

b) In 525 s fließen $582\ \ell$ zu

In 1 s fließen $\frac{582}{525}\ell$ zu

In 7 s fließen $\frac{582\ \ell \cdot 7}{525} =$ **7,76 ℓ** zu

Der Eimer fasst **7,76 ℓ**.

197. $40 \cdot 4{,}5 = 180$ „Lampenstunden" kosten **81 €**

1 „Lampenstunde" kostet $\frac{81}{180}$ €

$27 \cdot 4 = 108$ „Lampenstunden" kosten $\frac{81€ \cdot 108}{180} =$ **48,60 €**

Der tägliche Verbrauch kostet **48,60 €**.

198. 45 min – 4536 Teile – 8 Maschinen

1 min – $\frac{4536}{45}$ Teile – 8 Maschinen

1 min – $\frac{4536}{45 \cdot 8}$ Teile – 1 Maschine

35 min – $\underbrace{\frac{4536 \cdot 35}{45 \cdot 8}}_{441\ \text{Teile}}$ Teile – 1 Maschine

35 min – 5 292 Teile – 5 292 : 441 = **12 Maschinen**
Es werden **12** Maschinen benötigt, d. h. 4 Maschinen zusätzlich.
oder

$$\frac{8 \cdot 45}{4536} = \frac{x \cdot 35}{5292} \Rightarrow x = \frac{8 \cdot 45 \cdot 5292}{4536 \cdot 35} = \mathbf{12}$$

199. Es werden insgesamt $5 \cdot 14 = 70$ „Arbeitstage" benötigt. Nach zwei Tagen werden noch $5 \cdot 12 = 60$ „Arbeitstage" benötigt. Die Arbeit darf aber nur noch 10 Tage dauern: $60 = 10 \cdot x \Rightarrow x = \mathbf{6}$
Man benötigt 6 Arbeiter, sodass **ein Arbeiter** neu eingestellt werden muss.

200. Man benötigt für die gesamte Arbeit $18 \cdot 9 \cdot 8$ „Arbeiterstunden". Nach 6 Tagen sind noch $12 \cdot 9 \cdot 8$ „Arbeitsstunden" nötig. Die restlichen 6 Arbeiterinnen bringen täglich $6 \cdot 9 = 54$ Arbeiterstunden ein. Es muss folglich für die Anzahl x der Arbeiterinnen gelten:

$$12 \cdot 9 \cdot 8 = 6 \cdot 9 \cdot x \Rightarrow x = \frac{12 \cdot 9 \cdot 8}{6 \cdot 9} = 16 \text{ Tage}$$

Die Arbeit dauert noch 16 Tage, d. h. insgesamt $16 + 6 =$ **22 Tage**.

Lösungen der Schulaufgaben

Schulaufgabe 1

1. a) (1) $\mathbf{\frac{7}{10}}$ von 400 kg = 280 kg, weil $\frac{7}{10}$ der Masse 40 kg entspricht und 280 kg = 7 · 40 kg gilt.

(2) $\frac{5}{6}$ von **144 m** = 120 m, weil $\frac{1}{6}$ der Länge 24 m entspricht und 6 · 24 m = 144 m gilt.

b) Die vier Quadrate können in acht Dreiecke zerlegt werden, d. h. insgesamt sind drei der zehn Dreiecke blau gefärbt: **Bruchteil $\frac{3}{10}$**.

2. a) $3\frac{4}{7} = 3\frac{12}{21}$

$4\frac{1}{3} = 4\frac{7}{21}$

Der Unterschied beträgt $\frac{16}{21}$, d. h. man geht von $3\frac{4}{7}$ um $\frac{8}{21}$ nach oben oder von $4\frac{7}{21}$ um $\frac{8}{27}$ nach unten.

Die Zahl **$3\frac{20}{21}$** liegt genau in der Mitte.

b) (1) $\frac{x}{72} = \frac{4}{3}$

$\frac{x}{72} = \frac{96}{72} \quad \Rightarrow \quad \mathbf{x = 96}$

(2) $\frac{x}{6} < 1\frac{1}{3}$

$\frac{x}{6} < \frac{4}{3}$

$\frac{x}{6} < \frac{8}{6} \quad \Rightarrow \quad \mathbf{x \in \{1, 2, 3, 4, 5, 6, 7\}}$

3. a) $\frac{7}{15}\cdot x-28=91$

$$\frac{7}{15}\cdot x=91+28$$
$$\frac{7}{15}\cdot x=119$$
$$\frac{1}{15}\cdot x=119:7$$
$$\frac{1}{15}\cdot x=17$$
$$x=17\cdot 15$$
$$x=\mathbf{255}$$

b) Die Anzahl der Schülerinnen und Schüler sei x.

$$\frac{3}{40}\cdot x=45$$
$$\frac{1}{40}\cdot x=45:3$$
$$\frac{1}{40}\cdot x=15$$
$$x=15\cdot 40$$
$$x=\mathbf{600}$$

Die Schule hatte **600 Schülerinnen und Schüler**.

4. a) $\frac{65\cdot 42\cdot 112}{64\cdot 98\cdot 39} \underset{(13\cdot 14\cdot 2)}{=} \frac{5\cdot 21\cdot 8}{32\cdot 7\cdot 3} \underset{(8\cdot 3\cdot 7)}{=} \frac{5\cdot 1\cdot 1}{4\cdot 1\cdot 1}=\frac{5}{4}=\mathbf{1\frac{1}{4}}$

b) Gesamtschülerzahl $=20+13=33$

Jungen: $\mathbf{\frac{20}{33}}$

katholisch: $\frac{9}{33}=\mathbf{\frac{3}{11}}$

5. a) Gemeinsamer Nenner 48:

$$\frac{1}{3}=\frac{16}{48}$$
$$\frac{3}{8}=\frac{18}{48}$$
$$\frac{5}{16}=\frac{15}{48} \quad \Rightarrow \quad \frac{7}{24}<\frac{5}{16}<\frac{1}{3}<\frac{3}{8}$$
$$\frac{7}{24}=\frac{14}{48}$$

b) $\frac{81}{101}\approx\frac{80}{100}=\frac{4}{5}$

6. a) $\frac{2}{25}\cdot 3300=\frac{2\cdot 3300}{25}=264$

264 Unfälle wurden unter Alkoholeinfluss verursacht.

b) $264\cdot\frac{1}{3}=88$

88 der Unfälle unter Alkoholeinfluss wurden von Führerscheinneulingen verursacht.

Schulaufgabe 2

1. a) (1) $\frac{126}{25}=5\frac{1}{25}$

(2) $\frac{726}{43}=16\frac{38}{43}$

NR: $726:43=16\frac{38}{43}$

$$\begin{array}{r} 43 \\ \hline 296 \\ 258 \\ \hline 38 \end{array}$$

(3) $11\frac{1}{11}=\frac{122}{11}$

(4) $7\frac{11}{17}=\frac{130}{17}$

b) (1) $\frac{a}{1} = \mathbf{a}$

(2) $\frac{0}{a} = \mathbf{0}$

(3) $\frac{a}{0}$ ist **nicht definiert**.

2. a) $\frac{5}{7} \cdot x + 13 = 88$

$$\frac{5}{7} \cdot x = 88 - 13$$
$$\frac{5}{7} \cdot x = 75$$
$$\frac{1}{7} \cdot x = 75 : 5$$
$$\frac{1}{7} \cdot x = 15$$
$$x = 15 \cdot 7$$
$$x = \mathbf{105}$$

b) (1) $\frac{8+x}{30} = \frac{3}{5} = \frac{18}{30}$ $\Rightarrow$ Bei gleichen Nennern müssen auch die Zähler gleich sein.
$8 + x = 18 \Rightarrow \mathbf{x = 10}$

(2) $\left(\frac{3}{5} \cdot x\right)^2 - 2 = 79$

$$\left(\frac{3}{5} \cdot x\right)^2 = 79 + 2$$
$$\left(\frac{3}{5} \cdot x\right)^2 = 81$$

$\frac{3}{5} \cdot x = 9$, da diejenige Zahl, die mit sich selbst malgenommen 81 ergibt, 9 ist.

$$\frac{1}{5} \cdot x = 9 : 3$$
$$\frac{1}{5} \cdot x = 3$$
$$x = 3 \cdot 5$$
$$\mathbf{x = 15}$$

3. a) $\dfrac{36\cdot 56\cdot 95}{133\cdot 80\cdot 54} \underset{(18\cdot 19\cdot 8)}{=} \dfrac{2\cdot 7\cdot 5}{7\cdot 10\cdot 3} \underset{(2\cdot 5\cdot 7)}{=} \dfrac{1\cdot 1\cdot 1}{1\cdot 1\cdot 3} = \mathbf{\dfrac{1}{3}}$

b) Elisabeth erhält 480 € – (144 € + 96 €) = 480 € – 240 € = 240 €
Bruchteile:

Peter: $\dfrac{144}{780} = \mathbf{\dfrac{3}{10}}$

Patrick: $\dfrac{96}{480} = \mathbf{\dfrac{1}{5}}$

Elisabeth: $\dfrac{240}{480} = \mathbf{\dfrac{1}{2}}$

4. a) (1) (a) 0,4 (b) 0,7
(2) (a) 0,875 (b) 1,375

b) $\{x \mid 4{,}95 \le x < 5{,}05\}$

c) z. B. $x = 4{,}0601$

5. a) Es gilt: $2\frac{1}{8} = 2{,}125$ und $\frac{11}{5} = 2{,}2$

$\Rightarrow \mathbf{2{,}12 < 2{,}121 < 2\frac{1}{8} < \frac{11}{5} < 2{,}25}$

b) 0,005 mm · 500 = **2,5 mm**
Das Haar erscheint **2,5 mm** groß.

c) 24 mm : 500 = **0,048 mm**
Die beiden Fäden haben einen Abstand von **0,048 mm**.

d) (1) 3,9635 ≈ **3,96** (2) 3,9635 ≈ **4,0**

6. a) Relative Häufigkeit:

Note	1	2	3	4
Anzahl	3	12	6	2
relative Häufigkeit	$\mathbf{\frac{3}{23}}$	$\mathbf{\frac{12}{23}}$	$\mathbf{\frac{6}{23}}$	$\mathbf{\frac{2}{23}}$

Durchschnittsnote:

$(3\cdot 1 + 12\cdot 2 + 6\cdot 3 + 2\cdot 4) : 23 = (3 + 24 + 18 + 8) : 23 = 53 : 23 = \mathbf{2{,}30}$

NR: $53 : 23 = 2{,}304\ldots$

$$\begin{array}{l} 53 : 23 = 2{,}304\ldots \\ \underline{46} \\ \;\;70 \\ \;\;\underline{69} \\ \;\;\;100 \\ \;\;\;\;\underline{92} \\ \;\;\;\;\;8 \end{array}$$

b) Bei der Division durch 26 entsteht ein unendlicher Dezimalbruch.
Es ergibt sich als Notensumme
$2{,}24 \cdot 25 = 56$
$2{,}24 \cdot 26 = 58{,}24 \leftarrow$ keine ganze Zahl!
$\Rightarrow$ Die Klasse 6b hat **25** Schüler.

Schulaufgabe 3

1. a) Da der Kehrbruch des Kehrbruches wieder der ursprüngliche Bruch ist, heißt der Kehrbruch des Kehrbruches eines Stammbruches entsprechend wieder **Stammbruch**.

b) Da $\frac{1}{n} = n$ gelten muss, ist dies **nur** für die Zahl **n = 1** möglich.

c) (1) $\frac{21}{28} = \frac{3}{4}$ **endlich**, da der Nenner nur den Faktor 2 enthält

(2) $\frac{21}{45}$ **periodisch**, da der Nenner den Faktor 3 enthält

(3) $\frac{13}{80}$ **endlich**, da der Nenner nur die Faktoren 2 und 5 enthält

(1) $\frac{21}{28} = \mathbf{0{,}75}$ (2) $\frac{21}{45} = \frac{7}{15} = \mathbf{0{,}4\overline{6}}$ (3) $\frac{13}{80} = \mathbf{0{,}1625}$

2. a)
$$\begin{aligned} 3{,}5^2 + 4{,}5^2 - 5{,}5^2 &= 1{,}5^2 \\ 12{,}25 + 20{,}25 - 30{,}25 &= 2{,}25 \\ 32{,}50 - 30{,}25 &= 2{,}25 \\ \mathbf{2{,}25} &= \mathbf{2{,}25} \end{aligned}$$
wahre Aussage!

b) $\left(7\frac{1}{3}-1\frac{7}{8}\cdot 3\frac{5}{9}\right):\left(2\frac{1}{10}:\frac{14}{25}-2\frac{1}{4}\right)=$

$=\left(7\frac{1}{3}-\frac{15\cdot 32}{8\cdot 9}\right):\left(\frac{21\cdot 25}{10\cdot 14}-2\frac{1}{4}\right)=\left(7\frac{1}{3}-\frac{5\cdot 4}{1\cdot 3}\right):\left(\frac{3\cdot 5}{2\cdot 2}-2\frac{1}{4}\right)=$

$=\left(\frac{22}{3}-\frac{20}{3}\right):\left(\frac{15}{4}-\frac{9}{4}\right)=\frac{2}{3}:\frac{6}{4}=\frac{2}{3}\cdot\frac{4}{6}=\frac{2\cdot 4}{3\cdot 6}=\frac{1\cdot 4}{3\cdot 3}=\mathbf{\frac{4}{9}}$

3. a) $\frac{\left(4\frac{1}{2}\right)^2:6\frac{3}{4}}{4\frac{1}{4}:2\frac{1}{8}-1\frac{3}{4}}=\left[\left(\frac{9}{2}\right)^2:\frac{27}{4}\right]:\left[\frac{17}{4}:\frac{17}{8}-1\frac{3}{4}\right]=\left[\frac{81\cdot 4}{4\cdot 27}\right]:\left[\frac{17\cdot 8}{4\cdot 17}-1\frac{3}{4}\right]=$

$=3:\left[2-1\frac{3}{4}\right]=3:\frac{1}{4}=3\cdot\frac{4}{1}=\mathbf{12}$

b) $1{,}72-[(6{,}4-7{,}1+3{,}5):1{,}25-2]\cdot 3=$

$=1{,}72-[2{,}8:1{,}25-2]\cdot 3=$

$=1{,}72-[2{,}24-2]\cdot 3=1{,}72-0{,}24\cdot 3=1{,}72-0{,}72=\mathbf{1}$

4. a) $2\frac{1}{2}:x=1\frac{7}{18}$

$x=2\frac{1}{2}:1\frac{7}{18}$

$x=\frac{5}{2}:\frac{25}{18}$

$x=\frac{5\cdot 18}{2\cdot 25}$

$x=\frac{1\cdot 9}{1\cdot 5}$

$x=\frac{9}{5}=\mathbf{1\frac{4}{5}}$

b) $x^2-1=2\frac{6}{25}$

$x^2=2\frac{6}{25}+1$

$x^2=3\frac{6}{25}$

$x^2=\frac{81}{25}$

$x=\mathbf{\frac{9}{5}}$, weil $\left(\frac{9}{5}\right)^2=\frac{81}{25}$

c) $x - 0,6x - 0,1x = 21$

$x - 0,7x = 21$

$0,3x = 21$

$x = 21 : 0,3$, weil $0,3x = 0,3 \cdot x$ ist

$x = \mathbf{70}$

5. a) Die gesuchte Zahl sei x.

$\mathbf{x : (1,5 + 1,2) = 9,45}$

$x : 2,7 = 9,45$

$x = 9,45 \cdot 2,7$

$\mathbf{x = 25,515}$

NR: $9,45 \cdot 2,7$

1890
 6615
25,515

Die gesuchte Zahl heißt **25,515**.

b) $\mathbf{\left(3\frac{1}{3} + 2\frac{1}{6}\right) : \left(3\frac{1}{3} - 2\frac{1}{6}\right) + \left(1\frac{1}{7}\right)^2} =$

$= \left(3\frac{2}{6} + 2\frac{1}{6}\right) : \left(3\frac{2}{6} - 2\frac{1}{6}\right) + \left(\frac{8}{7}\right)^2 =$

$= 5\frac{3}{6} : 1\frac{1}{6} + \frac{64}{49} = \frac{33 \cdot 6}{6 \cdot 7} + \frac{64}{49} = \frac{33}{7} + \frac{64}{49} = \frac{231}{49} + \frac{64}{49} = \frac{295}{49} = \mathbf{6\frac{1}{49}}$

c) $7 : 12 = 0,5833\ldots$ $\Rightarrow$ $\mathbf{\frac{7}{12} = 0,58\overline{3}}$

70
60
100
 96
 40
 36
 40

d) $\mathbf{3,\overline{7} = 3\frac{7}{9}}$

6. Der Inhalt sei x Liter.

$\mathbf{\frac{4}{9} \cdot x + 5 = \frac{1}{2} \cdot x}$

$\frac{8}{18} \cdot x + 5 = \frac{9}{18} \cdot x$

Da $\frac{8}{18} \cdot x + \frac{1}{18} \cdot x = \frac{9}{18} \cdot x$ ergibt, muss gelten:

$$\frac{1}{18} \cdot x = 5$$
$$x = 5 \cdot 18$$
$$x = \mathbf{90}$$

Im vollen Fass waren **90 Liter** Wein.

Schulaufgabe 4

1. a) (1) Sicht von oben:

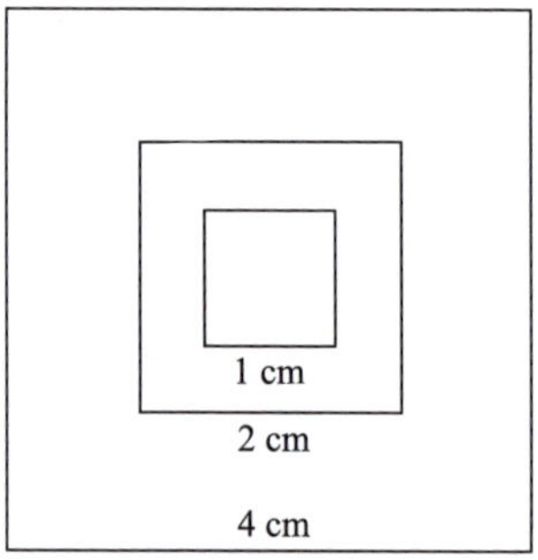

(2) $V = 4^3 \text{cm}^3 + 2^3 \text{cm}^3 + 1^3 \text{cm}^3 = (64+8+1)\ \text{cm}^3 = \mathbf{73\ cm^3}$

Oberfläche mit Standfläche:

$$O = 5 \cdot 4^2 \text{cm}^2 + (4^2 - 2^2)\ \text{cm}^2 + 4 \cdot 2^2 \text{cm}^2 + (2^2 - 1^2)\ \text{cm}^2$$
$$+ 5 \cdot 1\ \text{cm}^2$$
$$= 80\ \text{cm}^2 + 12\ \text{cm}^2 + 16\ \text{cm}^2 + 3\ \text{cm}^2 + 5\ \text{cm}^2 = \mathbf{116\ cm^2}$$

b) (1) $245\ \text{cm}^3 = \mathbf{0{,}245\ dm^3}$

(2) $33\ \text{mm}^3 = 0{,}000033\ \text{dm}^3 = \mathbf{0{,}000033}\ \ell$

(3) $2{,}9\ \text{m}^3 = \mathbf{2\,900\,000\ cm^3}$

2. a) $10{,}873 - 2{,}04 - 5{,}602 + 1{,}1 =$
$= (10{,}873 + 1{,}100) - (2{,}040 + 5{,}602) = 11{,}973 - 7{,}642 = \mathbf{4{,}331}$

b) $0{,}732 \cdot 9{,}007 + 1{,}268 \cdot 9{,}007 = (0{,}732 + 1{,}268) \cdot 9{,}007 =$
$= 2 \cdot 9{,}007 = \mathbf{18{,}014}$

c) $O_W = 6 \cdot s^2 = 2{,}16\ m^2$

$$6 \cdot s^2 = 216\ dm^2$$
$$s^2 = 216\ dm^2 : 6$$
$$s^2 = 36\ dm^2$$
$$s = 6\ dm$$

$V_W = s^3 = (6\ dm)^3 = \mathbf{216\ dm^3}$

d) Die Höhe des neuen Quaders muss **viermal so groß** sein wie die des ursprünglichen Quaders, denn dann gilt:

$$V = \frac{1}{2}a \cdot \frac{1}{2}b \cdot 4c = a \cdot b \cdot c$$

3. a) $x^2 = 0{,}0036$

$x = \mathbf{0{,}06}$ oder $x = \mathbf{-0{,}06}$, weil $0{,}06^2 = (-0{,}06^2) = 0{,}0036$

b) $x^2 - 1 = 0$

$x^2 = 1$

$x = \mathbf{1}$ oder $x = \mathbf{-1}$

c) $x \cdot (12{,}3 - 74{,}8) = 156{,}25 \cdot 0{,}2$

$$x \cdot (-62{,}5) = 31{,}25$$
$$x = -31{,}25 : 62{,}5$$
$$x = \mathbf{-0{,}5}$$

4. a) $39{,}252 : 0{,}12 =$

$3925{,}2 : 12 = \mathbf{327{,}1}$

```
36
 32
 24
  85
  84
   12
   12
    0
```

b) $\dfrac{1{,}9 \cdot 0{,}075 \cdot 3{,}9}{0{,}15 \cdot 1{,}3 \cdot 9{,}5} - 8{,}125 : 6{,}5 =$

$= \dfrac{19 \cdot 75 \cdot 3{,}9}{15 \cdot 13 \cdot 95} - 1{,}25 =$

$= \dfrac{1 \cdot 5 \cdot 0{,}3}{1 \cdot 1 \cdot 5} - 1{,}25 =$

$= 0{,}3 - 1{,}25 = \mathbf{-0{,}95}$

c) $(0{,}54 \cdot 1{,}2 + 0{,}352) \cdot 2{,}5 - [(2{,}5 \cdot 3{,}4 - 1{,}8 \cdot 3{,}5) : 11] =$
$= (0{,}648 + 0{,}352) \cdot 2{,}5 - [(8{,}5 - 6{,}3) : 11] =$
$= 1 \cdot 2{,}5 - 2{,}2 : 11 = 2{,}5 - 0{,}2 = \mathbf{2{,}3}$

5. Die gesuchte Zahl sei x.
$\mathbf{(65{,}734 + 9{,}53) : x = 2{,}01 - 5{,}85}$
$75{,}264 : x = -3{,}84$
$x = -75{,}264 : 3{,}84$
$x = \mathbf{-19{,}6}$
Die Zahl heißt **–19,6**.

6. $V = 48 \cdot 75 \cdot 146 \text{ dm}^3 = 525\,600 \text{ dm}^3 = 525\,600\ \ell$
$10 \text{ h} = 600 \text{ min} = 360\,000 \text{ s}$
$525\,600 : 36\,000 =$
$5\,256 : 360 = \mathbf{14{,}6}$
In einer Sekunde liefert die Quelle **14,6 Liter**.

Schulaufgabe 5

1. a) (1) $\frac{1}{3} = 33{,}33... \,\% = \mathbf{33{,}\overline{3}\,\%}$

(2) $\frac{7}{8} = 0{,}875 = \mathbf{87{,}5\,\%}$

(3) $\frac{5}{4} = 1{,}25 = \mathbf{125\,\%}$

b) (1) $0{,}5\,\% \text{ von } 6 \text{ km} = \frac{5}{1000} \text{ von } 6000 \text{ m} = \frac{4 \cdot 6000 \text{ m}}{1000} = \mathbf{30\text{ m}}$

(2) $140\,\% \text{ von } 14 \text{ kg} = \frac{140}{100} \text{ von } 14 \text{ kg} = \frac{14 \cdot 14 \text{ kg}}{10} = \frac{196}{10} \text{ kg} = \mathbf{19{,}6\text{ kg}}$

(3) $\frac{8\frac{1}{2}}{178{,}5} \cdot 100\,\% = \frac{8{,}5 \cdot 100}{178{,}5}\,\% = \frac{850}{178{,}5}\,\% = 4{,}7619...\,\% \approx \mathbf{4{,}76\,\%}$

(4) $7\frac{1}{2}\,\% \text{ von } 60\,\% = \frac{7{,}5}{100} \cdot 60\,\% = \frac{450}{100}\,\% = \mathbf{4{,}5\,\%}$

2. Berechnung mithilfe der Zinsformel. Gerechnet wird in € und Tagen.

$$32\,000 \cdot \frac{4,5}{100} \cdot \frac{t}{360} = 800$$

$$4,5 \cdot \frac{320 \cdot t}{360} = 800$$

$$\frac{1440}{360} \cdot t = 800$$

$$4 \cdot t = 800$$

$$t = 800 : 4$$

$$t = \mathbf{200}$$

Das Kapital war **200 Tage** angelegt.

3. a) Preis für den Einzelhändler = 120 % des Preises des Großhändlers:
500 € · 1,2 = 600 €
Der Einzelhändler muss 600 € zahlen.
Weiterverkauf des Einzelhändlers = 140 % des Einkaufpreises des Einzelhändlers:
600 € · 1,4 = **840 €**
Der Einzelhändler hat das Mofa für **840 €** weiterverkauft.

b) Gesamtverteuerung: 840 € – 500 € = 340 €

Prozentsatz: $p = \frac{340}{500} \cdot 100\,\% = \mathbf{68\,\%}$

Das Mofa wurde um **68 %** teurer verkauft als es der Großhändler eingekauft hat.

4. a) Es wurden insgesamt 870 + 1 130 = 2 000 Stimmen abgegeben.

Prozentsatz: $p = \frac{1130}{2000} \cdot 100\,\% = \mathbf{56,5\,\%}$

Auf den Kandidaten B entfielen **56,5 %** der Stimmen.

b) 64 % entsprechen 2 000 Stimmen

1 % entspricht $\frac{2000}{64}$ Stimmen

100 % entsprechen $\frac{2000}{64} \cdot 100 = \mathbf{3125}$ Stimmen.

Es gab **3 125** Wahlberechtigte.

5. a) Die Schuhe kosten noch 60 % des ursprünglichen Preises x.

$$\frac{60}{100} \cdot x = 57$$
$$x = 57 : \frac{60}{100}$$
$$x = \frac{57 \cdot 100}{60}$$
$$x = \mathbf{95}$$

Der ursprüngliche Preis betrug **95 €**.

b) $\frac{560-364}{560} \cdot 100\,\% = \frac{196}{560} \cdot 100\,\% = \frac{196 \cdot 100\,\%}{560} = \frac{7 \cdot 100\,\%}{20} = \mathbf{35\,\%}$

Der Anteil der Mädchen beträgt **35 %**.

6. Zwischenpreis y = Preis vor der Erhöhung von 20 % auf 120 %:

$$\frac{120}{100} \cdot y = 78120\,€$$
$$y = 78120\,€ : \frac{120}{100}$$
$$y = \frac{78120\,€ \cdot 5}{6}$$
$$y = 65100\,€$$

Ursprünglicher Preis x = Preis vor der Erhöhung um 5 % auf 105 %:

$$\frac{105}{100} \cdot x = 65100\,€$$
$$x = 65100\,€ : \frac{105}{100}$$
$$x = \frac{65100\,€ \cdot 100}{105}$$
$$x = \mathbf{62\,000\,€}$$

Der ursprüngliche Preis des Bauplatzes war **62 000 €**.

Schulaufgabe 6

1. a) Differenz $= 8 - 6 = 2$

$7 - a_1 = 2 \Rightarrow a_1 = 5 \Rightarrow$ **(5 | 7)**

$a_2 - 6 = 2 \Rightarrow a_2 = 8 \Rightarrow$ **(6 | 8)**

$a_3 - 13{,}5 = 2 \Rightarrow a_3 = 15{,}5 \Rightarrow$ **(13,5 | 15,5)**

b) Indirekte Proportionalität = produktgleiche Zahlenpaare
Produkt $= 2 \cdot 6 = 12$ bleibt gleich.

$4 \cdot b_1 = 12 \Rightarrow b_1 = 3 \Rightarrow$ **(3 | 4)**

$2{,}4 \cdot b_2 = 12 \Rightarrow b_2 = 5 \Rightarrow$ **(2,4 | 5)**

$36 \cdot b_3 = 12 \Rightarrow b_3 = \frac{1}{3} \Rightarrow \left(\mathbf{36 \mid \frac{1}{3}}\right)$

c) Die Zuordnungsvorschrift lautet:
$\mathbf{x \mapsto 6 - 2x \qquad 0 \le x \le 3}$

2. a) $u = 2 \cdot (a + b) = 2 \cdot (24\text{ cm} + 12\text{ cm}) = 2 \cdot 36\text{ cm} = 72\text{ cm}.$
Neue Seite $a' = 24\text{ cm} - 2{,}4\text{ cm} = 21{,}6\text{ cm}$
Die Seite b muss auf $b' = 12\text{ cm} + 2{,}4\text{ cm} = 14{,}4\text{ cm}$ wachsen.

Zunahme: $\frac{2{,}4}{12} \cdot 100\,\% = \mathbf{20\,\%}$

Die Breite muss um **20 %** zunehmen.

b) $A = a \cdot b = 24 \cdot 12\text{ cm}^2 = 288\text{ cm}^2$
Neue Seite $a' = 21{,}6\text{ cm}$

Neue Seite $b' = A : a' = 288 : 21{,}6 = 13\frac{1}{3}\text{ cm}$

Zunahme: $\frac{1\frac{1}{3}}{12} \cdot 100\,\% = \frac{4 \cdot 100}{3 \cdot 12}\,\% = 11{,}11\ldots\,\% = 11{,}\bar{1}\,\% = \mathbf{11\frac{1}{9}\,\%}$

Die Breite muss um **$11{,}\bar{1}$ %** zunehmen.

3. Volumen $V = a \cdot b \cdot c = 220 \cdot 120 \cdot 12\text{ cm}^3 = 316\,800\text{ cm}^3$
Gewicht $= 316\,800 \cdot 2{,}8\text{ g} = 887\,040\text{ g} = 0{,}887040\text{ t} \approx \mathbf{0{,}887\text{ t}}$

4. a) 5 %ige Salzlösung heißt: $4\,\ell \cdot 0{,}05 = 0{,}2\,\ell$ „reines Salz“,
jetzt bezogen auf $4\,\ell + 1\,\ell = 5\,\ell$.

Prozentsatz: $p = \frac{0{,}2}{5} \cdot 100\,\% = \mathbf{4\,\%}$

Es entsteht eine **4 %**ige Salzlösung.

b) Im Mixgetränk befinden sich $800\,m\ell \cdot 0{,}5 = 400\,m\ell$ „reine Orange“, jetzt bezogen auf $800\,m\ell + 200\,m\ell = 1\,000\,m\ell$.

Prozentsatz: $p = \frac{400}{1000} \cdot 100\,\% = \mathbf{40\,\%}$

Der Orangenfruchtanteil beträgt **40 %**.

5. Der Heizölvorrat bleibt konstant, d. h. $90 \cdot 17 = 1\,530$ Brennstunden.

a) Anzahl der Tage sei x: $15 \cdot x = 1530$

$x = 1530 : 15$

$x = \mathbf{102}$

Der Vorrat reicht **102 Tage**.

b) Brenndauer sei y: $85 \cdot y = 1530$

$y = 1530 : 85$

$y = \mathbf{18}$

Die tägliche Brenndauer müsste **18 Stunden** betragen.

6. Es bleiben noch $33 \cdot 10 = 330$ „Arbeitstage“ übrig, die von jetzt 30 Arbeitern erledigt werden müssen.

$30 \cdot x = 330$

$x = 330 : 30$

$x = \mathbf{11}$

Die Arbeit dauert noch 11 Tage, d. h. insgesamt **19 Tage**.

Ihre Meinung ist uns wichtig!

Ihre Anregungen sind uns immer willkommen. Bitte informieren Sie uns mit diesem Schein über Ihre Verbesserungsvorschläge!

Titel-Nr.	Seite	Vorschlag

Bitte hier abtrennen

Lernen • Wissen • Zukunft
STARK

Zutreffendes bitte ankreuzen!

Die Absenderin/der Absender ist:

- ☐ Lehrer/in in den Klassenstufen: ______
- ☐ Fachbetreuer/in
  Fächer: ______
- ☐ Seminarlehrer/in
  Fächer: ______
- ☐ Regierungsfachberater/in
  Fächer: ______
- ☐ Oberstufenbetreuer/in
- ☐ Schulleiter/in
- ☐ Referendar/in, Termin 2. Staatsexamen: ______
- ☐ Leiter/in Lehrerbibliothek
- ☐ Leiter/in Schülerbibliothek
- ☐ Sekretariat
- ☐ Eltern
- ☐ Schüler/in, Klasse: ______
- ☐ Sonstiges: ______

Unterrichtsfächer: (Bei Lehrkräften!)

______

STARK Verlag
Postfach 1852
85318 Freising

19-V1M

Bitte ausfüllen und im frankierten Umschlag an uns einsenden. Für Fensterkuverts geeignet.

Kennen Sie Ihre Kundennummer? Bitte hier eintragen.

Absender (Bitte in Druckbuchstaben!)

Name/Vorname

Straße/Nr.

PLZ/Ort/Ortsteil

Telefon privat

Geburtsjahr

E-Mail

Schule/Schulstempel (Bitte immer angeben!)

Bitte hier abtrennen

(Bitte blättern Sie um)

Spanisch

Spanisch im 1. Lernjahr .... Best.-Nr. 905401
Spanisch im 2. Lernjahr .... Best.-Nr. 905402

Englisch Grundwissen

Englisch Grundwissen 5. Klasse .... Best.-Nr. 90505
Klassenarbeiten Englisch 5. Klasse mit CD .... Best.-Nr. 905053
Englisch Grundwissen 6. Klasse .... Best.-Nr. 90506
Klassenarbeiten Englisch 6. Klasse mit CD .... Best.-Nr. 905063
Englisch Grundwissen 7. Klasse .... Best.-Nr. 90507
Klassenarbeiten Englisch 7. Klasse mit CD .... Best.-Nr. 905073
Englisch Grundwissen 8. Klasse .... Best.-Nr. 90508
Englisch Grundwissen 9. Klasse .... Best.-Nr. 90509
Englisch Grundwissen 10. Klasse .... Best.-Nr. 90510
Textproduktion 9./10. Klasse .... Best.-Nr. 90541
Englisch Grundwissen Übertritt in die Oberstufe Best.-Nr. 82453

Englisch Kompakt-Wissen

Kompakt-Wissen Kurzgrammatik .... Best.-Nr. 90461
Kompakt-Wissen Grundwortschatz .... Best.-Nr. 90464

Englisch Leseverstehen

Leseverstehen 5. Klasse .... Best.-Nr. 90526
Leseverstehen 6. Klasse .... Best.-Nr. 90525
Leseverstehen 8. Klasse .... Best.-Nr. 90522
Leseverstehen 10. Klasse .... Best.-Nr. 90521

Englisch Hörverstehen

Hörverstehen 5. Klasse mit CD .... Best.-Nr. 90512
Hörverstehen 6. Klasse mit CD .... Best.-Nr. 90511
Hörverstehen 7. Klasse mit CD .... Best.-Nr. 90513
Hörverstehen 9. Klasse mit CD .... Best.-Nr. 90515
Hörverstehen 10. Klasse mit CD .... Best.-Nr. 80457

Englisch Rechtschreibung

Rechtschreibung und Diktat
5. Klasse mit 3 CDs .... Best.-Nr. 90531
Rechtschreibung und Diktat
6. Klasse mit 2 CDs .... Best.-Nr. 90532
Englische Rechtschreibung 9./10. Klasse .... Best.-Nr. 80453

Englisch Wortschatzübung

Wortschatzübung 5. Klasse mit CD .... Best.-Nr. 90518
Wortschatzübung 6. Klasse mit CD .... Best.-Nr. 90519
Wortschatzübung Mittelstufe .... Best.-Nr. 90520

Englisch Übersetzung

Translation Practice 1 / ab 9. Klasse .... Best.-Nr. 80451
Translation Practice 2 / ab 10. Klasse .... Best.-Nr. 80452

Englisch Sprachenzertifikat

Sprachenzertifikat Englisch Niveau A 2
mit Audio-CD .... Best.-Nr. 105552
Sprachenzertifikat Englisch Niveau B 1
mit Audio-CD .... Best.-Nr. 105550

Englisch: Zentrale Prüfungen

VERA 8 – Englisch
Version C: Gymnasium .... Best.-Nr. 955582
Jahrgangsstufentest Englisch
6. Klasse mit CD Gymnasium Bayern .... Best.-Nr. 954661
Zentrale Prüfung 2010
Englisch – ZP 10 Nordrhein-Westfalen .... Best.-Nr. 554601
Mittlerer Schulabschluss Berlin Englisch mit CD.... Best.-Nr. 111550
Besondere Leistungsfeststellung Englisch
10. Klasse mit CD Gymnasium Sachsen .... Best.-Nr. 1454601
Besondere Leistungsfeststellung Englisch
10. Klasse Gymnasium Thüringen .... Best.-Nr. 1654601

Französisch

Französisch im 1. Lernjahr .... Best.-Nr. 905502
Rechtschreibung und Diktat 1./2. Lernjahr
mit 2 CDs .... Best.-Nr. 905501
Französisch im 2. Lernjahr .... Best.-Nr. 905503
Französisch im 3. Lernjahr .... Best.-Nr. 905504
Französisch im 4. Lernjahr .... Best.-Nr. 905505
Wortschatzübung Mittelstufe .... Best.-Nr. 94510
Kompakt-Wissen Kurzgrammatik .... Best.-Nr. 945011
Kompakt-Wissen Grundwortschatz .... Best.-Nr. 905001

Latein

Latein I/II im 1. Lernjahr 5./6. Klasse .... Best.-Nr. 906051
Latein I/II im 2. Lernjahr 6./7. Klasse .... Best.-Nr. 906061
Latein I/II im 3. Lernjahr 7./8. Klasse .... Best.-Nr. 906071
Übersetzung im 1. Lektürejahr .... Best.-Nr. 906091
Übersetzung im 2. Lektürejahr .... Best.-Nr. 906092
Wiederholung Grammatik .... Best.-Nr. 94601
Wortkunde .... Best.-Nr. 94603
Kompakt-Wissen Kurzgrammatik .... Best.-Nr. 906011

Chemie

Chemie – Mittelstufe 1 .... Best.-Nr. 90731
Chemie – Mittelstufe 2 .... Best.-Nr. 90732
Besondere Leistungsfeststellung Chemie
10. Klasse Gymnasium Thüringen .... Best.-Nr. 1657301

Biologie

Besondere Leistungsfeststellung Biologie
10. Klasse Gymnasium Thüringen .... Best.-Nr. 1657001

Geschichte

Kompakt-Wissen Geschichte
Unter-/Mittelstufe .... Best.-Nr. 907601

Ratgeber „Richtig Lernen"

Tipps und Lernstrategien – Unterstufe .... Best.-Nr. 10481
Tipps und Lernstrategien – Mittelstufe .... Best.-Nr. 10482

Bestellungen bitte direkt an:
STARK Verlagsgesellschaft mbH & Co. KG · Postfach 1852 · 85318 Freising
Tel. 0180 3 179000* · Fax 0180 3 179001* · www.stark-verlag.de · info@stark-verlag.de
*9 Cent pro Min. aus dem deutschen Festnetz, Mobilfunk bis 42 Cent pro Min.
Aus dem Mobilfunknetz wählen Sie die Festnetznummer: 08167 9573-0

STARK

19-V1M